# 化学工程

## 基础实验与仿真实训

主　编：林明穗　李奇勇　肖旺钏
副主编：罗菊香　苏志忠　徐万鑫

厦门大学出版社 XIAMEN UNIVERSITY PRESS
国家一级出版社
全国百佳图书出版单位

**图书在版编目（CIP）数据**

化学工程基础实验与仿真实训 / 林明穗，李奇勇，肖旺钏主编 ；罗菊香，苏志忠，徐万鑫副主编. -- 厦门：厦门大学出版社，2024.6

ISBN 978-7-5615-8871-0

Ⅰ. ①化… Ⅱ. ①林… ②李… ③肖… ④罗… ⑤苏… ⑥徐… Ⅲ. ①化学工程-化学实验 Ⅳ. ①TQ016

中国国家版本馆CIP数据核字(2022)第223895号

---

责任编辑　眭　蔚　陈玉环
美术编辑　张雨秋
技术编辑　许克华

---

出版发行　厦门大学出版社
社　　址　厦门市软件园二期望海路 39 号
邮政编码　361008
总　　机　0592-2181111　0592-2181406(传真)
营销中心　0592-2184458　0592-2181365
网　　址　http://www.xmupress.com
邮　　箱　xmup@xmupress.com
印　　刷　厦门市金凯龙包装科技有限公司

---

开本　787 mm×1 092 mm　1/16
印张　15.25
字数　380 千字
版次　2024 年 6 月第 1 版
印次　2024 年 6 月第 1 次印刷
定价　41.00 元

---

本书如有印装质量问题请直接寄承印厂调换

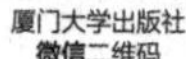
厦门大学出版社
微信二维码

厦门大学出版社
微博二维码

# 前言

“化工原理”“环境工程原理”“食品工程原理”等课程是化工类及相近工程基础专业的核心课程。这些课程是研究工程复杂问题，研究强化传递过程的理论、方法，是寻找新技术、新工艺的实践基础。化学工程基础实验实训是这类课程不可或缺的实践路径，是化工、制药、环境、化学、生物工程、食品工程、矿物加工等专业培养方案中的重要专业实践课程，是必修的工程实训活动。与基础化学实验相比，该实验教学突出工程性、系统性、控制性和与生产实践密切关联的操作性。理论与生产实际相结合，离不开实验研究与数学模型分析。实验研究包括理论教学、工程实践与课程设计三大环节。

化学工程基础实验与仿真实训通过实操的方式，再现化学工程基础理论的动量、热量与质量的传递规律，对接化工生产单元操作，注重培养学生的工程意识和技术应用能力。学生通过实验接触局部生产过程，测定实验数据，发现工程问题，用专业理论和计算方法分析、处理实验数据，用信息技术和数学方法建立复杂的工艺过程及其设备的理论模型，从而描述和解决问题。该过程能有效提升学生的思维和工程创新能力，有助于学生后续的专业学习和职业发展，从而实现以下目的：

① 学生能在实操过程中学习基础知识与经验公式，将理论知识应用到实际，考察实验现象和分析实验数据，提升对理论的理解。

② 学生能初步掌握化工操作过程中涉及的设备、仪表和管件的结构、作用，掌握常见仪表操作与分析测试方法，完成工程操作的训练，培养实事求是的科学态度。

③ 学生能独立制订实验方案、控制设备仪器的测量参数，能通过操作获得可靠、准确和完整的数据，能应用新技术、新方法判断、处理实验数据，科学分析实验结果，获得合理可靠的工程处理方法。

④ 计算机智能采集和控制系统具有快捷和实时准确处理的特点，学生利用这些特点设计化工实验，并掌握利用信息技术解决工程问题的能力。

本教材根据本科人才培养目标，依据国家专业标准、教育部高等学校专业类教学指导委员会等课程指导意见与教学要求，突出以下教学特点：优先考虑大化工生产过程中必须掌握的环保与安全知识、操作与要求；吸纳区域龙头企业若干先进单元操作与控制规程；借鉴化工科技、生产最新实验操作，采集翔实的生产数据与工艺技术成果；利用现代信息技术和虚拟仿真手段，达到教学目标的基本要求。

本教材设有工程实验基础知识、工程基础实验、综合设计性实验、工程单元仿真实训及附录等部分。

所有自行设计或添置的实验数据均通过计算机进行控制、采集与分析处理，得到实验结果与图表，观察计算过程并用化学工程原理验证，确保实验过程的可验证与可操作性。大化工类各专业课程目标与能力达成关联性，教师应有选择性地使用实验内容和项目，根据国家工程教育与国家专业标准建议要求，至少选做6个实验，每个实验教学任务各有侧重。一般来说，一个完整实验过程包括小组分组预习、分工与操作、数据采集与处理、实验报告编写与要求这四个环节。每个学生应以严谨的科学态度、求真务实的精神和精益求精的意识完成每个实验环节。

根据国家专业标准和课程指导意见与教学要求，针对不同专业和高校，分别编制了不同的实验项目，以满足各类教学学时要求的学习对象修读。

本教材由林明穗、罗菊香、潘中华、徐万鑫、朱剑峰，以及福建三农新材料有限责任公司、三明市海斯福化工有限责任公司、莱帕克（北京）科技有限公司、北京东方仿真软件技术有限公司等校企专家和导师共同编写，学科负责人李奇勇教授、肖旺钏教授、苏志忠教授和张建汉教授对本书的知识框架与实验项目全程指导。闽江学者特聘教授、华侨大学詹国武博士对本教材提出前瞻性、系统性的指导意见。本教材的主编为林明穗、李奇勇、肖旺钏，副主编为罗菊香、苏志忠、徐万鑫。编写组付出了大量的时间、精力，深入分析理论与实验的逻辑关系，把科研工程的真实项目转化为实验实训内容。

限于编者水平与写作能力，本教材仍有待改进之处，恳请读者给予指导更正。本教材的编写得到兄弟院校以及莱帕克（北京）科技有限公司、北京东方仿真软件技术有限公司和天津市天大北洋化工设备有限公司的大力支持，在此表示衷心感谢。

**编　者**

**2023年5月于沙溪河畔**

# 目录

# 第一章 工程实验基础知识

## 1.1 实验操作安全规范

化学化工实验室是探索化学材料世界、开展工程实践、进行科学研究的重要场所。实验室安全教育管理是实验室工作不可或缺的环节。每位进入实验室的人员都应主动学习安全知识，切实规范实验行为，培养自身安全意识，养成良好的实验习惯，保障实验过程中的人身安全。

### 1.1.1 实验室安全教育管理

**1. 学生实验守则**

① 进入实验室前，应当接受安全培训、指导、管理，熟悉环境，了解紧急冲洗站、洗眼站、灭火器、急救箱及安全梯等的位置。

② 实验前，应详阅实验指导书、教材的相关内容，了解实验目的，掌握实验原理、操作步骤，熟知上课告知的注意事项。经指导教师同意后方可开始实验。实验前必须接受安全教育考核。

③ 实验过程应穿好实验服、全封闭胶鞋。头发长的同学应当盘头固定或戴帽，以免发生头发被卷等意外。严禁穿带钉子的鞋、带跟的鞋、凉鞋。

④ 应当穿实验服进入实验室，不得将与实验无关的物品带进实验室。实验室内不应嬉戏串桌、饮食、化妆、乱扔杂物。不应移动与本实验无关的物件设备，实验全程保持安静，确保实验通风良好。

⑤ 应严格按照操作步骤，相互配合完成实验及涉及设备仪表仪器的操作，若有疑问或发现异常现象，应随时报告实验指导教师，切勿私自变更实验流程。打翻任何药品、试剂及器皿时，应立即规范清理。

⑥ 依据实验要求，观察、测定实验数据，准确记录实验数据。独立撰写实验报告，经指导教师签字后报送批改教师。严禁抄袭、虚构数据，实验结束后确认已关闭电源、水及气体等。

⑦ 树立“我要安全、环保”的理念，根据管理和安全要求，严格领用、存放和处理有毒有害、易燃易爆的生化试剂与病菌、动物等实验品，并不得将其带出实验室。用最少的试剂、实

验物品和水、电、气开展实验。出现意外立即报告指导教师,熟知相关应急措施。

⑧ 实验结束后,在教师指导下做好实验室环境卫生,归位仪器、工具,全面关好水、电、气和门窗,清理各类垃圾,经指导教师同意后方可离开实验室。离开实验室前应把手洗净。

**2. 实验室安全知识**

坚持师生至上的教育理念,应以保证实验人员的生命安全为处理意外和危险事件的前提。

① 应当穿质地安全可靠的实验服或防护服进实验室。实验前检查仪器设备,使设备在正常状态下运行。一旦发现异常,应及时告知实验室教师或维修人员,确认安全后方可进行下一步实验。

② 根据实验要求,应佩戴安全帽、防护帽、防护眼镜、防护手套、呼吸器或面罩(处于有效使用期且密封安放)等。应严格遵守实验操作规程。全程看护正在运转的机器。不应身穿化学、生物类实验服或戴实验手套等进入非实验区。

③ 准确辨别实验室的各种危险源:危险化学品存放制品、加热设备和电器开关、致病菌、高压容器反应釜与高压灭菌锅。实验过程中保持良好的心态。实验前,应熟悉紧急逃生通道和应急设备,熟练使用灭火器等各类消防器材,日常学习中应积极参加实地安全演习。

## 1.1.2 实验室防火防爆

**1. 实验室防火**

化学品自身及其燃烧(包括不完全燃烧)产物大多有毒、有害、有腐蚀性。在实验过程中,使用易燃、易爆、有毒、有腐蚀性的化学品及在高温、高压条件下使用仪器设备,会面临火灾等多种安全风险。应树立自我安全意识,严格遵守实验规定,熟悉常见事故的处置方法,确保人身和财产安全。

预防起火措施:① 火焰、电加热器或其他热源附近严禁放置易燃物品。② 酒精灯、喷灯、电炉等加热器,使用完毕应立即关闭。③ 灼热物品不能直接放置在实验台,各种电加热器及其他温度较高的加热器都应放置在石棉板上。④ 蒸馏各类易燃液体时,实验人员应当坚守岗位。发现身体等部位附上易燃物时,应马上清除洗净。

实验时遇到火灾应冷静沉着,第一时间自救,紧急处置流程如下:① 立即关掉电源,关闭所有加热设备;快速移除着火处附近的可燃物,关闭通风装置,减少空气流通。② 立即扑灭火焰,设法隔断空气或降低温度。③ 火势较大时用灭火器扑救。根据不同物质引起的火灾采用不同的扑救方式。

根据燃烧物性质,火灾分成四类:A 类(木材、纸张、棉布等固体物质着火)最有效的灭火方式是用水;B 类(石油化工产品、涂料稀释液等可燃液体)最有效的灭火方式是用二氧化碳灭火器;C 类(天然气、煤气等可燃气体)最有效的灭火方式是用干粉灭火器;D 类(钾、钙、钠、镁、铝等可燃金属)最有效的灭火方式是用砂土,切忌用水、酸碱灭火器。

其他常见火灾处置:① 发现电器起火,应先切断电源,再用干粉或气体灭火器、湿毛毯等灭火,不可直接用水扑救;电源断开后方可用水扑救。发现电线冒火花,首先应切断电源总开关,立即通知供电单位断电,切忌靠近。② 若敞开的各类器件突发燃烧,必须立即关掉加热装置,用灭火毯或其他难燃物盖住器皿口,确保隔绝空气。③ 身体一旦着火应就近找到淋水装置或就地滚动身体，压灭火焰；火势过大时应在教师的指导下或自行从安全出口迅速逃生。

**2. 实验室防爆**

氢气、甲烷等可燃性气体与空气混合至爆炸极限时受到热源诱发，极易发生爆炸。预防起爆的措施如下：

① 进行可能产生有毒气体或爆炸危险的实验时，必须佩戴防护面具、手套、眼镜等防护装备，保障实验人员的安全。

② 火焰、电加热器或其他热源附近严禁放置易爆物品。

③ 不慎将易燃物倾倒在实验台或地面时，应迅速断开附近电炉、喷灯等加热源，防止温度升高引发更大的危险，再用湿布将其吸干，立即通风换气，降低空气中的易燃物浓度，避免发生爆炸或中毒等危险。

④ 实验人员进行易爆炸的危险实验时，应熟知防护措施及发生事故时的处理方法。操作人员应戴橡皮手套、防护眼镜，在通风橱内进行易燃易爆物实验。

⑤ 为预防减压装置爆炸，减压容器内外压差不得超过一个大气压。对有可能发生爆炸的实验，应严格遵守操作规程，严禁一人在实验室单独操作。

高压钢瓶使用时应当遵守以下规则：

① 分类管理。根据气体可燃、助燃性等特点，高压钢瓶必须分类分处保管，直立放置时要固定稳妥，与明火、热源的距离应在 10 m 以上。

② 避免暴晒。温度升高时瓶内压力随之升高，使用中防止钢瓶受到明火烘烤、太阳暴晒，以及靠近蒸气管、暖气片等热源使钢瓶受热。应当与氧化剂、易燃物、自燃物及腐蚀性物品隔离。

③ 使用钢瓶之前，应检查钢瓶是否有损坏或泄漏，应用专用车搬运钢瓶，严禁撞、摔、滚等强烈震动。旋紧钢瓶上的安全帽，严禁用手持着开关阀移动钢瓶。

④ 使用时必须连接专用钢瓶减压阀或高压调节阀，氧气钢瓶使用的减压阀可用在氮气或空气钢瓶上，用于氮气钢瓶的减压阀必须将油脂充分洗净后再用在氧气钢瓶上。

⑤ 高压钢瓶选用的减压阀应分类专用，安装时螺扣要旋紧，防止泄漏。开、关减压阀和总开关阀时，动作应该缓慢，使用时应先旋动开关阀，后开减压阀。停止使用气体后，先关闭开关阀，放尽余气后，再关减压阀。不可只关减压阀，不关开关阀。

⑥ 钢瓶直立固定，在开启钢瓶时应站于侧面，缓慢地打开钢瓶上的阀门，避免气体喷出过快造成冲击力。停止使用气体后，先关闭总阀门，待减压阀中余气逸尽后，再关闭减压阀，然后松开减压阀螺杆。

⑦ 钢瓶内剩余气体残压不应小于 $9.8\times10^5$ Pa。

### 1.1.3 实验室防毒防腐蚀

实验过程涉及具有毒性和腐蚀性的化学试剂时，应做到：

① 使用任何药品前，阅读提示、注意事项和物质安全卡，清楚该药品是否会对人体造成伤害；使用有毒和腐蚀性试剂时，应预先掌握药品毒性、性能和防护措施。

② 应在通风橱中戴手套量取、配制、操作 HF、$H_2S$ 等腐蚀性、有毒、致癌试剂；取用完后

随即盖好盖子，使用完毕立即放归原处。不能使用标签不明的试剂。勿将未用完的药剂倒回容器内。若不小心打翻试剂，应马上处理。脱下手套后，应立即洗手。

③ 实验时应穿实验服、戴口罩和防护眼镜。意外被化学药品烧伤时，应立即用大量水冲洗，除去残留的化学物质，冷水冲洗伤处，消毒保护创面不受感染。化学药品进入眼内时应及时用洗眼器冲洗，严重时应及时送医处理。

④ 固体培养基不得倒入水槽或下水道。接触到病原材料或细菌后迅速消毒。所有被污染的物品，在丢弃或重复使用前均需灭菌，实验过程中严禁使用水银温度计当搅拌棒。

### 1.1.4 实验室安全用电

① 使用设备电源，应确认仪器使用的是 220 V 还是 380 V，插头为三插还是两插。若使用三相电源，须确定三相电相序，不符时交换连接导线，保证仪器设备的金属外壳都按要求保护接地或保护接零。

② 使用长时间不用的设备应预先检查其绝缘情况，发现有损坏的地方，应及时报修，不可私自维修或连接电源线路。

③ 实验时，严禁湿手接触通电工作仪器，禁用湿毛巾擦拭带电的插线板、仪器设备和电门或插座。

④ 实验过程切忌未切断电源就进行仪器设备的连接、拆卸与组装、整体移动等，应按说明书装接适当的电源；接好电路后应仔细检查，无误后方可通电使用，否则极易发生触电事故。

⑤ 启动电动机时，合闸前应先用手转动下电机轴，合上电闸后，立即观察电机是否转动；若不转动，应立即拉闸断电，否则易烧毁电机。

⑥ 仪器设备使用完毕，实验人员应及时关闭总电源，检查加热装置开关是否关闭。不应在无人监护下长时间开启电气设备。不慎触电时，应使用木棍等绝缘物拉下电闸或拨开触电者身上电源，使触电者脱离电源。断开电源后立即检查触电者心跳情况，若呼吸停止，应立即进行口对口人工呼吸和心脏按压。

### 1.1.5 安全使用实验设备

① 应当了解其设备性能、设置与安全操作方法，未经允许不可随意拆卸配件，应严格按照操作规程操作；使用易燃易爆物质作为实验介质的冷凝器、输送泵时应该检查是否接地完整、接触良好，并缓慢操作阀门。

② 使用 UV 灯时，眼睛不要直视灯源，应隔挡板观察，使用完毕应立即关灯。

③ 学会使用灭火器。对于干粉灭火器，拔掉保险销(拉起拉环)，按下压把，对准火焰根部喷射，直至火焰熄灭。对于泡沫灭火器，使用前不可横拿或颠倒，当距离着火点 10 m 左右时，将筒体颠倒，紧握提环，扶住筒体底圈，将射流对准燃烧物。

注意：泡沫灭火器不可存放于靠近高温或可能受到暴晒的地方，冬季要采取防冻措施，以防止冻结。灭火器使用四字口诀：拔、握、瞄、扫。“拔”即拔掉插销，“握”即迅速握住瓶把及橡胶软管，“瞄”即瞄准火焰根部，“扫”即扫灭火焰部位，保持安全距离，避免受伤。

# 1.2　实验操作环保规范

① 物料节约使用:实验人员应树立节能、环保与安全理念。合理选择实验操作条件、装置,适量选择试剂材料,减少原材料和试剂的消耗。实验结束后,未使用的试剂应回收再利用,减少浪费,避免产生过多“三废”。

② 热量有效使用:在操作过程中应减少不合理的热能使用,科学控制加热条件,首选高效的加热设备,以减少能源浪费。

③ 废弃物处理:化学废物应按照相关规定进行妥善处理。严禁将实验废液倒入排水系统。将玻璃等普通垃圾与存有伤害隐患的尖锐利器(如注射器针头)废物区分,使用鲜明的颜色标示垃圾桶,集中回收处理。实验废液分为有机废液与无机废液,使用专用废液桶分类、收集、储存实验废液。回收时应避免废液混合后化学物质不相容而发生爆炸或起火燃烧等化学性危害。

④ 安全操作:实验过程合理规划实验方案,优先选用绿色合成方法,使用低毒无害试剂,严格遵守各类环保安全操作规程与制度,减少实验过程中的意外事故和污染风险。

# 1.3　实验研究方法

化工过程的工程问题复杂、影响因素多样,设备流程装置流程长、变量多、控制点多、物料流股多,数据采集多样,操作和控制综合性强。应根据具体问题和实验对象,掌握不同的基础学科研究方法和处理实际问题的工程方法,强化工程意识。

## 1.3.1　因次分析法

因次分析法作为化工实验的一种重要研究方法,依据因次一致性原则和白金汉(Buckingham)的 $\pi$ 理论,将多个独立变量函数通过内在逻辑关系,组合为若干无因次群函数关系,通过实验确定无因次群具体关联式。这样处理可减少过程变量数,缩短实验工作量;实验过程只调整各无因次群值,不逐一改变各独立变量值,可简化实验流程,能简便地将结果应用于工程设计与计算。

基本步骤:① 进行实验获取数据,通过系统理论分析,摸索影响结果的关键因素。② 借助该法,遵循传递规律,将这些独立关键影响因素组合为若干个无因次群,能大幅减少实验需要的变量数。③ 以幂函数形式,通过可靠实验回归,获得关联式待定系数,建立过程无因数群关联式。

例如,分析固体表面与不发生相变流体之间的传热过程,确立对流传热系数 $\alpha$ 与各独立影响因素的关系时,得知对流传热系数受流体物理性质(密度 $\rho$、黏度 $\mu$、定压比热 $C_p$、导热系数 $\lambda$)、固体表面特征尺寸 $l$、强制对流流速 $u$、自然对流特征速度(单位质量流体浮力 $g\beta\Delta t$)7 个因素影响。应用因次分析法,将上述 7 个变量对传热系数的影响变成 $Nu$(努塞特数，Nusselt number）与 $Re$（雷诺数，Reynolds number）、$Pr$（普朗特数，Prandtl number）、$Gr$（格拉晓夫数，Grashof number）的关联方程 $Nu=kRe^aPr^hGr^c$，使得实验研究考察的自变量数从 7 个减至 3 个。实验时只需逐个改变 $Re(du\rho/\mu)$、$Pr(C_p\mu/\lambda)$、$Gr(l^3\rho^2g\beta\Delta t/\mu^2)$ 即可。实验次数大幅下降，得到的实验结果却同样可靠。比如要改变 $Re$ 值，只需改变实验管路阀门开度即可改变流速，无需改变其他变量。同时将水、空气等小尺寸冷模实验结果，借助类比法延伸应用到其他流体的大尺度实验装置上，能大大缩短过程放大周期。

该方法在化工实验过程中应用广泛，其关键之处是，应对所研究对象工程问题的本质有深入的理解，并明白影响过程的所有主要因素。一旦遗漏重要影响因素，将可能导致错误甚至相反的结论。

### 1.3.2 数学模型法

数学模型法是在深刻地掌握了过程变化机理、规律的前提下，抓住过程的内在特征，对真实复杂工程问题合理简化，建立相对简洁的物理模型与数学方程，用于处理工程实际问题的研究方法。其基本步骤是：① 明确实验的对象和实际问题，将复杂真实过程简化成易于用数学方程描述的物理模型。② 将物理模型作为研究对象，借助物料衡算、能量衡算等理论，用偏微分方程模型、动力系统模型等建立数学模型。③ 通过实验收集相关数据，借助现代计算方法，检验数学模型的合理性、可靠性，测定模型参数。

如何合理简化化工复杂过程是数学模型法的关键。简化得到的简单数学方程能用在物理模型上。该物理模型在一定程度和范围内与真实过程实质等效。例如，研究流体流经颗粒床层的阻力计算方法时，认为流动流型大部分属于爬流，只要确保简化后的物理模型可与工程实际阻力损失这一指标等效。爬流状态下的阻力损失主要取决于单位体积床层的表面积，即把流体通过床层的流动看成是通过一定长度的一组平行毛细管的流动，从而可用流体直管压降方程计算。

因次分析法和数学模型法都离不开可靠的真实实验，但这两种方法的实验目的存在差异。因次分析法的实验目的更多是探究各数群间函数逻辑关系，通过实验来确定数群关系式中的待定系数；数学模型法的实验目的更多是检验模型的合理性，用更准确、可靠的现代计算方法及工具，测定并建立数学模型的各个参数。因此，数学模型法较因次分析法更科学、更符合时代发展。

## 1.4 实验数据测定与误差

### 1.4.1 实验数据测定

化工实验过程数据主要通过技术方法和仪器手段测定物体定量或定性得到，常用的主要测定方法如下。

① 直接测量法：通过仪器仪表等直接测量获取其物理化学特征参数。使用天平、计时

器、温度计、压力表和液位计等仪器直接测量读取质量、时间、温度、压力和液位等。

② 间接测量法：通过测量体直接测定的物理量，可经过相应的数学方程计算间接得到待测物理量的数据。例如：直接测定圆柱体的直径和高度，再利用体积计算公式计算出该圆柱体的体积；先测定流体温度，再利用恒压热容计算公式求得某一温度下的恒压热容；等等。

③ 标准曲线法：根据已知标准样本，使用高准确度仪器测定标准曲线，通过未知样本特征数据与标准曲线比较，间接获得待测样本的浓度、质量等参数。例如，利用某一物质的标准溶液和分光光度计，建立吸光度与已知溶液浓度间的关系曲线，通过测量待测溶液吸光度间接得到未知样本的浓度。

## 1.4.2　误差的分类与表示

误差是指测得的量值减去参考量值或与真实值间的差值，在科学实验和工程测量中，因实验设备、方法的不完备，温度差异等实验环境因素和人观察习惯的不同，实验观察的数值和客观存在的确值间存在一定差异，数值上称之为“误差”。它在科学实验和测量中是不可避免的。了解和控制误差对于获得准确可靠的实验数据至关重要。

**1. 真实值与平均值**

真实值是客观存在的理想确定值，它通常无法直接获取。真实值表示被测量物理量的准确值，但由于测量误差的存在，我们往往无法完全得到真实值。在实验中，对某一变量进行多次测量以获得更为可靠的结果。每次测量的结果可能会有所不同，因此我们需要计算平均值来反映整个实验的平均水平。通过计算平均值，我们可以减少单次测量带来的误差，并获得更为准确的结果。化工实验常用的平均值：

① 算术平均值：指一类数据中每个数据的总和除以数据的个数。

$$\bar{x}=\frac{x_1+x_2+\cdots+x_n}{n} \tag{1-1}$$

② 几何平均值：一组正数乘积的 $n$ 次根，其中 $n$ 为数据的个数。

$$\bar{x}=\sqrt[n]{x_1 x_2 \cdots x_n} \tag{1-2}$$

③ 对数平均值：通过对一组数值的对数进行加和，取其平均数逆运算得到。

$$\ln\bar{x}=\frac{\ln x_1+\ln x_2+\cdots+\ln x_n}{n} \tag{1-3}$$

④ 均方根平均值：一种衡量随机变量或一组数据的波动大小的方法。

$$\bar{x}=\sqrt{\frac{x_1^2+x_2^2+\cdots+x_n^2}{n}} \tag{1-4}$$

选择哪个方法来计算平均值，取决于观测值的分布类型。但平均值并非万能，很多时候需要采用更为复杂的统计方法来处理数据，如中位数、标准差等。

**2. 误差的分类**

(1) 系统误差

系统误差是在测量过程中固有的、存在于所有测量中的偏差。它可能由仪器设备的不准确性，温度、压力等环境条件，操作技术水平、偏好等因素引起，且通常会导致测量结果整体偏离真实值。系统误差的大小可通过计算平均值与真实值之间的差异确定。系统误差可通过校正仪器、调整实验条件等方式修正。

(2) 随机误差(或称“偶然误差”)

随机误差是在测量过程中因一系列有关因素和微小随机波动而形成具有相互抵偿性的误差。这些因素包括人为因素(如操作不精确)、环境因素(如温度变化、气压波动),以及仪器本身的噪声等。随机误差的特点是无法预知和完全消除,在多次测量中可能会呈现出随机分布的特征。随着测量次数的增加,随机误差算术平均值趋近于零。可通过增加平行测定的次数并取平均值的办法减小随机误差。

(3) 过失误差(或称“粗大误差”)

过失误差主要是由于实验人员粗心大意而形成的非随机误差。如工艺操作失误、测量仪表失灵、设备故障等引发的测量数据严重失真的现象,在实验数据整理时应当剔除失真数据。认真负责可避免这类误差。

可见,系统误差愈小,数据精确度愈高;随机误差愈小,数据精确度愈高。要想提高实测数据的精确度,应当及时校正系统误差,减少随机误差,消除过失误差。

**3. 误差表示方法**

(1) 绝对误差

绝对误差指测量值与真实值之间的差异,即测量值减去真实值的绝对值,有正、负,具有方向性。能反映测量值偏离真实值的大小。只考虑该量的近似值相对其准确值的误差本身大小。需引入相对误差,方能更准确地判断测量的准确性。

(2) 相对误差

相对误差指测量所造成的绝对误差与真实值之比的绝对值。用百分比表示,该值能反映测量的可信程度。

$$E_r=\left|\frac{\text{绝对误差}}{\text{真实值}}\right|\times 100\% \tag{1-5}$$

在工程实验中,测量数据的误差有算术平均误差和标准误差两种表示方法,用来表示测量值与真实值之间的平均差异。

(3) 算术平均误差

$$\delta=\frac{\sum d_i}{n},i=1,2,\cdots,n \tag{1-6}$$

式中,$n$ 为观测次数;$d_i$ 为测量值与平均值的偏差,$d_i=|x_i-\bar{x}|$。

(4) 标准误差

标准误差也称“均方根误差”。当无限次测量时,其定义为

$$\sigma=\sqrt{\frac{\sum d_i^2}{n}} \tag{1-7}$$

因实际过程测量次数有限,故式(1-7)可写为

$$\sigma=\sqrt{\frac{\sum d_i^2}{n-1}} \tag{1-8}$$

标准误差能很好地衡量数据的精确度。其大小能反映出各个测量值相对其算术平均值的离散程度。$\sigma$ 的值越小,说明任一次测量值与其算术平均值的分散程度就越小,测量敏感

性越高,实验精度就越高。

**4. 实验数据的准确度与精确度**

① 准确度:表示测量结果与其真实值接近的程度。准确度越高,说明误差越小;准确度越低,则误差越大。

② 精确度:测量中所得到的数据的重复程度的高低,检测实验结果间彼此的符合程度。以打靶为例说明(图 1-1)。

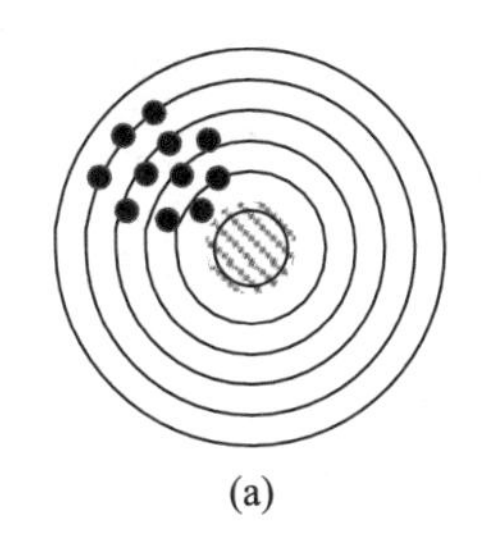
(a)

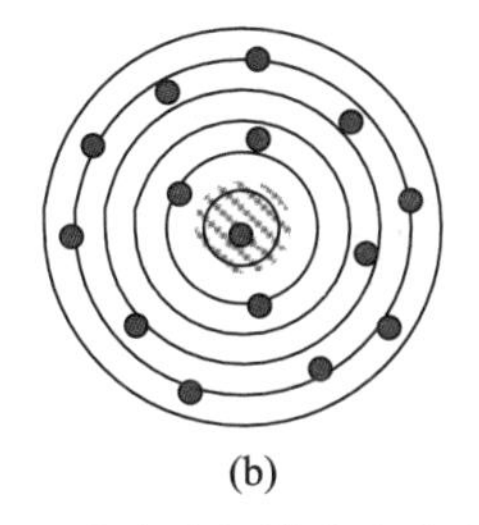
(b)

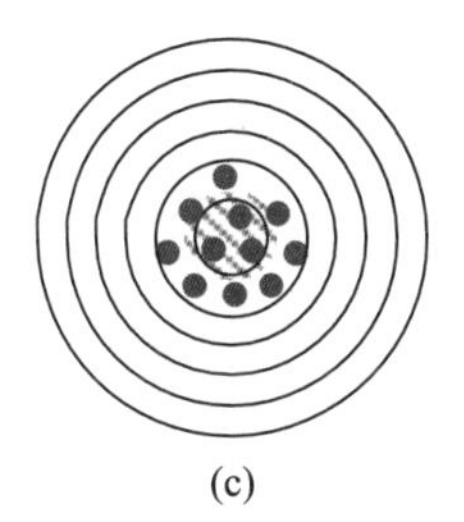
(c)

图 1-1　准确度与精确度含义比对

图 1-1(a)弹着点密集而离靶心(真值)甚远,说明精确度高,准确度低,随机误差小,系统误差大。图 1-1(b)表明随机误差大,但系统误差较小,即精确度低而准确度较高。图 1-1(c)表明系统误差与随机误差均小,准确度与精确度均高。

### 1.4.3　间接测量误差估算

各类化工实验过程所读取的数据并非直接借助仪表仪器测量取得,而是由若干个直接测量的数据,遵守特定的规律与通过数学函数关系的推导,而变成间接测量值。故间接测量值必然因存在误差传递和直接测量值的固有误差而存在一定误差。其误差估算因遵循误差传递规律得以测算。

由数学原理可知,间接测量值 $y$ 与直接测量值 $x_1, x_2, \cdots, x_n$ 的函数关系如下:

$$y=f(x_1, x_2, x_3, \cdots, x_n)$$

则其微分式为

$$\mathrm{d}y=\frac{\partial y}{\partial x_1}\mathrm{d}x_1+\frac{\partial y}{\partial x_2}\mathrm{d}x_2+\cdots+\frac{\partial y}{\partial x_n}\mathrm{d}x_n \tag{1-9}$$

$$\frac{\mathrm{d}y}{y}=\frac{1}{f(x_1, x_2, \cdots, x_n)}\left(\frac{\partial y}{\partial x_1}\mathrm{d}x_1+\frac{\partial y}{\partial x_2}\mathrm{d}x_2+\cdots+\frac{\partial y}{\partial x_n}\mathrm{d}x_n\right) \tag{1-10}$$

由式(1-9)和式(1-10)得知,若直接测量值 $x_i$ 的绝对误差($\Delta x_1, \Delta x_2, \cdots, \Delta x_n$)很小,考虑误差最大的情况,可得误差累积并取绝对值,则可求间接测量值 $y$ 的最大绝对误差 $\Delta y$ 和最大相对误差 $E_r(y)(\Delta y/y)$:

$$\Delta y=\left|\frac{\partial y}{\partial x_1}\right||\Delta x_1|+\left|\frac{\partial y}{\partial x_2}\right||\Delta x_2|+\cdots+\left|\frac{\partial y}{\partial x_n}\right||\Delta x_n| \tag{1-11}$$

最大相对误差:

$$E_r(y)=\frac{\Delta y}{y}=\left|\frac{\partial y}{\partial x_1}\right|\left|\frac{\Delta x_1}{y}\right|+\left|\frac{\partial y}{\partial x_2}\right|\left|\frac{\Delta x_2}{y}\right|+\cdots+\left|\frac{\partial y}{\partial x_n}\right|\left|\frac{\Delta x_n}{y}\right| \tag{1-12}$$

式(1-12)为通过直接测量误差,推算间接测量误差的误差传递方程。式中,$\frac{\partial y}{\partial x_i}$ 为误差传递函数。

标准差传递误差为

$$\sigma_y=\sqrt{\left(\frac{\partial y}{\partial x_1}\right)^2\sigma_{x_1}^2+\left(\frac{\partial y}{\partial x_2}\right)^2\sigma_{x_2}^2+\cdots+\left(\frac{\partial y}{\partial x_n}\right)\sigma_{x_n}^2} \tag{1-13}$$

式中，$\sigma_{x_1}$、$\sigma_{x_2}$ 等为直接测量数据的标准误差；$\sigma_y$ 为间接测量数据的标准误差。

若干个计算函数的误差估算关系式如表 1-1 所示。

**表 1-1　不同函数式的误差关系**

| 数学式 | 误差传递公式 | |
|---|---|---|
| | 最大绝对误差 | 最大相对误差 $E_r(y)$ |
| $y=x_1+x_2+\cdots+x_n$ | $\Delta y=\pm(\vert\Delta x_1\vert+\vert\Delta x_2\vert+\cdots+\vert\Delta x_n\vert)$ | $E_r(y)=\frac{\Delta y}{y}$ |
| $y=x_1+x_2$ | $\Delta y=\pm(\vert\Delta x_1\vert+\vert\Delta x_2\vert)$ | $E_r(y)=\frac{\Delta y}{y}$ |
| $y=x_1x_2$ | $\Delta y=\Delta(x_1x_2)$<br>$=\pm(\vert x_1\Delta x_2\vert+\vert x_2\Delta x_1\vert)$<br>或 $\Delta y=yE_r(y)$ | $E_r(y)=E_r(x_1x_2)$<br>$=\pm\left(\left\vert\frac{\Delta x_1}{x_1}\right\vert+\left\vert\frac{\Delta x_2}{x_2}\right\vert\right)$ |
| $y=x_1x_2x_3$ | $\Delta y=\pm(\vert x_1x_2\Delta x_3\vert+$<br>$\vert x_1x_3\Delta x_2\vert+\vert x_2x_3\Delta x_1\vert)$<br>或 $\Delta y=yE_r(y)$ | $E_r(y)=\pm\left(n\left\vert\frac{\Delta x}{x}\right\vert\right)$ |
| $y=x^n$ | $\Delta y=\pm(\vert nx^{n-1}\Delta x\vert)$<br>或 $\Delta y=yE_r(y)$ | $E_r(y)=\frac{\Delta y}{y}=\pm\left(\left\vert\frac{1}{n}\frac{\Delta x}{x}\right\vert\right)$ |
| $y=\sqrt[n]{x}$ | $\Delta y=\pm\left(\left\vert\frac{1}{n}x^{\frac{1}{n}-1}\Delta x\right\vert\right)$<br>或 $\Delta y=yE_r(y)$ | $E_r(y)=\frac{\Delta y}{y}=\pm\left(\left\vert\frac{1}{n}\frac{\Delta x}{x}\right\vert\right)$ |
| $y=\frac{x_1}{x_2}$ | $\Delta y=yE_r(y)$ | $E_r(y)=\pm\left(\left\vert\frac{\Delta x_1}{x_1}\right\vert+\left\vert\frac{\Delta x_2}{x_2}\right\vert\right)$ |
| $y=cx$ | $\Delta y=\Delta(cx)=\pm\vert c\Delta x\vert$<br>或 $\Delta y=yE_r(y)$ | $E_r(y)=\frac{\Delta y}{y}$<br>或 $E_r(y)=\pm\left\vert\frac{\Delta x}{x}\right\vert$ |

## 1.4.4　误差分析的具体应用

误差分析既用于计算测量结果的精确度，也能分析具体实验设计方案的误差。通过误差分析，找到引起误差的主要因素及该因素所引起的误差大小，进而改进研究方法与实验方案，进一步提高实验、研究的水平和质量。

**例 1-1**　本实验在 Dg6（公称直径为 6 mm）的小铜管内测定层流 $Re$-$\lambda$ 的关系。因游标卡尺无法测准内径大小，故一般采用体积法间接测量直径。准确截取高 400 mm 的管子，准确测量这段管子盛满水的容积，计算管子平均内径。用移液管移入水(系统误差忽略)，测量体积 3 次，分别为 11.31 mL、11.26 mL、11.30 mL。估算体积算术平均值 $\bar{x}$、算术平均误差 $\delta$、相对误差 $E_r$。

**解**　算术平均值：

$$\bar{x}=\frac{\sum x_i}{n}=\frac{11.31+11.26+11.30}{3}=11.29\ \text{mL}$$

算术平均误差：

$$\delta=\frac{|11.29-11.31|+|11.29-11.26|+|11.29-11.30|}{3}=0.02\ \text{mL}$$

相对误差：

$$E_r=\frac{\delta}{\bar{x}}=\frac{0.02}{11.29}\times 100\%=0.18\%$$

**例 1-2**　要测定在层(滞)流状态下，公称内径 $d$ 为 6 mm 管道的摩擦系数 $\lambda$(参见流体流动阻力测定实验)，设定当 $Re=2\ 000$ 时，$\lambda$ 精确度不低于 4.5%。请评价实验装置设计的合理性，选用合适的测量方法和测量仪器。

**解**　$\lambda$ 函数形式：

$$\lambda=\frac{2g\pi^2}{16}\cdot\frac{d^5(R_1-R_2)}{lV_s{}^2}$$

式中，$R_1$、$R_2$ 分别为被测量段前后液柱读数值，$mmH_2O$(1 mm $H_2O$=9.806 4 Pa)；$V_s$ 为流量，$m^3/s$；$l$ 为被测量段长度，m。

标准误差：

$$E_r(\lambda)=\frac{\Delta\lambda}{\lambda}=\pm\sqrt{\left[5\left(\frac{\Delta d}{d}\right)\right]^2+\left[2\left(\frac{\Delta V_s}{V_s}\right)\right]^2+\left(\frac{\Delta l}{l}\right)^2+\left(\frac{\Delta R_1+\Delta R_2}{R_1-R_2}\right)^2}$$

要求 $|E_r(\lambda)|<4.5\%$，由于 $\frac{\Delta l}{l}$ 所引起的误差小于 $\frac{E_r(\lambda)}{10}$，故略去不考虑。剩下三项分误差，可按等效法则分配。每项分误差和总误差的关系：

$$E_r(\lambda)=\sqrt{3m_i^2}=4.5\%$$

每项分误差：

$$m_i=\frac{4.5\%}{\sqrt{3}}=2.6\%$$

**1. 流量项的分误差估计**

确定 $V_s$ 的值：

$$V_s=Re\frac{d\mu\pi}{4\rho}=2\ 000\times\frac{0.006\times 10^{-3}\times\pi}{4\times 1\ 000}=9.4\times 10^{-6}\ \text{m}^3/\text{s}=9.4\ \text{mL/s}$$

流量可采用 500 mL 量筒测量，量筒系统误差小(可忽略)，读数误差±5 mL，计时用秒表(系统误差可忽略)，开停秒表随机误差估计±0.1 s，当 $Re=2\ 000$ 时，每次测量水量 450 mL 时，需时间 48 s 左右，则流量测量最大误差为

$$\frac{\Delta V_s}{V_s}=\pm\left(\frac{\Delta V}{V}+\frac{\Delta\tau}{\tau}\right)=\pm\left(\frac{5}{450}+\frac{0.1}{48}\right)=\pm 0.013$$

结果表明，$\frac{\Delta V}{V}$误差较大，$\frac{\Delta\tau}{\tau}$可以忽略。因此，流量项分误差为

$$m_1=2\frac{\Delta V_s}{V_s}=2\times(\pm 0.013)\times 100\%=\pm 2.6\%$$

没有超过每项分误差范围。

**2. $d$ 项的分误差估计**

要求：

$$5\frac{\Delta d}{d}\leqslant m_i,\ \frac{\Delta d}{d}\leqslant\frac{m_i}{5}$$

即

$$\frac{\Delta d}{d}\leqslant\frac{2.6\%}{5}=0.52\%$$

由例 1-1 可知，体积法可间接测量管径 $d$。

$$V=\frac{\pi}{4}d^2h,d=\sqrt{\frac{V}{h}\times\frac{4}{\pi}}$$

已知管高度 $h$ 为 400 mm，绝对误差±0.5 mm，采用几何合成法计算 $d$ 的相对误差。

$$\frac{\Delta d}{d}=\frac{1}{2}\left(\frac{\Delta V}{V}+\frac{\Delta h}{h}\right)$$

由例 1-1 计算出$\frac{\Delta V}{V}$的相对误差为 0.18%，代入具体数值：

$$m_2=5\frac{\Delta d}{d}=\frac{5}{2}\left(\frac{\Delta V}{V}+\frac{\Delta h}{h}\times 100\%\right)=\frac{5}{2}\left(0.18\%+\frac{0.5}{400}\times 100\%\right)=0.8\%$$

没有超过每项分误差范围。

**3. 压差项分误差估计**

单管式压差计用分度为 1 mm 的尺子测量（忽略系统误差），读数随机绝对误差 $\Delta R=\pm 0.5$ mm。

$$\frac{\Delta R_1+\Delta R_2}{R_1-R_2}=\frac{2\Delta R_1}{R_1-R_2}=\frac{2\times 0.5}{R_1-R_2}$$

压差测量值 $R_1-R_2$ 与两测压点间的距离 $l$ 成正比：

$$R_1-R_2=\frac{64}{Re}\cdot\frac{l}{d}\cdot\frac{u^2}{2g}=\frac{64}{Re}\cdot\frac{l}{d}\cdot\frac{\left(\frac{V_s}{1/4\pi d^2}\right)^2}{2g}=\frac{64}{2\,000}\cdot\frac{l}{0.006}\cdot\frac{\left(\frac{9.4\times 10^{-6}}{0.785\times 0.006^2}\right)^2}{2g}=0.031$$

式中，$u$ 为平均流速，m/s。

由此可算出 $l$ 的变化对压差相对误差的影响（表 1-2）。

**表 1-2　测压点间的距离 $l$ 对压差相对误差的影响**

| $l$/mm | $(R_1-R_2)$/mm | $\frac{2\Delta R_1}{R_1-R_2}\times 100\%$ |
|---|---|---|
| 500 | 15 | 6.7 |
| 1 000 | 30 | 3.3 |
| 1 500 | 45 | 2.2 |
| 2 000 | 60 | 1.6 |

由表 1-2 可见，选用 $l \geqslant 1\ 500$ mm 可满足要求，若实验采用 $l=1\ 500$ mm，其相对误差为

$$m_3=\frac{\Delta R_1+\Delta R_2}{R_1-R_2}=\frac{2\Delta R_1}{R_1-R_2}=\frac{2\times 0.5}{0.03\times 1\ 500}\times 100\%=2.2\%$$

总误差：

$$E_r(\lambda)=\frac{\Delta\lambda}{\lambda}=\pm\sqrt{m_1^2+m_2^2+m_3^2}=\pm\sqrt{(2.6\%)^2+(0.8\%)^2+(2.2\%)^2}=\pm 3.5\%$$

由误差分析可知：

① 可为实验装置的两测量点间距离 $l$ 的选定提供依据。

② 直径 $d$ 的误差，因传递系数较大（等于 5），故对总误差影响较大，但因所选测量 $d$ 的方案合理，使得测量精确度高，故总误差影响反而下降。

③ 测量 $V_s$ 的误差明显偏大，主要来自体积测量。建议使用精确度更高的方法，以提高实验结果精确度。

## 1.4.5 有效数字运算

**1. 有效数字及记数法**

有效数字是指在统计过程中实际能够测量到的数字，包括最后一位估计的数字。把通过直读获得的准确数字叫作可靠数字，把通过估读得到的那部分数字叫作存疑数字。把测量结果中能够反映被测量大小且带有一位存疑数字的全部数字叫有效数字（只允许包含末位的估计数字）。如 50 mL 滴定管的最小分度值为 0.1 mL，可允许增加一位估计数字，则记录到两位小数，如 12.34 mL。有效数字从左端首个非零数字算起，至右端最后一个数字，例如 40.00 mL，改用 L 为单位时，可表示成 0.040 00 L，有效数字均是四位。1 000 需要使用科学记数法标明有效数字位数：$1\times10^3$ 的有效数字为 1 位，$1.0\times10^3$ 的有效数字为 2 位，$1.000\times10^3$ 的有效数字为 4 位。

**2. 有效数字的运算规则**

实验数据或根据测量值计算的结果的有效数字确定原则：

① 读取、测定的数据通过所使用的测量仪表精度确定。一般应记录到仪表最小刻度的十分之一位。如某液位计标尺最小分度是 1 mm，则读数可到 0.1 mm。如在测定时液位高在刻度 524 mm 与 525 mm 中间，则读取液位高为 524.5 mm，其中前三位可直接准确读出，最后一位为估计值，该数据有 4 位有效数字。液位恰在 524 mm 刻度上，则数据应记作 524.0 mm，若记录为 524 mm，则失去一位有效数字。

② 有效数字确定之后，按照“四舍六入五留双”规则。测量值被修约的数字≤4 时，舍弃，≥6 时进位，等于 5 且 5 后面数字为“0”或无数字的，根据 5 前面数字是奇数还是偶数判断，若奇数则进位，否则舍弃，保留下来的数末位数字为偶数，若 5 后数字不为“0”，则此时无论前面是奇数或偶数，均应进位。把下列测量值修约成 4 位有效数字：1.003 5→1.004；2.004 50→2.004；1.024 501→1.025；2.103 51→2.104。

### 3. 科学记数法

在科学研究和工程计算中，把一个数写成一位整数或小数乘以 10 的 $n$ 次方的形式，可明确反映有效数字或数据的精度。以 10 的整数幂来记数的方法称“科学记数法”，该方法可免去空间和时间浪费。例：231.2 万科学记数法写成 $2.312\times10^{6}$；$0.000\ 267=2.67\times10^{-4}$。

特别需要注意，科学记数法在 10 的整数幂之前的数字应全部为有效数字，位数清晰。各类有效数字表示方法见表 1-3。

**表 1-3　各类有效数字表示方法**

| 实验数据 | 有效数字位数 | 实验数据 | 有效数字位数 |
|---|---|---|---|
| 2 | 1 | $6.800\times10^{3}$ | 4 |
| 0.000 76 | 2 | $6.8\times10^{3}$ | 2 |
| 0.002 600 | 4 | 1.000 | 4 |
| 6 800 | 可能是 2、3、4(取决于最后面的 0 是否用于定位) | | |

### 4. 加减法规则

例：现测得冷流体进、出换热器的温度分别为 17.1 ℃、62.75 ℃，计算温度的和与差。

运算过程出现 2 位预估值，不符合“有效数字只能有一位存疑值”的有效数字规则。故应当根据规则，合理舍去第二位存疑数。结果应该是：温度和的计算结果为 79.8 ℃，温差是 45.6 ℃。各类有效数字运算规则的正确读取方法见表 1-4。

**表 1-4　各类有效数字运算规则的正确读取方法**

单位：℃

| 出口温度 | 进口温度 | 进、出口温度差 | | 进、出口温度和 | |
|---|---|---|---|---|---|
| | | 正确数据 | 错误数据 | 正确数据 | 错误数据 |
| 62.75 | 17.1 | 45.6 | 45.65 | 79.8 | 79.85 |

以上数据说明，为保证间接测量值的精度，设计实验装置选取仪器时，其精度要一致，否则系统精度将受到精度低的仪器仪表限制。

### 5. 乘除法运算

两个数值相乘(或相除)的积(或商)的有效数字位数，与其位数量少的相同。乘方、开方后的有效数字位数与其底数相同。针对 $\pi$、e、$g$ 等常数，可根据需要，进行有效位数的选取。

例：测得管径 $D=50.8$ mm，则面积

$$A=\frac{1}{4}\pi D^{2}=\frac{1}{4}\times3.14\times50.8^{2}\ \mathrm{mm^{2}}=2.03\times10^{3}\ \mathrm{mm^{2}}$$

### 6. 对数运算

乘方运算值应与幂的底数保留相同的有效数字位数，开方运算值应与被开方数保留相同的有效数字位数。如 $4.0^{2}=16.0$ 不能写成 $4.0^{2}=16$，$\lg 2.34=3.69\times10^{-1}$。

一些来自专业设计手册数据的有效数字可根据需要选择。除了对原始数据进行必要说明的，其余则按照原始数据要求选择。科学研究可根据计算要求，以及仪器可达到的精度，选取 4 位作为有效数字，工程计算一般选 3 位有效数字就可以达到工程设计的要求，从有效

数字运算规则可知，实验结果精度受若干仪表影响时，在测试时应使这些仪表精度一致，仅使用个别精度特别高的仪表不会提高整个实验结果的精度。

# 1.5　数据处理方法

实验数据处理作为化工实验不可或缺的教学环节。可将实验过程中读取的实验数据，通过一定的数学工具和方法，导出具有一定理论规律和工程原理的各变量间的定量关系，分析实验现象，推导关系式。因此针对特定实验项目，应选择合理的实验数据处理方法。数据处理方法有图示、列表、回归分析法。

## 1.5.1　图示法

将整理后的原始实验数据或结果绘制成描述因变量随自变量变化关系的曲线图。该图具有易于对比、简洁明了等特点，能直观地观察数据间的联系及极值点、转折点、周期性等变化规律。

**1. 坐标选择**

化工常用的坐标有直角坐标系、单对数坐标系（图 1-2）和双对数坐标系（图 1-3）。根据预测的函数形式选择不同形式坐标系。图形能呈直线可用方程表示。

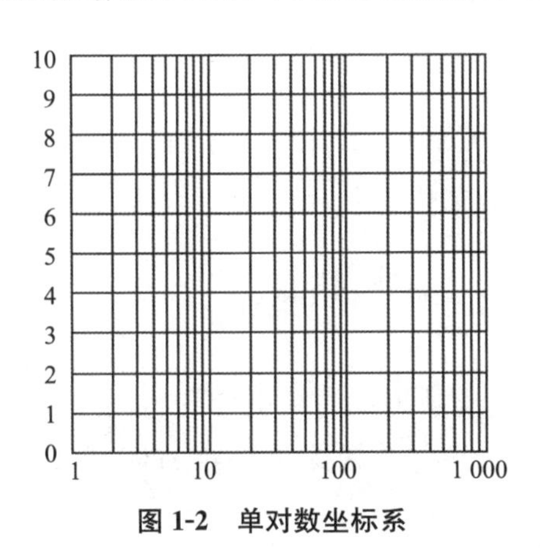


**图 1-2　单对数坐标系**

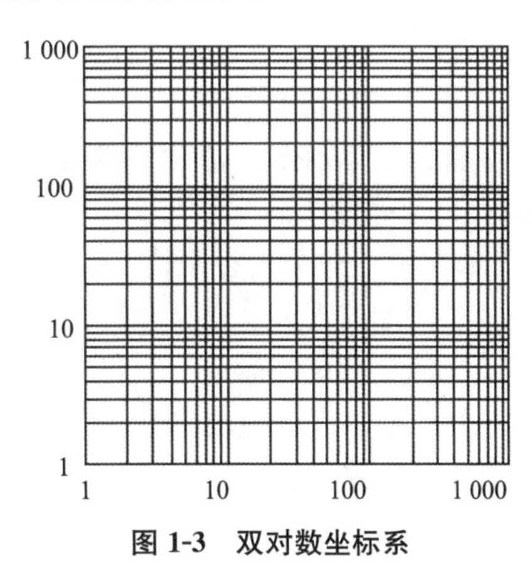


**图 1-3　双对数坐标系**

一般线性函数采用直角坐标系，指数函数采用单对数坐标系，幂函数采用双对数坐标系。

(1) 单对数坐标

设 $x$ 与 $y$ 存在指数函数关系，可写成

$$y=ae^{bx}$$

式中，$a$、$b$ 为待定系数。

此时将 $x$、$y$ 数据用计算模拟方法，直接作图，可得到一曲线图形。先对上式两边同时取对数，则

$$\lg y=\lg a+bx\lg e$$

令 $\lg y=Y$，$b\lg e=k$，则上式转化为

$$Y=\lg a+kx$$

通过合理的数学变换，将非线性化为线性关系处理，以 $\lg y=Y$ 对 $x$ 在模拟软件中使用直角坐标系作图，就是一条直线，可直接读取斜率和截距。同时也可以根据要求，直接采用单对数坐标纸，或利用计算软件，将每一个实验数据 $y$ 描绘在单对数坐标纸上，也可直接观察图形。若呈现的图形近似直线，则其关联式可视为指数函数关系。

(2) 双对数坐标

变量 $x$、$y$ 若设定诸如 $y=ax^b$ 的幂函数关系式，用计算模拟方法，直接作图，可得到一曲线图形。式中 $a$、$b$ 为待定系数。

同理，通过合理的数学变换，将非线性关系转化为线性关系处理，两边同时取对数。则

$$\lg y=\lg a+b\lg x$$

设 $\lg y=Y$，$\lg x=X$，则上式变换为

$$Y=\lg a+bX$$

可以根据要求，直接采用双对数坐标纸，或利用计算软件，将每一个实验数据 $x$、$y$ 描绘在双对数坐标纸或软件上，可直接观察图形。若呈现的图形近似直线，其关联式可视为幂函数关系。

**2. 坐标的分度**

假设自变量 $x$ 为横坐标，因变量 $y$ 在纵坐标上。坐标分度就是 $x$、$y$ 变量所在的坐标轴表示的数字大小。可分别代表 2 个变量各自因果和量的关系，绘制的图形简洁明了。

① 根据模拟需要，分度起始值可以是零也可不是零，可用分值的最小整数值标注坐标起始值，依据该规则，可设定坐标最大值的整数值为终点，使绘制图样合理地充满在可视画面上，饱满、美观、清晰度高。

② 根据坐标轴排点，坐标分度能合理间隔区间。安排最小分度值，并和实验数据精准度相吻合，遵循最小分度值与实验数据有效数字倒数第二位一致，保证坐标轴读取有效数字的最末位恰好为估算的存疑值。

③ 若描绘的图形呈现为曲线趋势，该曲线的主要斜率取 1 较为适宜。

**3. 坐标分度值的标记**

每个指标体系应标出主坐标分度值，并确保各实验数据的有效数字位数与原始数据的有效数字位数一致，每个轴上标出相对应的具有一定物理意义的变量名称、单位与坐标系方向。

**4. 实验数据标绘**

应用专业统计软件可以很好地在同一张坐标体系上标绘出几组不同的测量值，此时每个测量组点阵需要用不同符号(如⊕、×、△、○等)给予区分。并分别标出对应的具有一定物理意义的变量名称、单位与坐标系方向(图 1-4)。

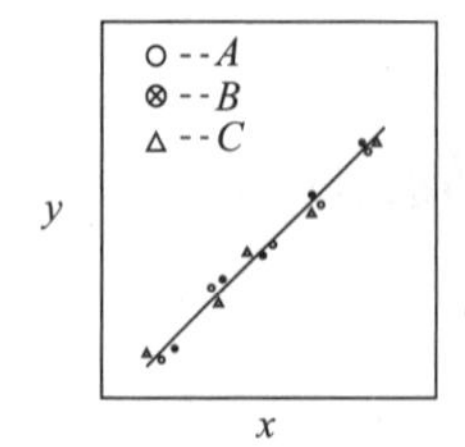


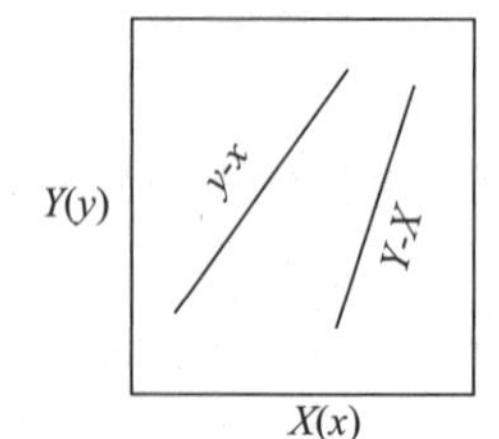


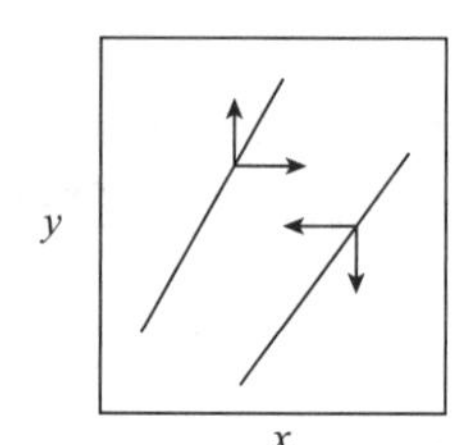


图 1-4 不同类型图的表示方法

**5. 曲线绘制的基本规则**

① 计算模拟过程采用光滑线描绘变量关系趋势，不使用折点、散点等方式，根据函数关系可留有一定数的折点。

② 拟合的曲线应尽量与实验数据点相对接。

③ 可使用不同的函数关系拟合实验数据点，不必刻意通过始末端的数据点。因为始末端点精度较差。

④ 形成一定的曲线后，应观察每一组数据点是否相对均衡地分布在曲线两侧。

## 1.5.2 列表法

将实验数据按一定顺序列出数据表。有原始数据记录表和实验结果计算表之分。可以打印设计好的电子表格来记录数据，以免遗漏数据。同一表格可表示几个变量间的关系。根据具体实验内容合理设计实验原始数据记录表，为绘制曲线、拟合数学公式做好准备。实验正式开始前打印。例如离心泵性能测定实验，其数据记录表形式如表 1-5 所示。

**表 1-5 离心泵性能测定实验原始数据记录**

离心泵型号________，额定流量________，额定扬程________，额定功率________。

泵进出口测压点高度差 $H_0$ ________，流体温度 $T$ ________。

| 实验次数 | 流量 $Q$/($m^3$/h) | 泵进口真空度 $p_1$/kPa | 泵出口表压 $p_2$/kPa | 电机功率 $N_{电}$/kW | 泵转速 $n$/(r/min) |
| --- | --- | --- | --- | --- | --- |
| | | | | | |
| | | | | | |
| | | | | | |

养成及时记录数据的习惯，每测定完一组实验数据，应马上将原始数据记录在表中。完成实验后即可获得完整的原始数据记录表，严禁独自分开记录，再重新整理数据。各流量下扬程、轴功率和效率的计算表格形式如表 1-6 所示。

**表 1-6 离心泵性能测定实验扬程、轴功率和效率计算一览**

| 实验次数 | 流量 $Q$/($m^3$/h) | 扬程 $H$/m | 轴功率 $N$/kW | 效率 $\eta$/% |
| --- | --- | --- | --- | --- |
| | | | | |
| | | | | |
| | | | | |

实验采集和计算的数据应完整可靠、必要，确保得到科学的、符合实验原理的实验研究结果。相同条件且重复的实验一并列入表内。设计实验表遵循如下原则：

① 设计的表格直观、明确，易于理解、记录和读取，能满足后续数据分析和计算处理。如表 1-5 所示的离心泵性能测试实验的原始数据记录表应列出实验流程的工艺参数、流体温度等。

② 实验过程所需的物理量的名称、符号和运算单位要体现在表格第一行表头。以斜线“/”隔开物理量的符号、计量单位，但不得重复引用。实验数据和运算单位应分开。

③ 按照有效数字运算规则,计算过程应保持有效数字位数与记录数字、测量仪表的精度相吻合,不得随意增减有效数字位数。

④ 科学记数法读取实验数值相对较大或较小的变量。通常在表头呈现的形式为“实验参数符号$\times 10^{\pm n}$/计量单位”。并和表格对应的实验数据按照“物理量实际值$\times 10^{\pm n}$=表中数据”方式呈现。

⑤ 应在设计的各类实验数据表格上方,依据章节和顺序,准确标上表号、表名。相同表格不跨页呈现,对确需跨页的表格,在续页左上方标注“续表 ******”。

⑥ 采集的数据应端正、清晰,不能随意记录,存在误记或需要修订的,应使用单线在误记数据的中间划掉,在其下方记录正确的数据。汇总表格上写上该项目的共同实验条件、数据记录者的姓名,并报告指导教师检查。

## 1.5.3 回归分析法

利用数学方法和计算机技术分析实验数据变量关系时,回归分析法成为当今应用最广泛、最高效的数学分析方法。该方法以大量观测取得的数据为样本,探讨事物内部统计规律,可用明确的数学模型进行变量间的各种变化分析与优化。

回归(也称“拟合”)法分多元线性回归和多元非线性回归。用一条直线描述两个变量关系的称“一元线性回归”,用一条曲线描述的则称“一元非线性回归”。依次类推,可延伸至 $n$ 维空间进行线性或非线性回归。随着现代计算方法的发展,非线性关系均转化为线性关系处理。最小二乘法是建立线性回归方程的科学方法。以下以最小二乘法回归一元线性方程为例。

**1. 最小二乘法**

在化学工程实验过程中,一般会将测试 $x_i$、$y_i$ 间数据组关联成各类曲线,并模拟出具有一定规律性的经验数学方程式,为理论深入分析提供量化基础。拟合过程可根据设定的精度和误差要求,无需(也无法)使所有实验数据点均落到曲线上,只要求最优曲线是各实验点同曲线偏差平方和为最小的曲线,该法称为“最小二乘法”。

根据最小二乘法原理,各实验数据点与对应曲线的偏差平方和 $Q$ 设为

$$Q=\sum_{i=1}^{n}d_i^2=\sum_{i=1}^{n}[y_i-(a+bx_i)]^2 \tag{1-14}$$

式中,$x_i$、$y_i$ 是实验数据(读取或计算获得);$Q$ 是 $a$ 和 $b$ 的函数关系,根据高等数学极值原理,要使 $Q$ 值达到极值,就要对式(1-14)中的 $a$ 与 $b$ 变量分别求偏导数。设$\frac{\partial Q}{\partial a}=0$,$\frac{\partial Q}{\partial b}=0$,联立方程,求 $a$ 和 $b$ 值,即为最小二乘法的基本原理。

$$\begin{cases}\dfrac{\partial Q}{\partial a}=-2\sum\limits_{i=1}^{n}(y_i-a-bx_i)=0\\[2ex]\dfrac{\partial Q}{\partial b}=-2\sum\limits_{i=1}^{n}(y_i-a-bx_i)x_i=0\end{cases} \tag{1-15}$$

由式(1-15)可得正规方程:

$$\begin{cases}a+\bar{x}b=\bar{y}\\ n\bar{x}a+(\sum\limits_{i=1}^{n}x_i^2)b=\sum\limits_{i=1}^{n}x_iy_i\end{cases} \tag{1-16}$$

式中，

$$\bar{x}=\frac{1}{n}\sum_{i=1}^{n}x_i$$

$$\bar{y}=\frac{1}{n}\sum_{i=1}^{n}y_i \tag{1-17}$$

解正规方程(1-16)，可得回归式 $a$(截距)和 $b$(斜率)：

$$b=\frac{\sum(x_iy_i)-n\bar{x}\bar{y}}{\sum x_i^2-n(\bar{x})^2} \tag{1-18}$$

$$a=\bar{y}-b\bar{x} \tag{1-19}$$

**2. 最小二乘法的应用**

设测量一组实验数据$(x_i,y_i)(i=1,2,\cdots,n)$且此 $n$ 个点落在一条直线附近。该数学模型为

$$f(x)=b+mx$$

实验点与曲线的偏差平方和为

$$\begin{aligned}\sum_{i=1}^{n}\delta_i^2&=\sum[y_i-f(x_i)]^2\\&=[y_1-(b+mx_1)]^2+[y_2-(b+mx_2)]^2+\cdots+[y_n-(b+mx_n)]^2\end{aligned}$$

令

$$Q=\sum_{i=1}^{n}\delta_i^2$$

则

$$Q=[y_1-(b+mx_1)]^2+[y_2-(b+mx_2)]^2+\cdots+[y_n-(b+mx_n)]^2$$

根据最小二乘法原理，满足偏差平方和的最小条件是$\frac{\partial Q}{\partial b}=0$与$\frac{\partial Q}{\partial m}=0$。整理得

$$\frac{\partial Q}{\partial b}=-2[y_1-(b+mx_1)]-2[y_2-(b+mx_2)]-\cdots-2[y_n-(b+mx_n)]=0$$

$$\sum y_i-nb-m\sum x_i=0 \tag{1-20}$$

$$\frac{\partial Q}{\partial m}=-2x_1(y_1-b-mx_1)-2x_2(y_2-b-mx_2)-\cdots-2x_n(y_n-b-mx_n)=0$$

$$\sum x_iy_i-b\sum x_i-m\sum x_i^2=0 \tag{1-21}$$

由式(1-21)得

$$b=\frac{\sum y_i-m\sum x_i}{n}=\bar{y}-m\bar{x} \tag{1-22}$$

将式(1-22)代入式(1-21)，解得

$$m=\frac{\sum y_i\sum x_i-n\sum x_iy_i}{(\sum x_i)^2-n\sum x_i^2}$$

相关系数 $r$ 为

$$r=\frac{\sum(x_i-\bar{x})(y_i-\bar{y})}{\sqrt{\sum(x_i-\bar{x})^2\sum(y_i-\bar{y})^2}}$$

例 1-2 中实验选用“蒸汽-冷空气”传热项目。在明确流体不发生相变的情况下，圆形直管内被加热的空气做湍流流动，通过实验数据推算的 $Re$ 和 $Nu$ 的值列于表 1-7，理论得知，强制湍流的对流传热准数关联公式为

$$Nu_i = ARe_i^m Pr_i^n$$

式中，$Nu$ 为努塞特数，$Nu_i=\frac{\alpha_i d_i}{\lambda_i}$；$Re$ 为雷诺数，$Re_i=\frac{u_i d_i \rho_i}{\mu_i}$；$Pr$ 为普朗特数，$Pr_i=\frac{C_{pi}\mu_i}{\lambda_i}$。试求式中的 $A$ 与 $m$ 的值。

**表 1-7　*Re* 和 *Nu* 的值**

| $Re$ | $2.15\times10^4$ | $2.56\times10^4$ | $3.18\times10^4$ | $3.46\times10^4$ | $3.72\times10^4$ | $4.15\times10^4$ |
|---|---|---|---|---|---|---|
| $Nu$ | 53.9 | 61.2 | 70 | 78 | 82.1 | 86.7 |

**解**　维持加热蒸气压恒定，由定性温度 $T_m$ 查得 $\lambda_i$、$C_{pi}$、$\rho_i$、$\mu_i$ 等物性数据。管内空气被加热时 $n$ 取 0.4，则关联式的形式简化为

$$Nu_i = ARe_i^m Pr_i^{0.4}$$

通过对公式两边取对数，得到新的对流传热准数关联直线方程

$$\lg\frac{Nu_i}{Pr_i^{0.4}}=\lg A+m\lg Re_i$$

令

$$y=\lg\frac{Nu_i}{Pr_i^{0.4}},b=\lg A,x=\lg Re_i$$

有

$$y=b+mx$$

整理数据列于表 1-8 中。

**表 1-8　数据整理后各参数的值**

| $x$ | $y$ | $x^2$ | $xy$ |
|---|---|---|---|
| 4.332 4 | 1.731 6 | 18.769 7 | 7.502 0 |
| 4.408 2 | 1.786 8 | 19.432 2 | 7.876 6 |
| 4.502 4 | 1.845 1 | 20.271 6 | 8.307 4 |
| 4.539 1 | 1.892 1 | 20.603 4 | 8.588 4 |
| 4.570 5 | 1.914 3 | 20.889 5 | 8.749 3 |
| 4.618 0 | 1.938 0 | 21.325 9 | 8.949 7 |
| $\sum x$=26.970 6 | $\sum y$=11.107 9 | $\sum x^2$=121.292 3 | $\sum xy$=49.973 4 |

$$m=\frac{\sum x\sum y-n\sum xy}{(\sum x)^2-n\sum x^2}=\frac{26.970\ 6\times11.107\ 9-6\times49.973\ 4}{(26.970\ 6)^2-6\times121.292\ 3}=0.744\ 9$$

$$b=\frac{\sum y-m\sum x}{n}=\frac{11.107\ 9-0.744\ 9\times26.970\ 6}{6}=-1.497\ 1$$

$$b=\lg A=-1.497\ 1,A=0.031\ 8$$

此时应用 Origin 计算拟合。通过实验确定不同流量下的 $Pr_i$、$Re_i$ 与 $Nu_i$，在双对数坐标系中，通过线性拟合法，利用 Origin 中 Analysis/Fit Linear 功能对数据进行处理并绘图，

对流传热系数关联图如图 1-5 所示。直线斜率为 0.744 9，截距为 −1.497 1，相关系数 0.999 779，拟合效果良好。将拟合结果代入对流传热准数关联方程进行转换，得到如下结果：

$$Nu_i=3.18\times10^{-2}Re_i^{0.7449}Pr_i^{0.4}$$

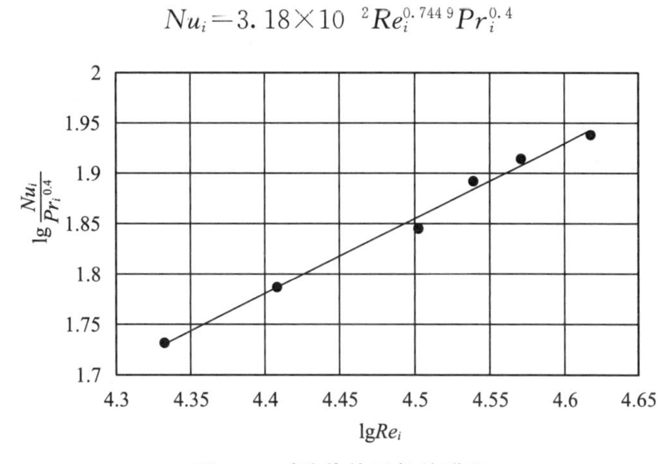


**图 1-5　对流传热系数关联图**

# 1.6　数据分析软件使用

随着现代计算技术的快速发展，Origin、Matlab 等计算机辅助教学的专业软件应运而生，学生通过各计算机仿真实验处理实验数据，使得实验数据能高效、直观、准确地转化为直观可视图形、曲线，依据学过的理论分析数据规律，建立数学模型，极大地减少了手工制图的误差，提高了数据处理与分析的效率。现以 Origin 使用为例说明：

Origin 作为美国 OriginLab 公司开发的数据分析软件，其在函数拟合、数据运算、谱图和统计分析等方面功能强大，广泛应用于化工各类实验的数据处理与数学建模等，该软件操作窗口人性化，菜单和工具栏与 Office 类似，数据处理和作图不用编写执行代码，使用方便直观，深受使用者喜爱。实例以强制湍流流动的对流传热准数公式回归分析，说明该软件在化工实验的应用。

由化工原理中的离心泵性能得知，恒定转速下泵的扬程 $H$、轴功率 $N$、效率 $\eta$ 与泵的流量 $Q$ 之间的关系公式(详见离心泵操作特性实验，数据记录见表 1-9)为

① 扬程 $H$ 的测定与计算：

$$H=(z_2-z_1)+\frac{p_2+p_1}{\rho g}$$

② 轴功率 $N$ 的测量与计算：

$$N=N_{电}\ k$$

式中，$N_{电}$ 为电机功率表显示值；$k$ 代表电机传动效率。

③ 效率 $\eta$ 的计算：

$$\eta=\frac{HQ\rho g}{N}\times100\%$$

表 1-9　离心泵性能测定实验原始数据记录

| 实验次数 | 流量<br>$Q/(m^3/h)$ | 泵进口真空度<br>$p_1/kPa$ | 泵出口表压<br>$p_2/kPa$ | 电机功率<br>$N_电/kW$ | 泵转速<br>$n/(r/min)$ |
|---|---|---|---|---|---|
| | | | | | |
| | | | | | |
| | | | | | |

通过上述 3 个公式计算得到表 1-10 的扬程、轴功率和效率的数据。

表 1-10　离心泵性能测定实验扬程、轴功率和效率计算一览

| 实验次数 | 流量 $Q/(m^3/h)$ | 扬程 $H/m$ | 轴功率 $N/kW$ | 效率 $\eta/\%$ |
|---|---|---|---|---|
| | | | | |
| | | | | |
| | | | | |

Origin 的操作步骤：

① 数据输入。在 Origin 界面，实验数据多于两列，则可将鼠标移到“Column”处点击，在其下拉的菜单中选择“Add New Columns”项，见图 1-6(a)，系统弹出如图 1-6(b)所示的对话框，在其中输入要增加的列数(本项目为 3)，点击“OK”即可。然后将上述表格数据复制进 Origin8.0 数据表格，点击“Comments”右边第一格选择“Paste”，完成输入。适当修改，得到如图 1-6(c)所示的数据。

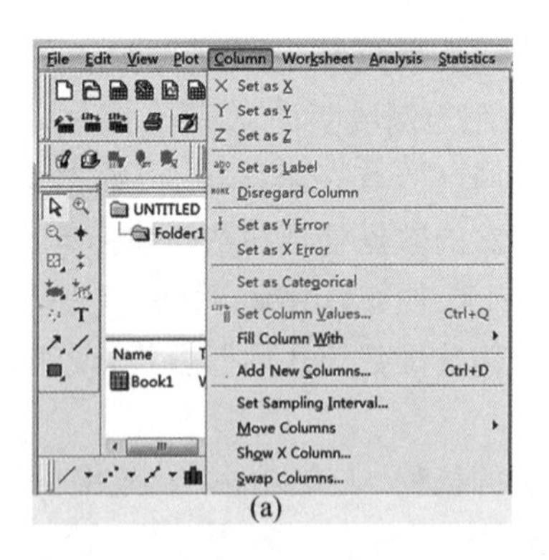

(a)

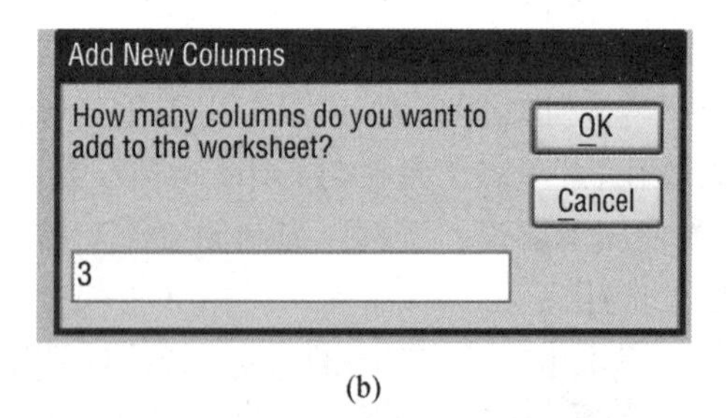

(b)

| | A(X) | B(Y) | C(Y) | D(Y) | E(Y) |
|---|---|---|---|---|---|
| Long Name | 流量 | 扬程 | 效率 | 管路阻力 | 轴功率 |
| Units | $Q/(m^3/h)$ | $H/m$ | $\eta/\%$ | $H_e/m$ | $N/kW$ |
| Comments | | | | | |
| 1 | 0 | 11 | 0 | 6 | 2 |
| 2 | 2 | 10.8 | 15 | 6.096 | 2.04 |
| 3 | 4 | 10.5 | 30 | 6.384 | 2.08 |

(c)

图 1-6　原始数据输入界面

离心泵特性曲线的绘制。将要绘制的所有数据列选中(第一列须是公用横坐标,其他数据列为纵坐标),压头和管路阻力为纵坐标第一图层,点击图 1-7(a)左下角处图标,得图 1-7(b)。

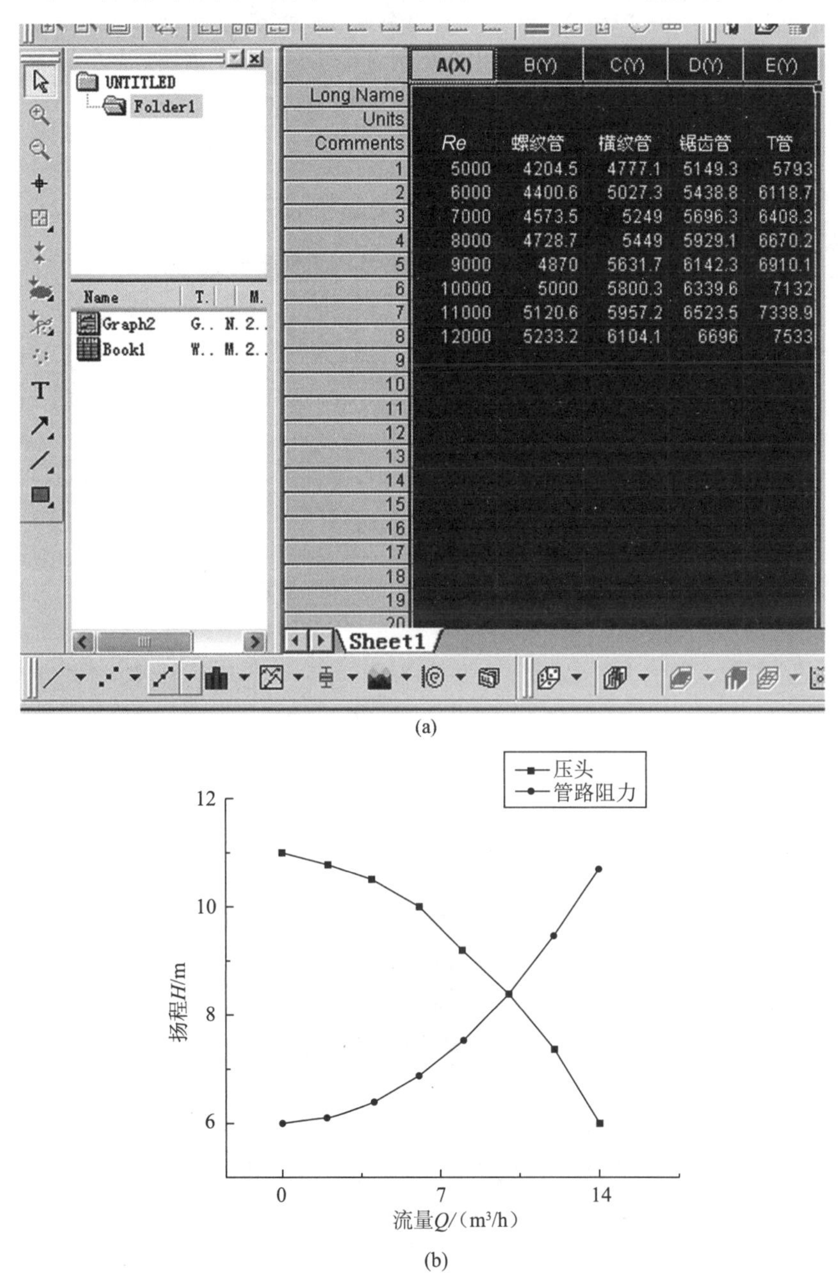


(a)

(b)

**图 1-7 扬程、管路阻力与流量关系曲线**

点击“Graph”菜单,见图 1-8(a),在其下拉式菜单中选择“New Layer(Axes)”,再选择“(Linked) Right Y”,弹出图 1-8(b)。

分别在第二、三图层,将流量选为横坐标,将效率和功率选为纵坐标,在第三图层的激活下,双击鼠标右边纵坐标数字“2”处,弹出图 1-9(a),点击“Title &Format”,设置坐标轴位置“20”,点击“OK”,再对坐标名称、单位、坐标范围等进行合理设置,得最后的效果图 1-9(b)。

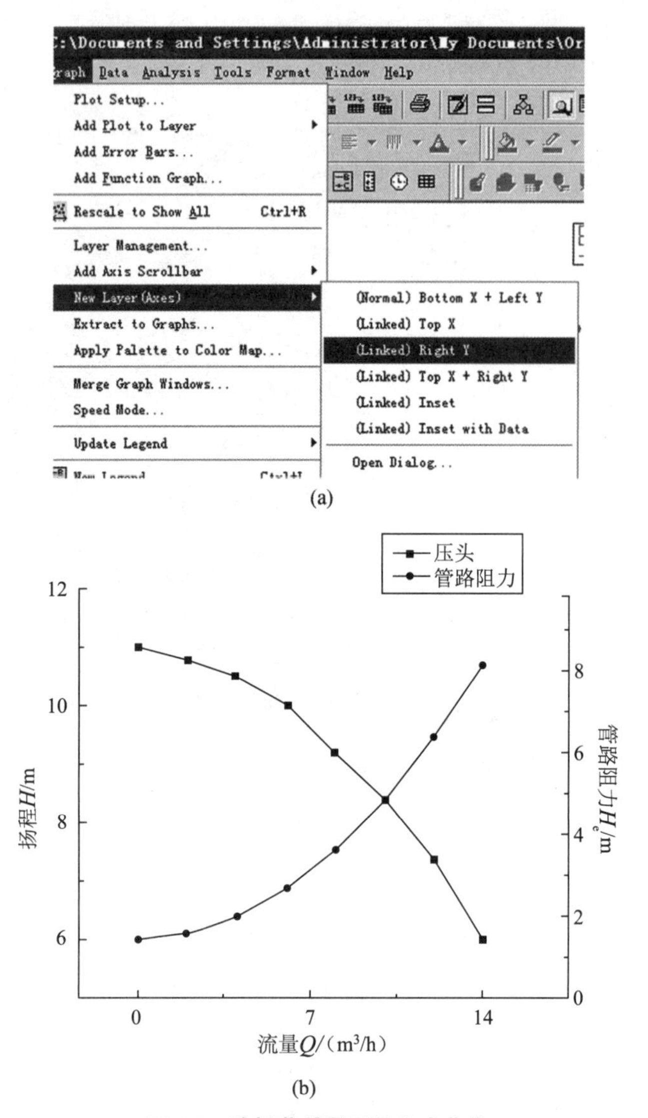


(a)

(b)

**图 1-8　选择菜单界面及生成曲线**

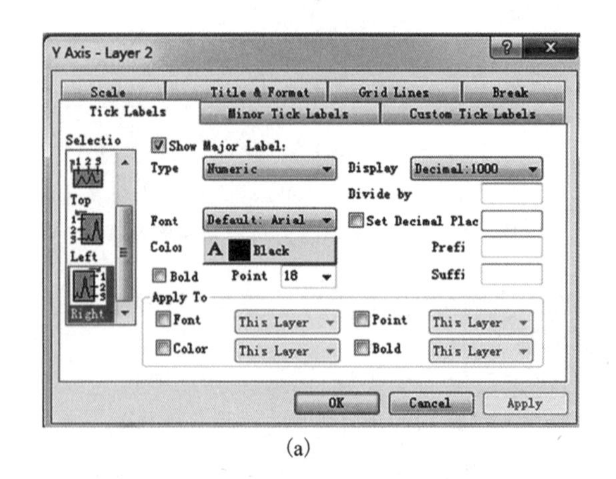


(a)

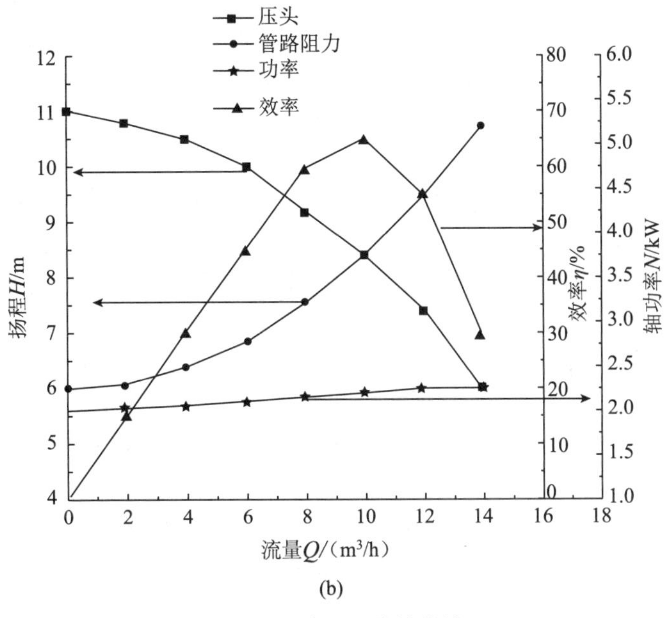


**图 1-9　离心泵特性曲线**

# 1.7　教学特点与要求

随着人工智能和计算技术的进步，引入先进的测试手段和数据处理技术，使用智能化计算机测量、控制和调节传统实验设备操作过程中的流量、压力和温度等基础实验变量，并运用软件快捷采集相关数据，成为化工实验数字化、智能化的变革趋势，能为学生提供更先进的实验装置和环境，能更好地促进学生的科研能力和创新精神的培养。

## 1.7.1　实验理论基础

化工实验所依据的理论基础主要是化学工程基础实验原理的基本特征、研究方法、数据分析方法与过程应用，以及涉及实验过程所遵循的实验数据智能测量、控制的基本知识理论和每个实验项目教学的目的、要求和方法等。

## 1.7.2　实验教学环节及要求

化学工程基础实验与仿真实训的工程特点突出，生产操作真实。通过对化工生产应用中使用的流量计，离心机，塔器，与工程单元操作相关的测量、控制与调节的仪器装置的学习、操作，以及数据的采集、处理与综合分析等，深化理解化学工程单元理论体系与操作实践，准确把握理论与实践结合点，提高工程实践能力。

化工实验涉及许多化工生产过程因素，需事先考虑、分析遇到的工程问题并做好准备，因此实验分为现场预习(包括仿真实验)和实验操作两个部分。具体包括分组与预习,分工操作,数据测定、采集和处理分析,实验报告编写与要求等环节。实行过程性与终结性相结合的评价方法。一般将学生事前预习、仿真实验、过程互动、实验操作作为过程性评价环节。实验报告、期末操作与笔试作为终结性考核。

**1. 实验预习**

① 预习实验教材和相关训练资源,复习对应的课程理论内容及参考书的有关内容,确定本实验的目的与要求。

② 思考实验过程中可能遇到的问题,将问题引到实验流程再思考实践。对标实验指导书,现场了解设备流程,掌握装置基本构成、性能、操作特点及用到的测试仪表种类、安装位置。

③ 了解操作步骤与测定所需的工艺参数,深入掌握仪表操作方法、参数调整及数据测试点的分配等。

④ 列出需在实验室得到的全部原始实验数据和操作过程需观察的现象项目清单,设计可行的科学原始数据表格。

⑤ 准备实验预习报告,涵盖如下要点:实验目的、实验原理、实验流程(含实验设备名称、性能与型号等)、操作步骤、操作注意事项、实验布点及原始数据记录。

**2. 实验操作**

分组合作完成实验,3～4 人为一组。预先安排好分组情况,每组成员各负其责,在适当时候可轮换工作。学生可以在不同岗位中锻炼,也可以促进自身的全面发展。实验前要特别掌握操作的注意事项。

① 实验设备的启动操作,应按教材说明步骤逐项进行,设备启动前必须检查安全性。完成以下步骤方可开启电源,使设备运转。

A. 泵、风机、真空泵、压缩机等动力设备,启动前应转动联轴节,观察是否正常。

B. 设备、仪表和管道对应的阀门的开、闭状态是否合乎工程实验要求。

② 操作过程设备及仪表有异常情况时,应立即按停车步骤停车并报告指导教师,处理问题前应了解其全过程。该过程可锻炼学生分析问题与处理工程问题的能力。

③ 实验全程应时刻掌握仪表的指示值变动,保证操作处于稳定状态。出现不符合规律的现象时应注意观察研究,分析其原因,不要轻易放过。

④ 实验结束后,严格按照安全要求,有序将实验的气源、水源、电源等关闭,然后切断电机电源,并将各阀门恢复至实验前所处的位置(开或关)。

**3. 数据记录与处理**

(1) 原始数据的明确

测量和读取实验目标和内容要求所需的原始数据参数,并记录在预先设计好的表格中。原始数据主要有实验流体性质、操作条件、设备几何尺寸及大气条件等。有些数据通过原始参数手册查出(水温测量后即可查出),可不必再次测量,如黏度、密度等。

(2) 实验数据的分割

明确实验要测的数据哪个是自变量,受其影响或控制的其他变量数据作为因变量。如离心泵操作特性实验,将流量作自变量,与流量相关的扬程、轴功率、泵效率等作因变量。为了更好地应用软件将实验数据标绘在各种坐标系中,得到分布均匀的曲线,需要进行数据分割,并选择直角坐标和双对数坐标。

(3) 实验数据的读取

① 实验正常运转、操作稳定后开始读取数据。稳定判据是：两次测定其读数相同或十分相近。改变实验条件，待参数稳定后再次读数，排除因仪表设备滞后而导致读数不准。

② 同一操作时段，安排数人同时读取不同采集点的数据，确保时效性和对应性。

③ 每次读数应与前一点数据及相关的数据相对照，观察读数的合理性；若发现异常，应寻找原因，并重复几次，在记录上注明。

④ 记录的数据应为直接读取的原始数值，例如：秒表读数 1 分 23 秒，应记为 1′23″，不记为 83″。

⑤ 读取数据时应读至仪表最小分度以下一位数(该位为估计值)。在读数过程中参数波动较大的，读取几个数后取平均得到。可取波动的最高点与最低点两个数据，然后取平均值，在波动不是很大时可取一次波动的高低点之间的中间值作为估计值。

⑥ 首先剔除误读或差别特别大的等明显不正常的数据，并对其他可疑数据进行全面甄别和分析，获得可靠的正常数据。

⑦ 记录记录仪表显示的实验点数据，同时记录相应的计量单位，并再次仔细检查是否漏记或记错。实验结束后应当将记录完整的原始数据送指导教师审签，准确无误后方可结束实验。

(4) 实验数据的处理

① 确保原始数据的真实性、合理性。综合评判出的不真实或过失引起的非正常数据，应标识报教师后剔除。

② 采用列表法整理的数据更直观、明确、易于计算分析。正式实验报告包括四种表格：原始数据记录表、数据处理表、实验结果表和误差分析(表)。处理计算过程时应举例说明过程和数据计算的来源，实证各物理量间的规律与逻辑关系。

③ 采用常数归纳处理方法，将固定不变的数据集中成一个数群，简化计算公式，并采用 Origin、Matlab 和电子表格等相应软件中的计算方法快速准确处理。如流体流动阻力测定实验，计算 $Re$ 和 $\lambda$ 值，可按以下方法进行：

第一步，$Re$ 的计算公式为 $Re=\frac{du\rho}{\mu}$，实验过程中水温变化不大，故 $d$、$\mu$、$\rho$ 可认为是常数，故设 $A=\frac{d\rho}{\mu}$，$A$ 的值确定后，$Re=Au$，改变 $u$ 值可算出 $Re$ 值。

第二步，管内摩擦系数 $\lambda$ 值的计算方法，由直管阻力计算公式可知，

$$\Delta p=\lambda\frac{l}{d}\frac{\rho u^2}{2}$$

得

$$\lambda=\frac{d}{l}\frac{2}{\rho}\frac{\Delta p}{u^2}=B'\frac{\Delta p}{u^2}$$

式中，常数 $B'=\frac{d}{l}\frac{2}{\rho}$。

第三步，流体压降 $\Delta p$ 计算。由 U 形压差计读数 $R$ 和静力学原理，可知

$$\Delta p=gR(\rho_0-\rho)=B''R$$

式中，常数 $B''=g(\rho_0-\rho)$。

将 $\Delta p$ 代入上式整理为

$$\lambda = B'B''\frac{R}{u^2} = B\frac{R}{u^2}$$

式中，常数 $B=\frac{d}{l}\cdot\frac{2g(\rho_0-\rho)}{\rho}$。

第四步，$\lambda$ 计算得以简化，通过原始变量数据 $R$ 和 $u$ 求得。用计算机软件可方便算出。

④ 实验结果及结论常用上述阐述的列表法、图示法或回归分析法进行分析，并注明该批的实验条件。

**4. 编写实验报告**

实验报告是对实验学习情况做出全面分析、系统总结，是实验教学环节的重要内容。

(1) 实验目的

简明扼要地分点说明为什么要进行本实验，通过实验要学会什么，解决什么问题等。(参考教材，各专业可根据实验目的和要求，灵活取舍)

(2) 实验原理

针对具体的实验内容和实验装置，简要阐述实验需要遵循的理论和原理，包括涉及的关键概念，依据主要定律、方程式计算出规律性的结论。该部分应当准确、科学、简洁而完整。

(3) 实验流程

画出(建议用 CAD 软件画图)实验装置流程示意图和测试点、控制点的具体位置。标出主要设备、仪表的名称，以及设备、仪器仪表和调节阀等标号，在流程图的下方写出图名及与标号相对应的设备、仪器等名称。

(4) 操作步骤

根据实际现场的操作程序，划分为几个步骤，并在前面加上序数词，使条理更为清晰。对操作过程的说明应简洁明了。

对于容易引起设备或仪器仪表损坏、容易发生危险，以及一些对实验结果影响比较大的操作，应在注意事项(单独作为一项，特别说明)注明，切实引起师生的注意，培养安全意识。

(5) 原始数据记录及处理

记录在实验过程中从测量仪表所读取的数值。读数方法要正确，记录的数据要准确，要根据仪表的精度决定实验数据的有效数字位数。列表填写原始数据。

根据实验原理和定律，采用先进的技术和方法，对实验原始数据进行归纳、计算、绘模拟图和列方程式等。图、表要能真实展现数据的变化规律、各技术指标和工艺条件的逻辑关系；图要能直观反映变量间的内在理论基础。

每位学生以某一组原始数据为例，采用计算软件，完整列出计算过程，并得到合理的结果，掌握本实验数据整理表中的结果是如何得到的。

鼓励使用软件进行高级语言编程计算，附计算文档随报告交与教师。

(6) 分析与讨论

分析与讨论是实验的精华之处，每位学生要根据各类理论、实验(工程)方法、现代技术等，进行合理、科学、高效地分析。有效处理实验数据，采用合理的分析方法归纳出反映化工操作规律的数据或现象，采取各类软件，绘制和归纳出方便分析和讨论的图、表。再从理论(机理、方法)层面全面客观地解释通过实验处理得到的各类图表结果,并进一步阐述对理论和方法的新见解。此过程应注意以下问题:

① 以严肃认真、实事求是的态度,读取和分析数据。从实验的必要性和充分性等方面取舍数据,决不能篡改、虚构数据。发现异常数据,应反复进行实验验证,查明是因操作差错造成的,还是实验本身存在的现象和规律,或是其他因素导致的意外现象。

② 科学合理地设计符合实验要求的各类图、表,采用学过的各类计算机软件,绘制相应的图样,要能直观地表达变量间的相互关系,表要易于显示数据的变化规律及各参数的相关性。

③ 要充分根据理论知识、实验方法、工程模拟等客观原因分析实验存在的问题或现象。结果与分析部分不仅需要得出简洁明了的实验结果、结论,也要准确地分析过程,并能再现实验过程得到的数据和各类数学模型,最后提出存在的问题和具体的不足。

(7) 结论

充分依据前述得到的方法、方程和结果,通过严谨的科学推理,做出符合理论证明的定律、数学方程等结论性的正确判断和分析,能体现实验的广度和思考的深度,以及研究水平。最后能分析回答思考题。

**5. 实验过程中应注意的事项**

在实验过程中,除读取数据外,还应做好下列事情:

① 操作过程中应当密切注意仪表仪器指示值的变动,随时调节,务必使整个操作过程均按规定的参数进行,减少实验操作条件和规定操作条件的差距。实验过程中学生不得擅自离岗。

② 读取数据后,应立即和前次的数据相比较,并和其他相关的数据对照,分析相互关系是否合理。发现不合理的情况,应该立即同小组成员讨论原因,及时发现问题,解决问题。

③ 实验过程应注意观察过程现象,特别是发现不正常现象或听见不正常声音时,应及时分析产生不正常现象或声音的原因并及时处置,确保安全。

同学们应在实验课中逐步培养自己的独立思考和分析能力,大胆地提出自己的见解,真正学到有用的知识。

**6. 课后思考题**

① 化工实验过程中引起火灾爆炸的点火源主要有哪些?

② 化工生产实验中的物理爆炸与化学爆炸的区别在哪?

③ 化工实验过程常用的灭火剂包括哪几类?

④ 化工实验室发生火灾,扑救的一般原则是什么?

⑤ 化学灼伤一般是由哪些化学物质引起的?

⑥ 进入化工实验室应注意哪些方面?

⑦ 化工实验中如何防触电、防毒和防腐蚀?

# 第二章 工程基础实验

## 2.1 流体流动阻力测定实验

### 2.1.1 实验目的

① 学习直管摩擦阻力、直管摩擦系数的测定方法。

② 掌握直管摩擦系数与雷诺数和相对粗糙度之间的关系及变化规律。

③ 掌握局部摩擦阻力、局部阻力系数的测定方法。

④ 学习压强差的几种测量方法和提高其测量精度的一些技巧。

⑤ 了解转子流量计和涡轮流量计的测量原理及使用方法，掌握温度等参数的测量方法。

⑥ 认识实验装置管路的各种管件、阀门，掌握其作用及操作方式。

### 2.1.2 实验原理

工程上流体流经流程上的各类管道以及阀门、法兰、三通、流量计等局部管件组成的复杂生产管路体系时，因流体存在黏性剪应力、涡流应力等本质因素，必然形成一定的流动阻力从而损耗机械能。工程上将流经直管形成的机械能损失称为“直管阻力损失”，将流经弯头、测试部件等产生流向与速度大小的改变而导致的机械能损失称为“局部阻力损失”。

**1. 直管阻力摩擦系数 λ 的测定**

流体在水平等径直管中稳定流动时，阻力损失为

$$h_f=\frac{\Delta p_f}{\rho}=\frac{p_1-p_2}{\rho}=\lambda\frac{l}{d}\frac{u^2}{2} \tag{2-1}$$

即

$$\lambda=\frac{2d\Delta p_f}{\rho l u^2}=\frac{2d\Delta p}{\rho l u^2} \tag{2-2}$$

式中，$\lambda$ 为直管阻力的摩擦系数，无因次；$d$ 为直管内径，m；$\rho$ 为流体密度，kg/m$^3$；$l$ 为直管长度，m；$\Delta p_f$ 为流体流经长为 $l$ 的直管的压降，Pa；$\Delta p$ 为流体流经长为 $l$ 的直管的压力差，Pa；$h_f$ 为单位质量流体流经长为 $l$ 的直管的机械能损失，J/kg；$u$ 为流体在管内流动的平均流速，m/s。

滞流(层流)时，

$$\lambda=\frac{64}{Re} \tag{2-3}$$

$$Re=\frac{du\rho}{\mu} \tag{2-4}$$

式中，$Re$ 为雷诺数，无因次；$\mu$ 为流体黏度，kg/(m·s)。

湍流时：$\lambda$ 作为雷诺数 $Re$、相对粗糙度($\varepsilon/d$)的函数关系，应通过实验和模拟得到。

光滑管：$\lambda=f(Re)$。

粗糙管：$\lambda=f(Re,\varepsilon/d)$。

根据实验测定流程的 $l$、$d$、流体温度、流体体积流量，可查阅相关专业手册，推算 $\Delta p_f$、$u$、$\rho$、$\mu$ 等参数，根据式(2-2)测定 $\lambda$。若实验流程使用涡轮流量计测流量 $Q$(单位为 m$^3$/h)，则

$$u=\frac{Q}{900\pi d^2} \tag{2-5}$$

利用U形管、倒U形管、测压直管等液柱压差计测量压差数据(各个压差计的数据由压差变送器和二次仪表提供)，进而通过下列方法求出 $\Delta p_f$：

① 若用倒U形管压差计测定，则

$$\Delta p_f=\rho g R \tag{2-6}$$

式中，$R$ 为水柱高度，m。

② 若用U形管压差计测定压差，有

$$\Delta p_f=(\rho_0-\rho)gR \tag{2-7}$$

式中，$R$ 为液柱高度，m；$\rho_0$ 为指示液密度，kg/m$^3$。

设定实验流程设备零件参数 $l$、$d$、测量流体的温度 $T_0$、指示液的温度，可得指示液密度 $\rho_0$ 和流体物性 $\rho$、$\mu$，由实验流量计读取流量 $Q$、液柱压差计读取 $R$ 值，再代入式(2-5)、式(2-6)或式(2-2)、式(2-4)、式(2-7)，计算出 $Re$ 和 $\lambda$，用 Excel 电子表格或 Origin 等实现双对数作图功能，将 $Re$ 和 $\lambda$ 绘在双对数坐标图上。

**2. 局部阻力系数 $\xi$ 的测定**

局部阻力损失有两种表示方法：当量长度法和阻力系数法。

(1) 当量长度法

流体流过阀门等管道管件时，形成一定的机械能损失，该机械能损失可等同于流经长

度为 $l_e$、直径一样的直管道所造成的机械能损失，则该管道长度即当量长度(符号用 $l_e$ 表示)。转化成直管阻力计算规律可推算管件的局部阻力损失；总管路的局部阻力损失可将所有涉及各管件、阀门的当量长度加起来予以计算，故该流体在这个管路体系上流动的总机械能损失 $\sum h_f$ 为

$$\sum h_f = \lambda \frac{l + \sum l_e}{d} \cdot \frac{u^2}{2} \tag{2-8}$$

(2) 阻力系数法

流体通过阀门等管道管件形成的机械能损失可视为流体在直管径内流动的平均动能的一定倍数。推算局部阻力大小的方法为阻力系数法。即

$$h'_f = \frac{\Delta p'_f}{\rho} = \xi \frac{u^2}{2} \tag{2-9}$$

故

$$\xi = \frac{2\Delta p'_f}{\rho u^2} = \frac{2\Delta p'}{\rho u^2} \tag{2-10}$$

式中，$\xi$ 为局部阻力系数，无因次；$\Delta p'_f$ 为局部阻力损失(所测得的压降应扣除两测压口间直管段的压降，直管段的压降由直管阻力实验结果求取)，Pa；$\rho$ 为流体密度，kg/m$^3$；$g$ 为重力加速度，$g=9.81$ m/s$^2$；$u$ 为流体在小截面管中的平均流速，m/s。

流过阀门等因局部阻力产生的压降 $\Delta p'_f$ 可用如下测量办法：在一条各处直径相等的直管段上，安装待测局部阻力阀门，在上、下游各开两对测压口 $a$-$a'$ 和 $b$-$b'$ 如图 2-1 所示，使 $ab=bc$、$a'b'=b'c'$，则 $\Delta p_{f,ab}=\Delta p_{f,bc}$、$\Delta p_{f,a'b'}=\Delta p_{f,b'c'}$。

在 $a$-$a'$ 之间列伯努利方程式，

$$p_a - p'_a = 2\Delta p_{f,ab} + 2\Delta p_{f,a'b'} + \Delta p'_f \tag{2-11}$$

在 $b$-$b'$ 之间列伯努利方程式，

$$\begin{aligned} p_b - p'_b &= \Delta p_{f,bc} + \Delta p_{f,b'c'} + \Delta p'_f \\ &= \Delta p_{f,ab} + \Delta p_{f,a'b'} + \Delta p'_f \end{aligned} \tag{2-12}$$

联立式(2-11)和式(2-12)，

$$\Delta p'_f = 2(p_b - p'_b) - (p_a - p'_a)$$

设$(p_b - p'_b)$为近点压差，$(p_a - p'_a)$为远点压差。其数值用差压传感器或 U 形压差计来测量，待测管件和阀门由现场指定。实验采用阻力系数法表示管件或阀门的局部阻力损失。

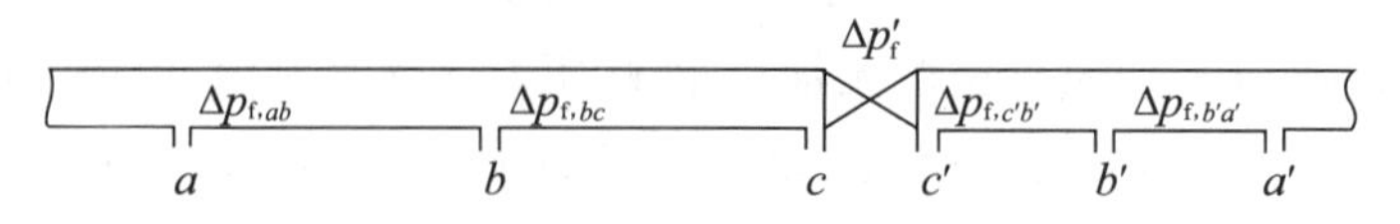


**图 2-1　局部阻力测量取压口布置**

已知管道弯头、阀门等两端管道的小管直径 $d$、指示液温度(查阅获得密度 $\rho_0$)、流体温度 $T$(手册查阅 $\rho$、$\mu$ 等物理性质)及实验流量计读取的流量 $Q$、液柱压差计读取的压差值 $R$，通过式(2-8)、式(2-9)、式(2-10)求取管件或阀门的局部阻力系数 $\xi$。

## 2.1.3　手动操作实验流程

### 1. 流体流动阻力实验装置示意(图 2-2)

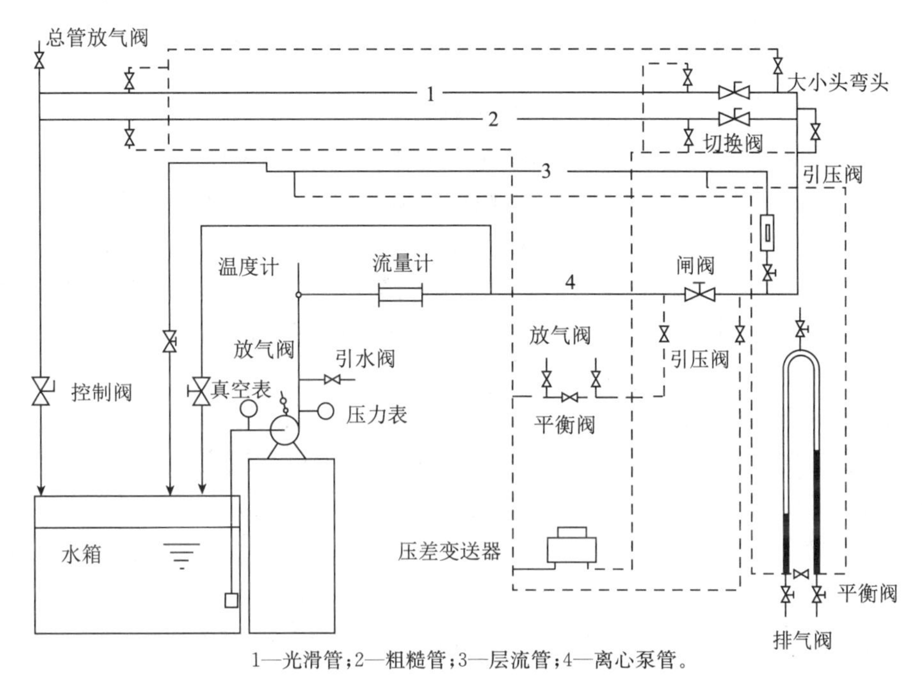


1—光滑管;2—粗糙管;3—层流管;4—离心泵管。

图 2-2　流体流动阻力实验装置示意

### 2. 实验流程参数(表 2-1)

表 2-1　实验流程参数

| | 阻力位置 | | 被测部件 | 管内 | | 测量段长度/cm |
|---|---|---|---|---|---|---|
| | | | | 管路号 | 管内径/mm | |
| 流程参数 | 局部阻力 | 大小头 | 不锈钢管 | | 32.0 | |
| | | 阀门 | 镀锌铁管 | | 32.0 | |
| | 湍流 | 光滑管 | 不锈钢管 | 1 | 21.5 | 200 |
| | | 粗糙管 | 镀锌铁管 | 2 | 20.5 | 200 |
| | 滞流(层流) | | 铜管 | 3 | 6 | 140 |

## 2.1.4　手动操作实验步骤

### 1. 实验准备

除去水箱杂物,洗净水箱,使用自来水作为实验用水,减少泵叶轮和流量计的损伤。关闭箱底侧排污阀,输入自来水至水位约占水箱总量的 2/3,确保实验循环过程有足够的实验用水,但要避免水从管道出口流入水箱引起水花飞溅。打开总控制电源,开启面板上总电源开关与各类仪表电源,观察仪表自检情况。

**2. 管路选择**

找到对应的实验管路，开启对应进口阀，确保出口阀为最大开度，保持全流量流动5～10 min。

**3. 泵的开启**

首先关紧出口阀，将光滑管、粗糙管的引压阀关紧，泵灌满水后开启。

**4. 系统排气**

主管排气：先后开启光滑管、粗糙管的切换阀，全开控制阀后再全关闭，重复三遍，使总管中大部分气体被排到外面，之后缓慢全开总管排气阀再关紧，重复三遍。

压差计、引压管排气：直管阻力或局部阻力实验测定时，先开启相关引压阀，再缓慢开启压差变送器的平衡阀与对应引压管的放气阀，重复开关三遍。

排气要求：观察排气的效果检验方法，将控制阀全开后再全关闭，观察压差变送器的显示数据是否前后一致，一致则待测体系已经排气干净；若前后数据不一致则需按上述步骤重做。

**5. 湍流直管阻力的测定**

若流体在充分湍流区流动时，发现 $\lambda$-$Re$ 间的曲线集中在双对数坐标的密集区，在小流量状态多布点，流量较大状态少布点，确保采样与数据的均衡。先将控制阀开至最大，读取流量显示仪读数 $F_{大}$，关至压差显示值约 0.3 kPa 时，再读取流量显示仪读数 $F_{小}$，缓慢开启调节阀，调节流量，让流量在 0.8～5 $m^3/h$ 范围内变化，每次实验变化 0.3 $m^3/h$ 左右。$F_{小}$ 和 $F_{大}$ 两个读数间约有 15 个实验点。读取实验参数：流量 $Q$、测量段压差 $\Delta p$ 及流体温度 $T$。

**6. 局部阻力和层流阻力的测定**

做好引压阀的切换，再进行局部阻力的测定。主管道控制阀关闭后，开启转子流量计排气，开始滞流(层流)阻力实验。

**7. 实验结束**

完成所有实验项目后，要先关闭装置的总出口阀，再关闭泵电源，将该管路的进口球阀和对应均压环上的引压阀关闭，清理装置(若长期不用，则管路残留水可从排空阀排空，水箱的水也通过排水阀排空)。最后，上机处理数据。

### 2.1.5 注意事项

① 关闭离心泵、从光滑管阻力测量过渡到其他测量之前，都必须检查所有流量调节阀是否关闭。启动与关闭离心泵之前，必须关闭所有出口阀。

② 利用压差数字表测量大压差时，必须关闭通倒 U 形管的阀门，防止形成并联管路。

③ 实验过程中每调节一个流量后应待流量和直管压降数据稳定后，方可记录数据。

### 2.1.6 手动操作实验数据记录与处理

手动操作实验流体流动阻力测定原始数据记录见表 2-2。

表 2-2　手动操作实验流体流动阻力测定原始数据记录

实验日期：　　　　　　实验人员：　　　　　　学号：　　　　　　装置号：

| 序号 | 湍流流量/(L/s)或层流流量/(L/h) | 光滑管 | 粗糙管 | 局部阻力 | 层流/$mmH_2O$ | | |
|---|---|---|---|---|---|---|---|
| | | 压差/kPa | 压差/kPa | 压差/kPa | 左 | 右 | 差值 |
| | | | | | | | |
| | | | | | | | |
| | | | | | | | |

## 2.1.7　自动控制实验流程

自动测量阻力的实验装置具有在线操作功能。

离心泵，水箱，各类管径与材质的水管，不同阀门、管件，涡轮流量计和倒 U 形压差计等实验构件形成实验流程。主管路由三根并联的不同材质的长直管组成，自上而下分别用于测定局部阻力系数、光滑管直管阻力系数和粗糙管直管阻力系数。用不锈钢管测算安装在该管上的阀门、异径管等局部阻力系数；用内壁光滑的不锈钢管测算光滑管直管阻力系数，用内壁有一定粗糙度的镀锌管测定粗糙管直管阻力系数。流体流动阻力实验流程示意见图 2-3。

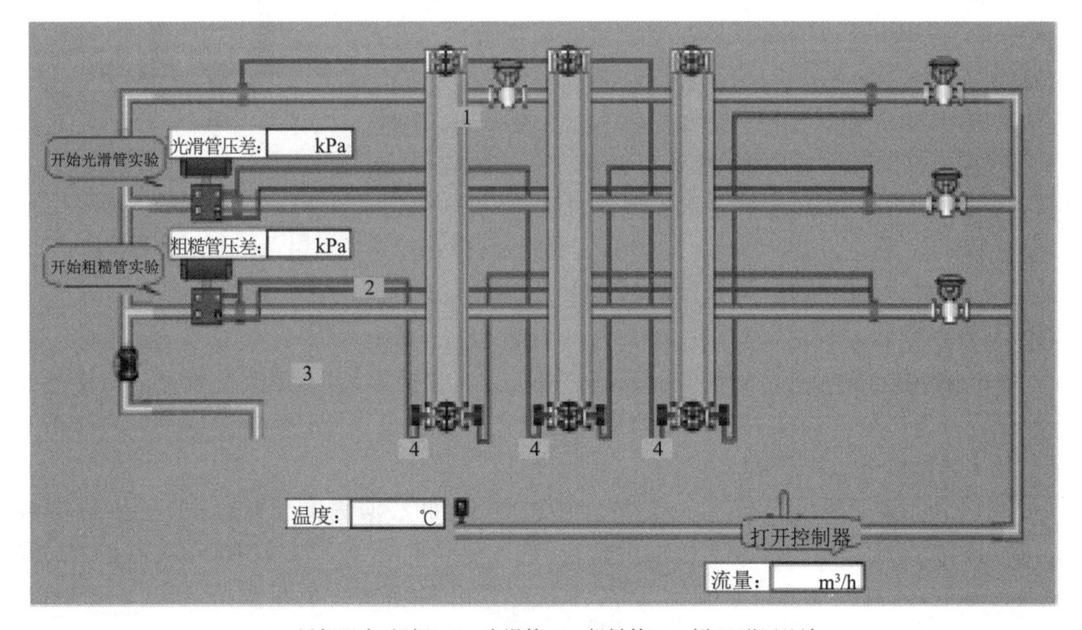


1—局部阻力(闸阀)；2—光滑管；3—粗糙管；4—倒 U 形压差计。

图 2-3　流体流动阻力实验流程示意

使用涡轮流量计测量水的流量，管路和管件的阻力损失对应的压差采用各自的倒 U 形压差计测量，或用压差变送器将压差信号传递给压差显示仪。

实验装置由两套相同的装置组成，装置参数见表 2-3。

表 2-3 流动流体阻力实验装置参数

| 名称 | 材质 | 管内 | | 测量段长度/cm |
|---|---|---|---|---|
| | | 管路号 | 管内径/mm | |
| 局部阻力 | 闸阀 | 1A | 19.7 | 100 |
| 光滑管 | 不锈钢管 | 1B | 19.7 | 100 |
| 粗糙管 | 镀锌铁管 | 1C | 20.8 | 100 |

## 2.1.8 自动控制实验操作步骤

① 实验准备与启动:同 2.1.4。

② 倒 U 形压差计的排气(其结构如图 2-4 所示),先进行管路的引压操作,需打开实验管路均压环上的引压阀,对倒 U 形管的操作如下:

步骤一:实验系统、导压管内气泡的排除。关紧系统总管路出水阀门,保证管路不流动和高扬程。先关闭进气阀门 3 和出水阀门 5 以及平衡阀门 4。再开启低压侧阀门 1 和高压侧阀门 2 使水经过系统管路、导压管、高压侧阀门 2、倒 U 形管、低压侧阀门 1 后排出管路。

步骤二:一定量的空气进入玻璃管。步骤一完成后,将阀门 1 和 2 关紧,按顺序缓慢开启进气阀门 3、平衡阀门 4、出水阀门 5,排空玻璃管水量,吸进一定量空气。

步骤三:保持水位恒定。先将阀门 3、4、5 关紧,再开阀门 1、2,逐步将水引到玻璃管,使水位平衡。操作之前应该保持管路出水阀门关紧,当管路水不流动时,U 形管内水位处于平衡状态(就是压差计待用)。这时,实验管道(或管件)处于不同流量对应的压差,可直接观察倒 U 形压差计的左右水柱差值。

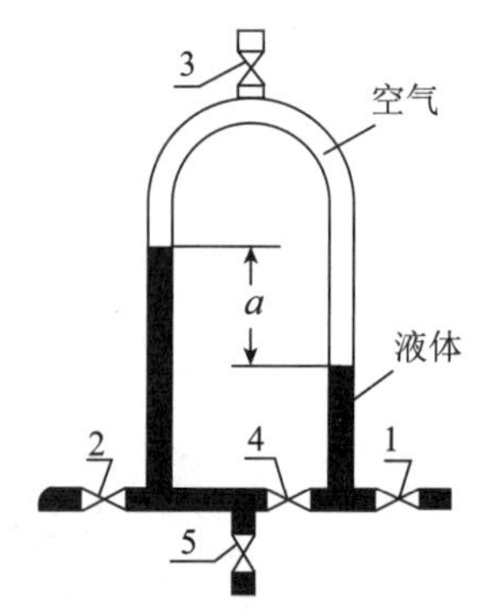


1—低压侧阀门; 2—高压侧阀门;
3—进气阀门; 4—平衡阀门;
5—出水阀门; $a$—水柱差值。

图 2-4 倒 U 形压差计

③ 流量和压差的测定:流量值由无纸记录仪的流量通道显示,要改变流量只需通过改变流量控制通道的设定(通过改变电机的转速从而改变流量)。同理,压差值可以直接由无纸记录仪的压差显示通道读取。

④ $\lambda$-$Re$ 关系曲线的绘制:在一定的实验流程下,可根据测定和换算得到 $\Delta p$、$u$ 的数值,利用相关公式算出 $\lambda$ 和 $\xi$,流体温度恒定,则 $\rho$、$\mu$ 不变,因此雷诺数 $Re=du\rho/\mu=Au$,其中 $A$ 为常数,通过改变管路的流量,即可用软件算出多组 $\lambda$-$Re$ 关系数据点,绘出 $\lambda$-$Re$ 关系曲线。

⑤ 停泵:实验结束,关闭出口阀,停止水泵电机,清理装置。

## 2.1.9 自动控制实验数据记录与处理

自动控制实验流体流动阻力测定的原始数据记录见表 2-4。

表 2-4 自动控制实验流体流动阻力测定的原始数据记录

| 序号 | 流量/($m^3$/h) | 光滑管/mm$H_2O$ | | | 粗糙管/mm$H_2O$ | | | 局部阻力/mm$H_2O$ | | |
|---|---|---|---|---|---|---|---|---|---|---|
| | | 左 | 右 | 差值 | 左 | 右 | 差值 | 左 | 右 | 差值 |
| | | | | | | | | | | |
| | | | | | | | | | | |
| | | | | | | | | | | |

## 2.1.10 Excel 绘双对数坐标图

① 在 Excel 输入待绘制曲线的横纵坐标值(这里以 $a$ 和 $1/a$ 为例),左键选中这些值。

② 点击“插入”—“散点图”,选择其中第二项“带平滑线和数据标记的散点图”(图 2-5)。

图 2-5 散点图操作示意

③ 此时能得到直角坐标下的关系(图 2-6)。

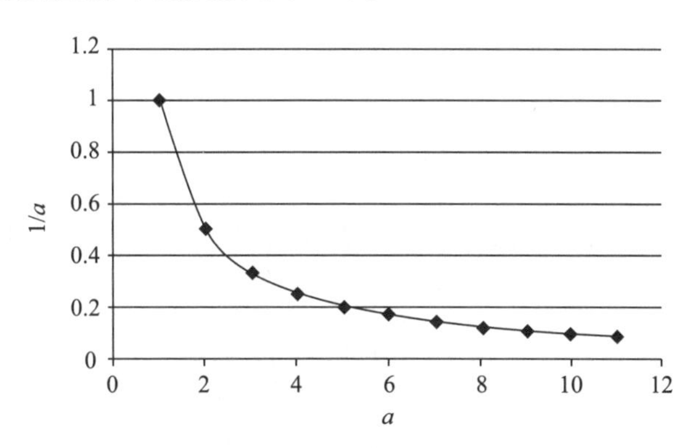


图 2-6 实验数据直接关联式

④ 在横坐标的数字附近单击左键将其选中,再单击右键选择“设置坐标轴格式”(图 2-7)。

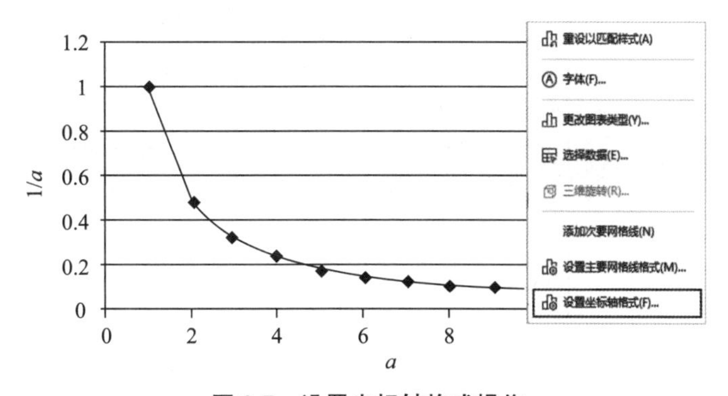


图 2-7 设置坐标轴格式操作

⑤ 在“对数刻度”前打钩，如果您选择的双对数坐标不是以 10 为底，那么在旁边的“基”中填入底数(图 2-8)。

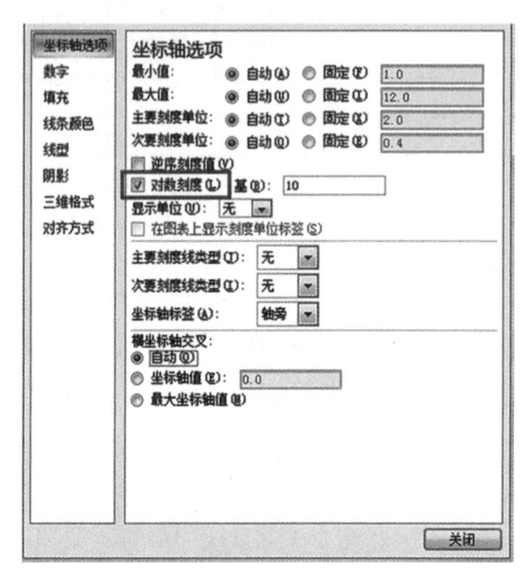


图 2-8　对数刻度设置操作

⑥ 若需要显示对数坐标网格，则在该坐标轴上点击右键，选择“添加次要网格线”即可(图 2-9)。

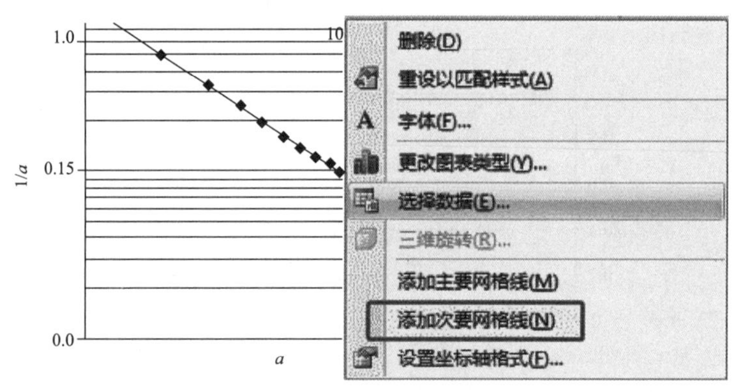


图 2-9　网格线设置操作

⑦ 双对数设置操作结果效果图(图 2-10)。

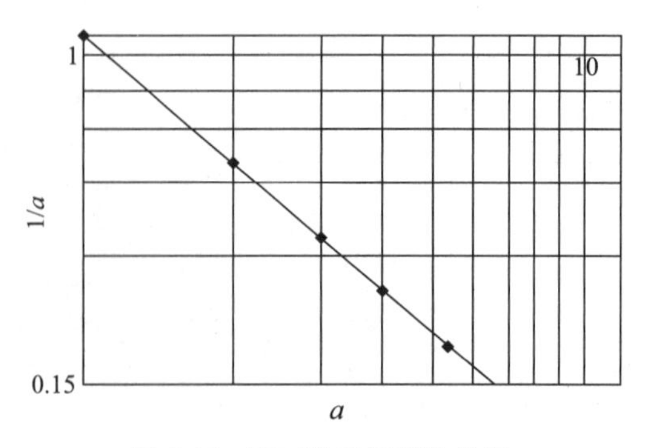


图 2-10　双对数设置操作结果

### 2.1.11 思考题

① 进行装置排气时，实验装置尾部出口阀是否要关闭，为什么？

② 如何检测管路中的空气已经被排除干净？

③ 以水做介质测得的 $\lambda$-$Re$ 的关系能否适用于其他流体，如何应用？

④ 不同设备（含不同管径）、不同水温下测定的 $\lambda$-$Re$ 数据能否关联在同一条曲线上？

⑤ 压差计上的平衡阀起什么作用，它在什么情况下是开着的，又在什么情况下关闭？

⑥ 本实验是测定等直径水平直管的流动阻力，若将水平管改为流体自下而上流动的垂直管，测量两取压点间压差的倒U形管读数 $R$ 和 $\Delta p_f$ 的计算过程和公式是否与水平管完全相同，为什么？

## 2.2 离心泵操作特性实验

### 2.2.1 实验目的

① 了解离心泵的工作原理与操作方法，掌握实验方法。掌握压力表、真空表、功率表的使用方法。

② 掌握离心泵特性曲线的流量、扬程、轴功率、效率的测定与计算方法。

③ 理解离心泵流量调节方法，了解电动压差变送器等各类控制器操作原理。

### 2.2.2 实验原理

离心泵的特性曲线是选择和使用离心泵的重要依据之一，其特性曲线是在恒定转速下泵的扬程 $H$、轴功率 $N$ 及效率 $\eta$ 与泵的流量 $Q$ 之间的关系曲线，它是流体在泵内流动规律的宏观表现形式。泵的内部流动情况复杂，一般无法直接通过理论推导出泵特性关系曲线，需要实验测定。

**1. 扬程 $H$ 的测定与计算**

取离心泵进口真空表和出口压力表处为1、2两截面，列机械能守恒方程：

$$z_1+\frac{p_1}{\rho g}+\frac{u_1^2}{2g}+H=z_2+\frac{p_2}{\rho g}+\frac{u_2^2}{2g}+\sum h_f \tag{2-13}$$

由于两截面间的管长较短，通常可忽略阻力项 $\sum h_f$，速度平方差也很小故可忽略，则有

$$H=(z_2-z_1)+\frac{p_2-p_1}{\rho g}=H_0+H_1(\text{表值})+H_2 \tag{2-14}$$

式中，$H_0=z_2-z_1$，表示泵出口和进口间的液位差，m；$\rho$ 为流体密度，$kg/m^3$；$g$ 为重力加速度，$m/s^2$；$p_1$、$p_2$ 分别为进、出泵的真空度和表压，Pa；$H_1$、$H_2$ 分别为进、出泵的真空度和表压对应压头，m；$u_1$、$u_2$ 分别为进、出泵的流速，m/s；$z_1$、$z_2$ 分别为真空表、压力表的安装高度，m。

已知真空表、压力表数值及两表的安装高度差，由式(2-14)可推算泵的扬程。

**2. 轴功率 N 的测量与计算**

$$N=N_{电}k \tag{2-15}$$

式中，$N_{电}$ 为电功率表显示值；$k$ 代表电机传动效率，可取 $k=0.95$。

**3. 效率 η 的计算**

泵的效率 $\eta$ 等于泵有效功率 $N_e$/轴功率 $N$。流体单位时间流经泵获得的实际功即为有效功率 $N_e$；而轴功率 $N$ 就是单位时间内电机输入给泵轴的功。两者数据差反映泵在运转过程中形成的水力损失、容积损失和机械损失的大小。

泵的有效功率 $N_e$：

$$N_e=HQ\rho g \tag{2-16}$$

故泵效率为

$$\eta=\frac{HQ\rho g}{N}\times 100\% \tag{2-17}$$

**4. 转速改变时的换算**

在确定的转速下，通过实验测定泵的特性曲线。工程上，改变感应电动机的转矩，将改变电机的转速。因此多个实验点转速 $n$ 的变化，将影响到流量 $Q$ 的变化。开始测定特性曲线前，将实测数据换算为某一转速 $n'$(设定离心泵额定转速 2 900 r/min)下的数据。换算关系如下：

流量：

$$Q'=Q\frac{n'}{n} \tag{2-18}$$

扬程：

$$H'=H\left(\frac{n'}{n}\right)^2 \tag{2-19}$$

轴功率：

$$N'=N\left(\frac{n'}{n}\right)^3 \tag{2-20}$$

效率：

$$\eta'=\frac{Q'H'\rho g}{N'}=\frac{QH\rho g}{N}=\eta \tag{2-21}$$

**5. 管路特性曲线的测定**

安装在特定管路系统运转的离心泵，其工作压头和流量不仅与离心泵本身的性能相关，也受管路特性的制约，因此在液体的输送过程中，泵和管路相互制约，二者必须同时考虑。

管路特性曲线表示流体流经管路系统的流量与所需压头之间的函数关系。使用软件将泵特性曲线与管路特性曲线描绘于同一坐标体系中，两曲线的交点即为泵在该管路上的工作点。如同通过改变阀门开度来改变管路的特性曲线，从而求出泵的特性曲线一样，可利用改变泵的转速来调整泵特性曲线，从而得出管路特性曲线。泵的扬程 $H$ 计算同上。离心泵性能测定实验流程见图 2-11，是由低位水箱、泵进口真空表、离心泵、泵出口压力表、流量计、调节阀等构成的完整实验回路。

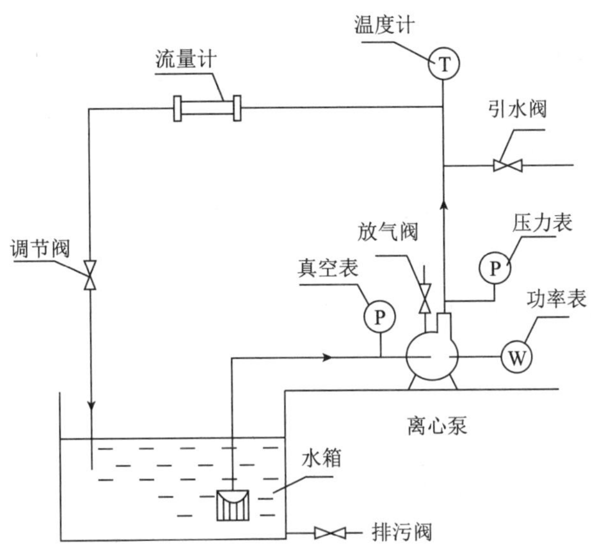


图 2-11　离心泵性能测定实验流程

## 2.2.3　手动操作实验流程

手动离心泵实验装置参数见表 2-5。

表 2-5　手动离心泵实验装置参数

| 离心泵型号 | P803 |
|---|---|
| 转速 | 1 440 r/min |
| $H_0$ | 0 mm |
| 进口管径 | 40 mm |
| 出口管径 | 32 mm |
| 仪表系数 | 1.000 |

## 2.2.4　操作步骤

① 清洗水箱，清除底部杂物，防止损坏泵的叶轮和涡轮流量计。关闭箱底侧排污阀，灌清水至离水箱上缘约 15 cm 高度，该高度的水既可提供足够的实验用水又可防止出口管处水花飞溅。

② 自查每个阀门的开度、仪表自检状态，调试电机、离心泵的运转情况。启动离心泵前，应当关紧出口流量调节阀，观察泵达到额定转速后，再缓慢开出口阀。

③ 开启调节闸阀，使水流流量增至一定值，观察到管道和控制面板的各仪表显示处于稳定时，记录原始数据，不能误记或漏记。详情请认真阅读表 2-5 的项目。

④ 采集约 15 组数据，并分析数据异常情况。采集完毕后先关闭出口总阀门再关闭离心泵，记录设备相关数据(表 2-6)，利用软件处理数据，并分析总结。

## 2.2.5 注意事项

① 实验之前，要按照规定将泵灌满水，严防离心泵发生气缚。实验结束，应当做好泵的养护，确保叶轮等部件洁净干燥。

② 严禁触摸还在运行的离心泵转动部位。

③ 严禁在关闭出口阀的情况下，使泵长时间运转，一旦实验结束，就应按照规定关停离心泵，防止泵中液体因长时间运转而温度升高，出现气泡使泵抽空。

## 2.2.6 数据记录与处理

① 离心泵性能测定实验原始数据记录如表 2-6 所示。

**表 2-6 离心泵性能测定实验原始数据记录**

实验日期： 实验人员： 学号： 装置号：

离心泵型号________，额定流量________，额定扬程________，额定功率________。

泵进出口测压点高度差 $H_0$ ________，流体温度 $T$ ________。

| 实验次数 | 流量 $Q/(m^3/h)$ | 泵进口压力 $p_1/kPa$ | 泵出口压力 $p_2/kPa$ | 电机功率 $N_{电}/kW$ | 泵转速 $n/(r/min)$ |
|---|---|---|---|---|---|
| | | | | | |
| | | | | | |
| | | | | | |

② 根据原理部分的公式，按比例定律校和转速后，计算各流量下的扬程、轴功率和效率，如表 2-7 所示。

**表 2-7 离心泵性能测定实验推算数据记录**

| 实验次数 | 流量 $Q/(m^3/h)$ | 扬程 $H/m$ | 轴功率 $N/kW$ | 效率 $\eta/\%$ |
|---|---|---|---|---|
| | | | | |
| | | | | |
| | | | | |

## 2.2.7 自动控制实验流程

### 1. 实验流程示意

离心泵特性曲线测定装置具有在线操作功能，流程见图 2-12。装置中泵进出口管径相同，均为 40 cm，泵进出口测压点高度差 $H_0=0.2$ m。

### 2. 操作步骤

① 泵灌满水：清洗水箱，引入实验用水，将水灌满离心泵，排出泵内空气。

② 设备自检：检查电源和数据线与控制柜的连接情况，自查阀开、闭情况，仪表显示是

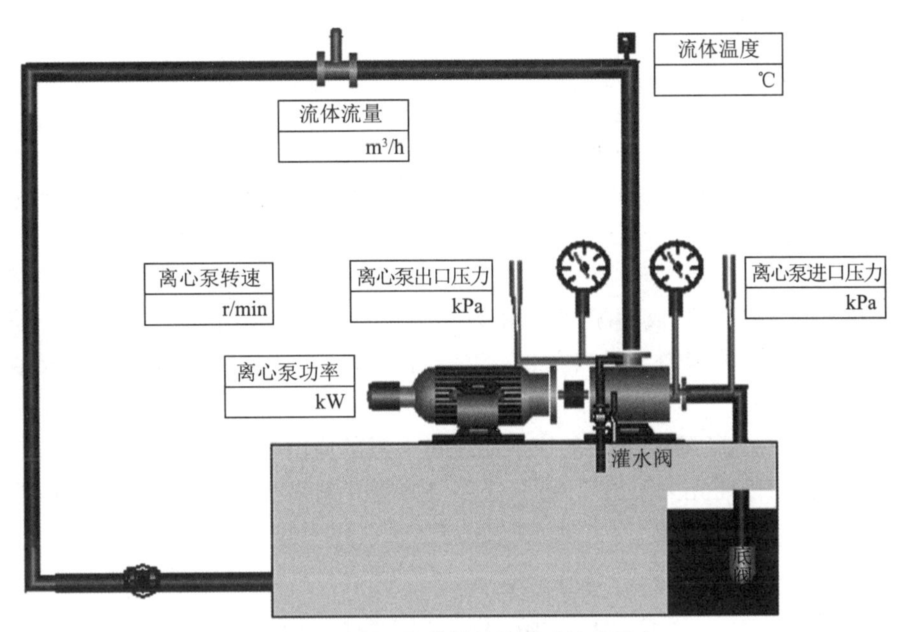


**图 2-12 离心泵特性性能实验流程示意**

否正常，电机和离心泵的各个部件运转情况。

③ 数据读取：接上泵电源，缓慢启动调节阀使水流提高，各仪表显示恒定时方可读取数据。

④ 停泵关电：测取约 15 组实验数据，停泵后读取设备技术指标数据。

**3. 数据记录与处理**

① 离心泵性能测定记录见表 2-8。

**表 2-8 离心泵性能测定数据记录**

实验日期： 实验人员： 学号： 装置号：

离心泵型号________，额定流量________，额定扬程________，额定功率________。

泵进出口测压点高度差 $H_0$ ________，流体温度 $T$ ________。

| 实验次数 | 流量 $Q/(m^3/h)$ | 泵进口压力 $p_1$/kPa | 泵出口压力 $p_2$/kPa | 电机功率 $N_{电}$/kW | 泵转速 $n$/(r/min) |
|---|---|---|---|---|---|
| | | | | | |
| | | | | | |
| | | | | | |

② 根据原理公式，按比例定律校和转速后，计算各流量下的扬程、轴功率和效率，数据记录见表 2-9。

**表 2-9 离心泵性能测定实验推算数据记录**

| 实验次数 | 流量 $Q/(m^3/h)$ | 扬程 $H$/m | 轴功率 $N$/kW | 效率 $\eta$/% |
|---|---|---|---|---|
| | | | | |
| | | | | |
| | | | | |

### 2.2.8 思考题

① 通过分析实验数据，离心泵在启动时关闭出口阀门的原因是什么？

② 请说明离心泵开启前需将实验液体灌满泵体的理由，请判断灌泵仍无法启动的若干个原因，请解释控制出口阀的开度即可调节泵的流量的原因，并列出其优缺点。举例说明更好的调节方法。

③ 启动泵后，保持出口阀关闭，出口压力表显示值会怎么变化？

④ 用清水泵输送密度为1 300 kg/m$^3$ 的洁净混合液，当流量不变时，泵压力和轴功率会怎么变化？

⑤ 离心泵的扬程 $H$ 随流量 $Q$ 的增加而缓慢下降的原因是什么？

⑥ 离心泵开启前需先关闭出口阀门、仪表电源等开关吗？结束后关闭泵前是否要先关闭出口阀？

## 2.3 恒压过滤实验

### 2.3.1 实验目的

① 熟悉过滤的工艺流程，熟悉板框过滤设备构成与工作原理。

② 掌握 $K$、$q_e$、$\tau_e$ 过滤常数，压缩指数 $s$ 或比阻 $r$ 等参数的测量方法。

③ 熟悉使用各类定值调压阀、安全阀，学会分析操作条件对过滤效果的影响。

### 2.3.2 实验原理

借助外界推动力的作用，确保悬浮液能流过多孔性介质，使得固液分离，即为“过滤”。

**1. 恒压过滤方程式**

根据原理推导，恒压过滤的表达式为

$$(V+V_e)^2=KA^2(\tau+\tau_e) \tag{2-22}$$

式中，$V$ 为滤液体积，m$^3$；$V_e$ 为过滤介质的当量滤液体积，m$^3$；$K$ 为过滤常数，m$^2$/s；$A$ 为过滤面积，m$^2$；$\tau$ 等同于得到滤液 $V$ 所需的过滤时间，s；$\tau_e$ 为等同于得到滤液 $V_e$ 所需的过滤时间，s。

上式也可以写为

$$(q+q_e)^2=K(\tau+\tau_e) \tag{2-23}$$

式中，$q=V/A$，表示单位过滤面积的滤液量，m；$q_e=V_e/A$，表明单位过滤面积的虚拟液量，m。

**2. 过滤常数 $K$、$q_e$、$\tau_e$ 的测定**

将式(2-23)对 $q$ 求导数，得

$$\frac{d\tau}{dq}=\frac{2}{K}q+\frac{2}{K}q_e \tag{2-24}$$

利用 Origin 以 $d\tau/dq$ 对 $q$ 绘得一直线，它的斜率为 $2/K$，截距为 $2q_e/K$，而 $d\tau/dq$ 难以测定，故实验用 $\Delta\tau/\Delta q$ 代替 $d\tau/dq$。

$$\frac{\Delta\tau}{\Delta q}=\frac{2}{K}q+\frac{2}{K}q_e \tag{2-25}$$

设定在某一恒压下开始过滤，测取一系列 $q$ 和 $\Delta\tau$、$\Delta q$ 的值，然后在笛卡尔坐标上以 $\Delta\tau/\Delta q$ 为纵坐标，以 $q$ 为横坐标(由于 $\Delta\tau/\Delta q$ 的值是对 $\Delta q$ 来说的，因此图上 $q$ 值应取此区间的平均值)，即可得到一直线，该直线斜率为 $2/K$，截距为 $2q_e/K$，即可算得 $K$ 及 $q_e$，将 $q=0$、$\tau=0$ 带入式(2-23)即可求得 $\tau_e$。

**3. 洗涤速率与最终过滤速率关系的测定**

洗涤速率的计算：

$$\left(\frac{dV}{d\tau}\right)_{洗}=\frac{V_w}{\tau_w} \tag{2-26}$$

式中，$V_w$ 为洗液量，$m^3$；$\tau_w$ 为洗涤时间，s。

最终过滤速率的计算式：

$$\left(\frac{dV}{d\tau}\right)_{终}=\frac{KA^2}{2(V+V_e)}=\frac{KA}{2(q+q_e)} \tag{2-27}$$

洗涤速率在压强不变时保持恒定。待水量稳定后即可计量，并依据实验要求确定计量的数量，该测量方便可靠。由于过滤速率的可变和不确定性，使得其大小测定相对较难。最终过滤速率是在过滤进行到滤框被滤渣完全填满后测定的，依据滤液量的突变减少予以判断，此时可以发现滤液出口液流逐渐呈线性流动状态。可利用图解法，步骤为：绘出 $\Delta\tau/\Delta q$ 对 $q$ 的图样，并在图直线的延长线上取点，作为过滤终了阶段，进而推算最终过滤速率。采用实验板框式过滤机，根据实验流程与过程，确定洗涤速率是否是最终过滤速率的四分之一。

**4. 滤浆浓度的测定**

若固体粉末颗粒较均匀，则滤浆浓度和它的密度存在关系。可量取 100 mL 的滤浆称出重量，从浓度-密度关系曲线中查出滤浆浓度。此外，也可以利用测量过滤中的干滤饼及同时得到的滤液量来计算。干滤饼要用烘干的办法来取得。若滤浆没有泡沫，可用测密度的方法测定浓度。

本实验是根据配料时加入水和干物料的重量来计算其实际浓度的。

$$w=\frac{w_{物料}}{w_{水}+w_{物料}}=\frac{1.5}{21+1.5}=6.67\% \tag{2-28}$$

则单位体积悬浮液中所含固体的体积 $\phi$ 为

$$\phi=\frac{w/\rho_P}{w/\rho_P+(1-w)/\rho_{水}} \tag{2-29}$$

式中，$\rho_P$ 为滤浆密度。

**5. 比阻 $r$ 与压缩指数 $s$ 的求取**

考虑过滤常数 $K=\frac{2\Delta p}{r\mu\phi}$ 受到过滤推动力的影响，因此，设定实验条件为维持物料浓度恒定、过滤温度不变，采用不同的实验过滤压力差，通过一样操作流程，实施过滤实验，可测定出比阻 $r$ 与压差 $\Delta p$ 的关系曲线，利用计算机求得比阻 $r$ 与压缩指数 $s$。实践证明，该实验数据具有主要工程实际价值，并广泛推广到工业领域。

$$r=\frac{2\Delta p}{\mu\phi K} \tag{2-30}$$

式中，$\mu$ 为实验条件下水的黏度，Pa·s；$\phi$ 为实验条件下物料的体积含量；$K$ 为不同压差下的过滤常数，$m^2/s$；$\Delta p$ 为过滤压差，Pa。

改变压差，测定过滤常数，进而推定该分类体系的比阻 $r$，通过回归法，建立压差 $\Delta p$ 与比阻 $r$ 关联式，则推导出：

$$r=r_0\Delta p^s$$

式中，$s$ 为压缩指数，对不可压缩滤饼 $s=0$，对可压缩滤饼 $s$ 约为 0.2～0.8。

## 2.3.3 实验流程与设备规格

### 1. 过滤实验流程(图 2-13)

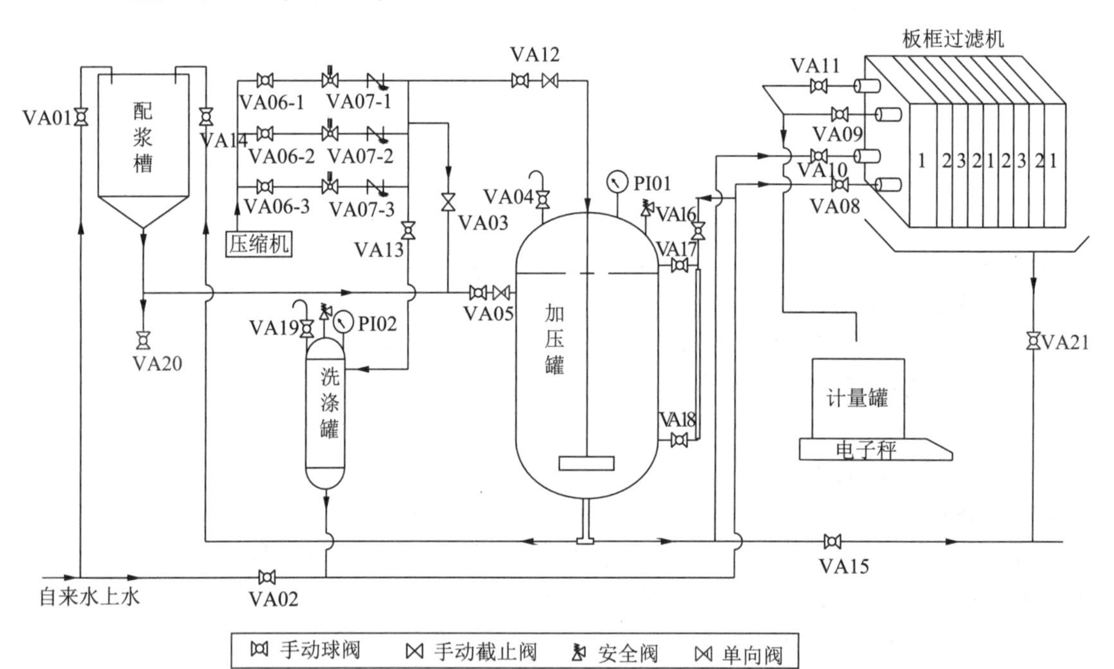


VA01—配浆槽上水阀；VA02—洗涤罐加水阀；VA03—气动搅拌阀；VA04—加压罐放空阀；VA05—加压罐进料阀；VA06-1—0.1 MPa 进气阀；VA06-2—0.15 MPa 进气阀；VA06-3—0.2 MPa 进气阀；VA07-1—0.1 MPa 稳压阀；VA07-2—0.15 MPa 稳压阀；VA07-3—0.2 MPa 稳压阀；VA08—洗涤水进口阀；VA09—滤液出口阀；VA10—料液进口阀；VA11—洗涤水出口阀；VA12—加压罐进气阀；VA13—洗涤罐进气阀；VA14—加压罐残液回流阀；VA15—放净阀；VA16—液位计洗水阀；VA17—液位计上口阀；VA18—液位计下口阀；VA19—洗涤放空阀；VA20—放料阀；VA21—清洗液出口阀；PI01—加压罐压力表；PI02—洗涤罐压力表。

**图 2-13 过滤实验流程**

① 调节：通过开关板框压滤计前的进口阀和泵的出口阀、回流阀，改变系统压力。

② 流路：按一定比例配好的料浆通过配浆槽，流经加压罐进料阀 VA05 进加压罐，从加压罐通过的料液由进口阀 VA10 调节，流入板框过滤机；料浆经过滤布过滤后得到的滤液集中在引流板，沿滤液出口阀 VA09 和洗涤水出口阀 V11 进入计量罐；加压罐未滤除的料液，由加压罐回残液流阀 VA14 再送至配浆槽。

③气路:通过压缩机输出的加压空气流经气阀、稳压阀、加压罐进气阀 VA12,压到加压罐内;另外一路可通过气动搅拌阀 VA03 压到配浆槽,再通过洗涤罐进气阀 VA13 到洗涤罐。

**2. 过滤设备规格一览(表 2-10)**

**表 2-10 过滤设备规格一览**

| 序号 | 设备名称 | 技术规格 | 序号 | 设备名称 | 技术规格 |
|---|---|---|---|---|---|
| 1 | 加压罐 | $\phi$325 mm×370 mm | 4 | 板框过滤机 | 1# 非过滤板 3 块;<br>3# 洗涤板 2 块;2# 滤框 4 块;<br>滤框厚度=12 mm |
| 2 | 配浆槽 | $\phi$325 mm,高 370 mm,<br>高 150 mm | | | |
| 3 | 洗涤罐 | $\phi$159 mm×300 mm | 5 | 电子称 | 量程 0~15 kg,精度 1 g |

## 2.3.4 操作步骤

**1. 滤布安装**

板、框号数按照 1—2—3—2—1—2—3—2—1 顺序组合过滤机的板与框(严防顺序、方位错位)。用水湿透滤布,润湿完全后将湿滤布覆在滤框两侧(滤布孔与框孔一致)。使用压紧螺杆压紧板、框,过滤机固定头 4 个阀均处于关闭状态。

**2. 清水流入**

往直筒配浆槽配水,使液面升至 210 mm,加压罐维持 21 L 容量。将水加入配浆槽到液面高 160 mm 的定位点;启动放空阀,保持洗涤罐 3/4 左右的水量。

**3. 配原料滤浆**

称取约 1.5 kg 的轻质 $MgCO_3$ 粉末,倒入配浆槽内盖上。取得 5%~7%(质量百分比)轻质 $MgCO_3$ 料浆。拉上电源开关,启动压缩机,调节 VA06-1、VA07-1,使压力控制在 0.1 MPa 左右,开启搅拌阀 VA03 旋到与开启方向相垂直,维持搅拌使浆液均衡混合,开启物料加压罐放空阀 VA04、进料阀 VA05,能使在配浆槽混合均匀的滤浆自动导入加压罐,启动进气阀 VA12,做好放料工作,关闭 VA03、VA04 和 VA05。

**4. 加压调节**

首先确定过滤压力大小,再启动 VA12。先设实验压力为 0.1 MPa,开启 VA06-1 ,调节稳压阀 VA07-1 的压力为 0.1 MPa,使压缩空气进入加压罐下部气动搅拌盘,气体鼓泡搅动使加压罐内的物料保持浓度均匀,同时加压密封加压罐内的料液。逐步调节加压罐压力表 PI01 直到压力达到 0.1 MPa,此时过滤压力准备完成。该装置可在 3 个不同压力下(3 个定值稳压阀并联控制在 0.1、0.15 和 0.2 MPa)开展比较过滤实验。

**5. 过滤实验**

稍微开启 VA12,再启动板框过滤机上的 VA09 和 VA11 滤液出口阀,全部开启料液进口阀 VA10,使滤浆通过压缩空气压送至板框过滤机开始过滤。滤液进入计量罐后,开始记录流经固定量的滤液量所需时间(可在每达到 500 g,记录下所需时间)。待滤液量逐渐变小,呈线状流出时,说明滤渣基本充满滤框。此时可以关紧料液进口阀 VA10、滤液出口阀 VA09、洗涤水出口阀 VA11 结束过滤。

**6. 洗涤步骤**

关紧加压罐进气阀VA12与洗涤放空阀VA19，缓慢开启与洗涤罐相通的洗涤罐进气阀VA13，引导空气去洗涤罐，调节使洗涤压强等于过滤压强。关紧过滤机固定头滤液出口阀VA09，启动洗涤水进口阀VA08，使洗涤水过滤渣层后流入称量筒，记录体积。

**7. 卸料清洗**

关闭洗涤水进口阀VA08，缓慢启动压紧螺杆，去除滤渣，清洗滤布，整理板框。重新装上板框、滤布后就可以在不同压力下进行过滤实验。

**8. 不同压力操作**

使用加压罐中足够且同样浓度的料液，根据5、6、7三步，通过压力调节，分别开始不同压力下的过滤实验。

**9. 实验结束**

过滤、洗涤完成后，依次关紧VA13，开启VA12，关紧配浆槽盖，全开VA14，利用空气将加压罐余下悬浮液压到配浆槽内留用，最后关紧VA12。

**10. 加压罐、液位计清洗**

利用加压罐放空阀VA04保证加压罐处于常压状态。在加压罐液位计上口阀VA17关闭状态下，开启VA13、VA16，确保清水顺利洗涤加压罐液位计，防止悬浮液沉淀堵住液位计、阀门等部件；再将洗涤罐进气阀VA13关紧，关闭压缩机和电源。

## 2.3.5 注意事项

① 按板框交替排列顺序安装板框过滤机，恒压过滤前，把帆布紧固在过滤板上，确保真空系统的密闭性。

② 恒压过滤前，调整计量筒零点。恒压过滤过程中，应注意保持真空度恒定。

③ 为保证滤浆浓度恒定，每次恒压过滤操作后，计量筒中滤液应放回滤浆槽，重新调零，再进行下一次操作。每次恒压过滤后，应彻底清洗过滤板上的滤饼。洗下的滤饼层同样要放回滤浆槽，以保证滤浆浓度恒定。

④ 待实验全部结束，须清洗干净各实验装置，并放净槽内用水。

## 2.3.6 数据记录与处理

① 作$\Delta\tau/\Delta q$与$q$关系线，写下具体实验条件。通过计算机技术取得斜率和截距，并通过公式推算过滤常数$K$和虚拟滤液流量$q_e$。

③ 改变实验条件(该实验可改变压力、浓度)，探索不同条件对过滤效果的影响。恒压过滤原始数据记录见表2-11。

**表2-11 恒压过滤原始数据记录**

液温________，过滤压力________，过滤面积________。

| 序号 | $m$/g | $\Delta m$/g | $\Delta\tau$/s | $\Delta V$/L | $\Delta q$/(m$^3$/m$^2$) | $q$/(m$^3$/m$^2$) | $\Delta\tau/\Delta q$/(s/m) |
|---|---|---|---|---|---|---|---|
| | | | | | | | |

### 2.3.7 思考题

① 过滤开始时，滤液会先经过浑浊阶段，过一段时间后慢慢变清澈，原因是什么？

② $\Delta q$ 值取大一点好？还是取小一点好？$\Delta q$ 与什么因素有关？

③ 请分析配制的滤浆浓度和过滤压强的变化会如何影响 $K$ 值？

④ 恒压过滤时，采取哪些实际措施能有效提高过滤速率？

⑤ 过滤压强减少至原来一半，$K$ 值会减少还是增加？要得到同样的滤液量，其过滤时间是否应缩短一半？

## 2.4 气-汽套管传热实验

### 2.4.1 实验目的

① 学会对流传热系数的测定方法，熟悉对流传热系数的本质及影响因素。

② 学会空气-蒸汽套管换热器强化传热方法，学会应用软件解决对流传热系数方程线性回归问题。

③ 通过实验，认识强化传热的路径和方法。

### 2.4.2 实验原理

**1. 常见的套管换热器的传热系数测定与准数关系式**

(1) 对流传热系数 $\alpha_i$ 的测定

遵循牛顿冷却定律，利用下述公式，实验测定并计算对流传热系数 $\alpha_i$。

$$Q_i=\alpha_i S_i \Delta T_m \quad (2\text{-}31)$$

$$\alpha_i=Q_i/(S_i \Delta T_m) \quad (2\text{-}32)$$

式中，$\alpha_i$ 为管内流体对流传热系数，W/(m$^2$·℃)；$Q_i$ 为管内传热速率，W；$S_i$ 为管内换热面积，m$^2$；$\Delta T_m$ 为壁面与主流体间的温度差，℃。

平均温度差由下式确定：

$$\Delta T_m=T_w-\overline{T} \quad (2\text{-}33)$$

式中，$\overline{T}$ 为冷流体的入口、出口平均温度，℃；$T_w$ 为壁面平均温度，℃。

该流程采用紫铜管为换热器内管。铜制管具有高导热系数、管壁薄等特点，可将外、内壁温度与壁面平均温度视为相同，用 $T_w$ 表示。根据原理，在管外使用蒸汽的情况下，$T_w$ 近似与热流体平均温度一致。

管内换热面积：

$$S_i=\pi d_i L_i \quad (2\text{-}34)$$

式中，$d_i$ 为内管管内径，m；$L_i$ 为传热管测量段的实际长度，m。

由热量衡算式得

$$Q_i=W_iC_{pi}(T_{i2}-T_{i1}) \tag{2-35}$$

其中质量流量由下式求得，

$$W_i=\frac{V_i\rho_i}{3\,600} \tag{2-36}$$

式(2-35)和式(2-36)中，$V_i$ 为冷流体管内平均体积流量，$m^3/h$；$W_i$ 为质量流量，kg/s；$C_{pi}$ 为冷流体恒压比热，kJ/(kg・℃)；$\rho_i$ 为冷流体的密度，$kg/m^3$；通过定性温度 $T_m$ 求得 $C_{pi}$ 和 $\rho_i$ 的数据；$\overline{T}=\frac{T_{i1}+T_{i2}}{2}$ 为冷流体进出口平均温度；$T_{i1}$、$T_{i2}$、$V_i$ 由实验测量读取。

(2) 对流传热系数准数关联式的实验确定

管内的流体作强制湍流并升温，则准数可视为

$$Nu_i=ARe_i^mPr_i^n \tag{2-37}$$

式中，$Nu_i=\frac{\alpha_id_i}{\lambda_i}$；$Re_i=\frac{u_id_i\rho_i}{\mu_i}$；$Pr_i=\frac{C_{pi}\mu_i}{\lambda_i}$。

由定性温度 $T_m$ 查得 $\lambda_i$、$C_{pi}$、$\rho_i$、$\mu_i$ 等基础数据。管内空气 $n=0.4$ 下若是加热，则方程式为

$$Nu_i=ARe_i^mPr_i^{0.4} \tag{2-38}$$

通过实验确定不同流量下 $Re_i$ 与 $Nu_i$，再借助计算技术，采用线性回归法确定 $A$ 和 $m$ 的值。

**2. 套管强化管换热器传热系数与强化**

工程上通过增强传热效应，可降低换热面积，减少换热器体积和制造材料，提升有效换热效果，降低生产成本和资源消耗，具有生态绿色特征。若换热器可在更低温差传热，使得换热器工作阻力和动力能耗降低，能源可得到高效利用。目前开发的强化方式较多，其中如图 2-14 所示的螺旋线圈结构是其中一种，螺旋线圈的铜丝和钢丝按一定节距绕成。

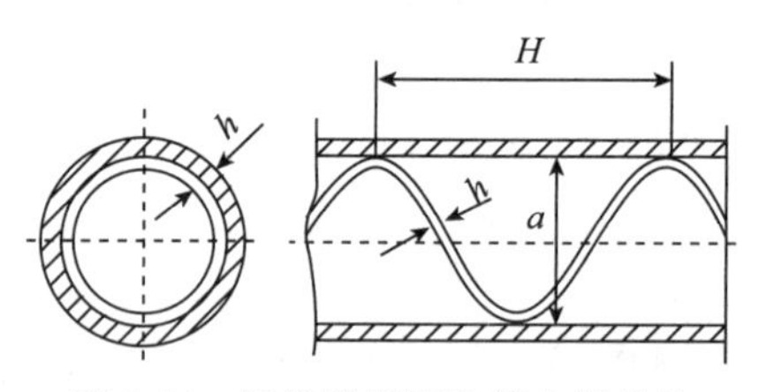


**图 2-14　螺旋线圈强化管内部结构**

管内固定金属螺旋线圈，形成较好强化传热结构。一方面，近壁区域流体在螺旋线圈的作用下产生转动，另一方面受到线圈有规律的螺旋丝的扰动，进而强化热量传递。加上细小金属丝为保证流体旋流强度的减弱而引发的较小的阻力，会大大降低能耗。其主要技术规格是螺旋线圈的节距 $H$ 与管内径 $d$ 的比值、管壁粗糙度和长径比($2d/h$)，这些会成为传递阻力和传热效果的主要影响因素。

经学界长期研究发现传热的经验公式：$Nu=ARe^m$。式中的 $A$ 和 $m$ 因采用不同的强化技术而有不同值。可以通过实验测定不同流量下的 $Re_i$ 与 $Nu_i$，再通过回归法与计算技术拟合得到 $A$ 和 $m$。同时，可使用强化比作为在一定程度上评判强化效果的判据。具体表达式为 $Nu/Nu_0$，设 $Nu$ 为强化管努塞特数，$Nu_0$ 为普通管努塞特数。若 $Nu/Nu_0>1$，值越高，说明该

技术的强化效果越好。评判强化效能应该在加大阻力与提高传热两方面的基础上综合考量工艺技术和经济效益。高强化比与低阻力系数，这种技术可视为合理的强化方法。

## 2.4.3　实验流程与参数

**1. 实验流程(图 2-15)**

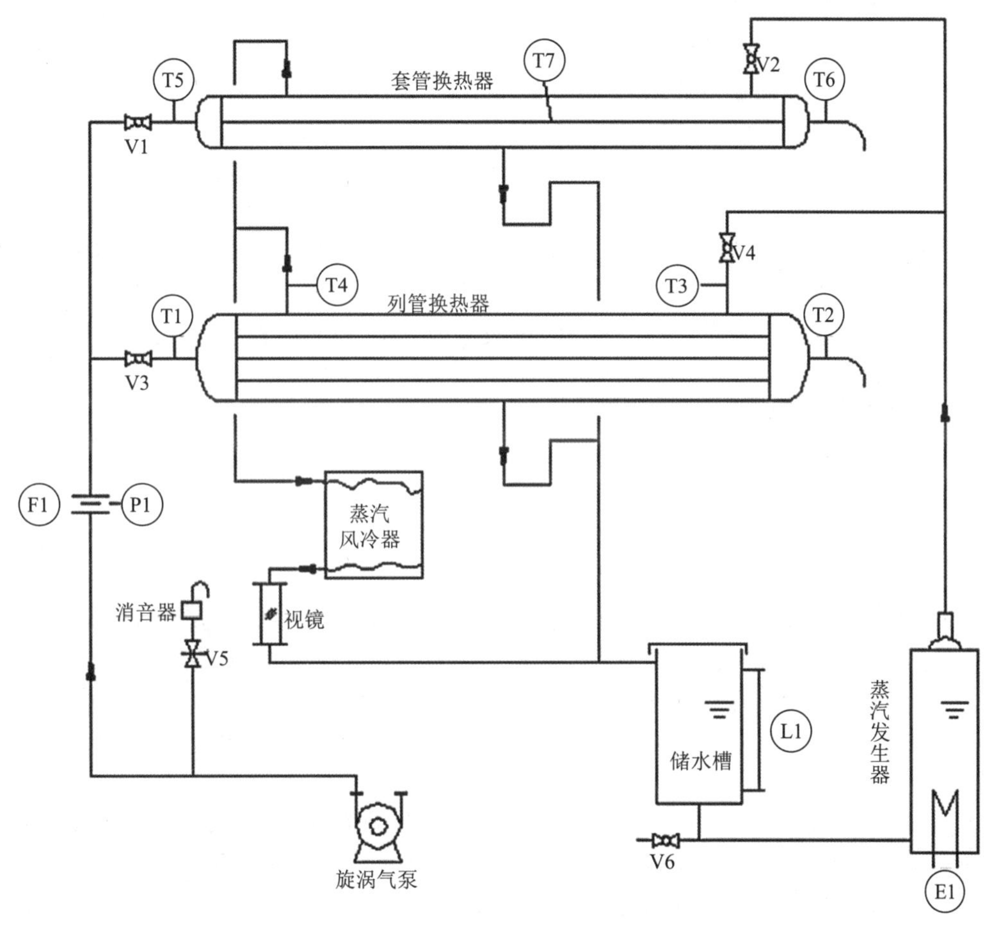


V1、V3—空气进口阀；V2、V4—蒸汽进口阀；V5—空气旁路调节阀；V6—排水阀；L1—液位计；T1、T2—列管换热器空气进出口温度；T3、T4—列管换热器蒸汽进出口温度；T5、T6—套管换热器空气进出口温度；T7—套管换热器内管壁面温度；F1—孔板流量计；E1—蒸汽发生器内加热电压；P1—气泵出口空气压力。

**图 2-15　传热实验流程示意**

**2. 实验装置结构参数(表 2-12)**

**表 2-12　实验装置结构参数**

| 序号 | 设备名称 | 规格、型号 |
| --- | --- | --- |
| 1 | 套管换热器 | 紫铜管 $\phi$22 mm×1 mm，$L$=1.2 m |
| 2 | 列管换热器 | 不锈钢管 $\phi$22 mm×1.5 mm，管长 $L$=1.2 m，6 根 |
| 3 | 强化传热内插物 | 螺旋线圈丝径 1 mm，节距 40 mm |
| 4 | 孔板流量计 | $C_0$=0.65，$d_0$=0.017 m |

## 2.4.4 操作步骤

**1. 实验准备及检查**

① 引入蒸馏水到储水槽至 2/3。

② 开启空气流量旁路调节阀 V5 至全开状态。

③ 为确保蒸汽管线通畅，将蒸气进口阀 V2、V4 全开。

④ 开闸电源，根据实验要求，设置加热电压。

**2. 光滑管换热器对流传热系数测定**

① 准备步骤完成后，开启蒸汽发生器，打开蒸汽进口阀 V2，接上仪表加热开关，加热发生器中的液体。持续加热使得套管换热器的管壁温度增加到 100 ℃左右，恒定 5 min，开启阀门 V1，全开旁路调节阀 V5，开启风机按钮。

② 通过旁路调节阀 V5 改变冷流体空气流量到一定数值，保持 3～5 min 恒定，读取空气流量，空气进、出口的温度及壁面温度等数据。

③ 从小流量到最大流量，按照一定差额，逐渐改变空气流量，稳定后，分成 6～8 组记录各流量下的相关数据。

**3. 强化管换热器对流传热系数测定**

待冷却到室温关掉风机，在套管换热器中安装强化丝。测定步骤同上。

## 2.4.5 注意事项

① 加水进入蒸汽发生器后，要检查水位是否在正常范围内。每个实验数据读取、每个实验完成后准备开始后面的实验测定时，必须再次检查，一旦发现水位低于正常值，应及时补给。

② 保证实验过程全开蒸汽发生器的两蒸汽支路阀门中的一个，之后再接上蒸汽发生器电压。先打开需要的支路阀，进行转换支路，再关闭另一侧。阀门要缓慢开、关，严防因管线的突然断裂或蒸汽压力过大而喷出伤人。

③ 保证实验过程全开空气支路控制阀中的一个和旁路调节阀，保证空气管线畅通，再接上风机电源。同时要先关闭风机电源，转换支路，再打开和关闭支路阀。

④ 实验中保持上升蒸汽量稳定，且不应改变加热电压。

## 2.4.6 数据记录与处理

传热实验原始数据记录与处理见表 2-13。

**表 2-13 传热实验原始数据记录(普通管换热器)**

| 序号 | 空气流量压差 $\Delta p$/kPa | 空气入口温度 $T_1$/℃ | 空气出口温度 $T_2$/℃ | $T_w$/℃ | $T_m$/℃ | $V_{t1}$/(m$^3$/h) | $V_{tm}$/(m$^3$/h) |
|---|---|---|---|---|---|---|---|
| | | | | | | | |
| | | | | | | | |
| | | | | | | | |

注：$V_{t1}$为套管换热器进口空气体积流量，m$^3$/h；$V_{tm}$为列管换热器进口空气体积流量，m$^3$/h。

### 2.4.7 思考题

① 采用不同的冷流体和蒸汽走向，请分析其对传热效果的影响。
② 夹套里的不凝性气体以及积存的冷凝水会对后续的实验产生什么影响？
③ 请分析铜管壁面温度接近蒸汽温度还是接近空气温度。
④ 影响对流传热系数的因素有哪些，如何强化，怎么维持操作稳定？
⑤ 哪些工程因素会影响到传热，实验过程中调动哪些因素对传热影响较大？

## 2.5 气-气列管传热实验

### 2.5.1 实验目的

① 学会某一列管式换热器的总传热系数 $K$ 的测定原理与方法。
② 定量分析流体流速对总传热系数的影响规律，理解传热基本概念及其影响因素。
③ 分析列管换热的结构及优缺点，了解其使用范围。测定并比较不同换热器的性能。

### 2.5.2 实验原理

工业生产过程，大都采用间壁式换热方式进行换热。就是冷、热两种流体在一固体壁面两侧动态流动，两流体没有直接接触，热量通过固体壁面（传热元件）相互交换。该实验研究固定管壳式（也称“列管”）换热。将两端管板与壳体固定连接成一体。一般情况下，实验的列管换热采用逆流方式，且冷流体走内管。

间壁式传热过程通过 3 个部分实现传热（图 2-16）：热流体对固体壁面的对流传热、固体壁面热传导、固体壁面对冷流体的对流传热。

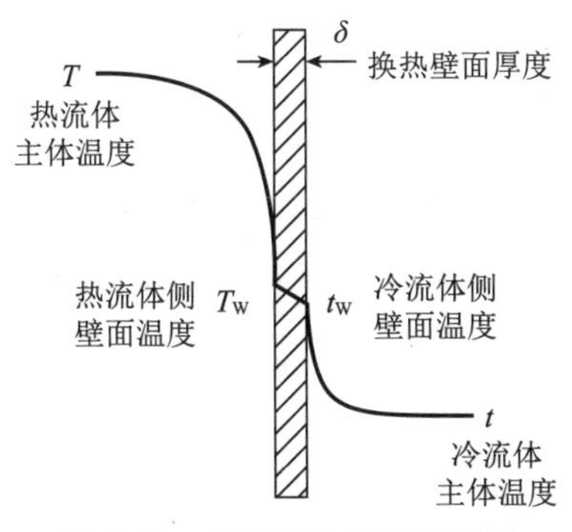


**图 2-16 间壁式传热过程示意**

达到传热稳定时，

$$Q=m_1C_{p1}(T_1-T_2)=m_2C_{p2}(t_2-t_1)=KA\Delta T_m \tag{2-39}$$

式中，$Q$ 为传热量，J/s；$m_1$ 为热流体的质量流率，kg/s；$c_{p1}$ 为热流体的比热，J/(kg·℃)；$T_1$ 为热流体的进口温度，℃；$T_2$ 为热流体的出口温度，℃；$m_2$ 为冷流体的质量流率，kg/s；$C_{p2}$ 为冷流体的比热，J/(kg·℃)；$t_1$ 为冷流体的进口温度，℃；$t_2$ 为冷流体的出口温度，℃；$A$ 为传热面积，$m^2$；$K$ 为以传热面积 $A$ 为基准的总传热系数，$W/(m^2 \cdot ℃)$；$\Delta T_m$ 为冷热流体的对数平均温差，℃。

热、冷流体间的对数平均温差可由式(2-40)计算：

$$\Delta T_m=\frac{(T_1-t_2)-(T_2-t_1)}{\ln[(T_1-t_2)/(T_2-t_1)]} \tag{2-40}$$

列管换热器的换热面积可由下式计算：

$$A=n\pi dL \tag{2-41}$$

式中，$d$ 为列管直径(因本实验为冷热气体强制对流换热，故各列管本身的导热忽略，$d$ 取列管内径)；$L$ 为列管长度；$n$ 为列管根数量；以上参数取决于列管设计，详见表 2-14。

由此可计算换热器的总传热系数：

$$K=\frac{Q}{A\Delta T_m} \tag{2-42}$$

本实验装置中，为尽可能提高换热效率，采用冷流体走管内、热流体走管间的形式，但是热流体热量仍会有部分损失，所以 $Q$ 应以冷流体实际获得的热能测算，即

$$Q=\rho_2V_2C_{p2}(t_2-t_1) \tag{2-43}$$

则冷流体质量流量 $m_2$ 已经转换为密度和体积流量等可测算的量，其中 $V_2$ 为冷流体的进口体积流量，所以 $\rho_2$ 也应取冷流体的进口密度，可根据冷流体的进口温度(而非定性温度)查表确定。除查表外，0～100 ℃时，空气的各物性与温度的关系有如下拟合公式。

① 常压下干空气密度与温度的关系式：$\rho=1.0\times10^{-5}T^2-4.6\times10^{-3}T+1.293\ kg/m^3$。

② 空气的恒压热容与温度关系式：60 ℃以下 $C_p=1\ 005$ J/(kg·℃)；70 ℃以上 $C_p=1\ 009$ J/(kg·℃)。

③ 实验条件下的空气流量 $V$：

$$V=V_{t_0}\frac{273+t_1}{273+t_0} \tag{2-44}$$

式中，$V$ 为实验条件下的空气流量，$m^3/h$；$V_{t_0}$ 为标准状态下的转子流量计刻度对应的空气流量，$m^3/h$；$t_1$ 为传热内管冷空气进口(即流量计处)温度，℃；$t_0$ 为转子流量计上刻度对应的标准状态温度，℃。

## 2.5.3 实验流程与参数

传热实验流程示意见图 2-17，实验参数对应符号及单位见表 2-14。

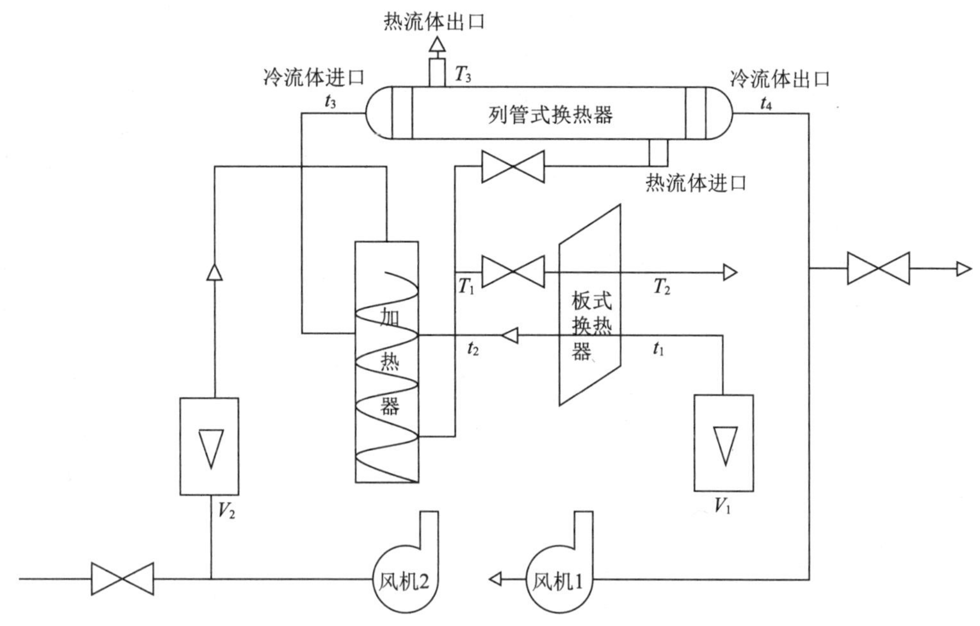


图 2-17 传热实验流程示意

表 2-14 实验参数对应符号及单位

| 名称 | 符号 | 单位 | 备注 |
| --- | --- | --- | --- |
| 板式冷流体进口温度 | $t_1$ | ℃ | 列管换热,冷流体走管内,热流体走管间;列管规格 $\phi$25 mm×2 mm,即内径 21 mm,共 7 根列管,长 1 m,换热面积共 0.462 $m^2$ |
| 板式冷流体出口温度 | $t_2$ | ℃ | |
| 列管冷流体进口温度 | $t_3$ | ℃ | |
| 列管冷流体出口温度 | $t_4$ | ℃ | |
| 热流体进口温度 | $T_1$ | ℃ | |
| 板式热流体出口温度 | $T_2$ | ℃ | |
| 列管热流体出口温度 | $T_3$ | ℃ | |
| 冷流体流量 | $V_1$ | $m^3/h$ | |
| 热流体流量 | $V_2$ | $m^3/h$ | |

该装置采用冷空气与热空气体系进行对流换热。热流体由风机 2 吸入经流量计计量后($V_2$),进入热管预热,温度测定后,由闸阀选择进入板式或列管换热器管内,将热风下侧进口阀打开,则热风进入板式换热器,即可以做板式换热实验;若将热风上侧进口阀打开,则热风进入列管换热器,即可以做列管换热实验,相应的出口温度也经测定后直接排出。冷流体由风机 1 抽入经流量计计量后($V_1$),由温度计测定其进口温度,这就是综合气换热的流程。冷热流体的流量可由各自风机的旁路阀调节。

## 2.5.4 操作步骤

① 检查各进出口阀是否符合实验要求。开启总电源开关,开启仪表电源,观察各测温点指示是否正常。待自检显示正常后进行下一步操作。

② 根据实验要求，选择待测项目，按照顺序开启相应阀门。开始板式换热实验前，应当先开启热风下侧阀门。

③ 热流体风机启动前，需要开启风机边上的出口旁路阀门，逐步改变该阀门开度，调到实验所需流量。因本实验冷流体走管内，故应测定冷流体侧对流换热系数，则热流体风量是主要的实验变量。

④ 开启加热开关，把仪表中热空气的进口温度调为实验值(在 70～80 ℃)。

⑤ 在一定流量下，待热流体进口温度相对稳定时(和设定温度偏差不大)，可启动冷风机。此实验过程中，为保证冷流体进口温度相对稳定，应开启抽风，且整个实验过程中，冷流体流量保持恒定不变。

⑥ 设定热流体流量为实验主变量，改变风机旁路阀门开度，控制流量在 0～40 $m^3/h$ 范围，选取 8 个左右的点作为工作点，测量各实验相关数据。列管换热实验步骤一样。

⑦ 实验结束，应先关闭加热器，待各温度显示至室温左右，再关闭风机和其他电源。

### 2.5.5 注意事项

① 实验时先开启风机再加热，实验结束时先关掉加热器，再关风机。

② 冷流体流量在整个实验过程中最好保持不变，而且，开启加热器的同时可以开启冷风机。冷流体每次的进口温度变化不大，但在每一次换热过程中，必须待热流体进出口温度相对稳定后方可认为换热过程平衡。

③ 在实验过程中，应特别注意保持状态的稳定。尽量避免测试管周围空气的扰动，例如门窗的开关和人的走动都会对实验数据的稳定性产生影响。

### 2.5.6 思考题

① 影响传热系数的因素有哪些，如何强化该传热过程？

② 在传热中，有哪些工程因数可以调动，在操作中主要调动哪些因数？

③ 冷态开车先送冷物料，后送热物料，停车时要先关热物料，后关冷物料，为什么？

④ 蒸汽作为加热介质进行实验时，开车时不排出不凝气会有什么后果，如何操作才能排净不凝气，此时，实验中铜管壁面温度是接近蒸汽温度还是接近空气温度？

## 2.6 吸收实验

### 2.6.1 实验目的

① 了解吸收体系分离原理，学会填料塔的基本结构与操作流程。

② 学会分析吸收剂入口状态对吸收操作结果的影响。

③ 深入熟悉填料吸收塔总传质系数与解吸塔传质系数的操作流程和原理。

④ 了解气速和喷淋密度会如何影响吸收总传质系数和解吸传质系数。

## 2.6.2　实验原理

**1. 填料塔流体力学性能**

压降 $\Delta p$ 作为塔设计的重要参数，在气体通过填料层时，压降成为装置动力消耗的主要来源。由原理可得知压降受到气、液流量的大小影响，特定液体喷淋量的填料层 $\Delta p$ 与 $u$ 的关系如图 2-18 所示。

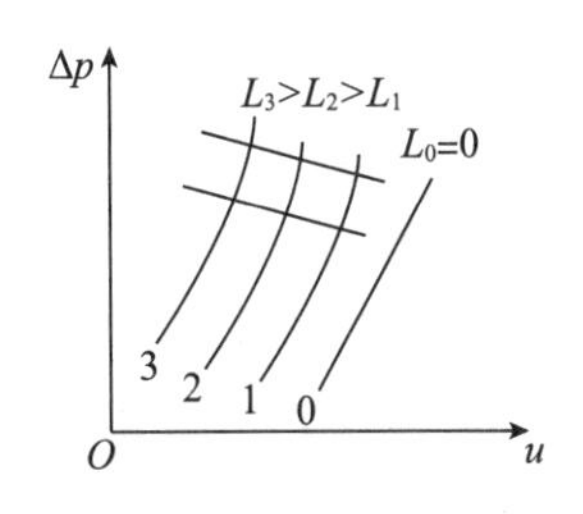


图 2-18　填料层的 $\Delta p$-$u$ 关系

气液逆流并处于低气速状态，液相膜增厚形成的额外的压降并未凸显。当液体喷淋量 $L_0=0$ 或较低时，干填料的 $\Delta p$-$u$ 的关系是直线，如图 2-18 的直线 0。将气体气速增强到一定值，导致液膜不断加厚，提高流动压降，使得压降曲线出现突变，该起点为“载点”。气液两相流动经过载点时，应充分考虑交互作用，若交互作用不断加强，达到一定值后，会产生液泛等淹塔现象，使得压降急剧升高，操作恶化，此现象称之为“泛点”。

风速计算：

$$u=\frac{V}{A} \tag{2-45}$$

式中，$u$ 为风速，m/h；$V$ 为空气流量，$m^3/h$；$A$ 为填料塔截面积，$A=\left(\frac{1}{2}a\right)^2$，$a$ 为填料塔内径，取 $a=0.1$ m。

一定喷淋量的出现，使得 $\Delta p$-$u$ 的关系变成折线，存在两个转折点，下转折点称为“载点”，上转折点称为“泛点”。这两个转折点将 $\Delta p$-$u$ 关系分为三个区段：恒持液量区、载液区与液泛区。用给定水量恒定，测不同气体量下的压降。

**2. 吸收实验传质系数**

本实验采用水吸收 $CO_2$ 与空气的混合物中的 $CO_2$ 气体，因为常温常压下的 $CO_2$ 在水中溶解度小，故液相摩尔流率/摩尔密度可视为恒定值，也就是液相体积流率 $L$ 恒定，示意见图 2-19。设操作环境为 $K_xa$ 是常数、等温、较低浓度（低吸收率），根据理论可得吸收速率方程：

$$G_a=K_xaV\Delta X_m$$

则

$$K_xa=G_a/(V\Delta X_m)$$

式中，$K_xa$ 为体积传质系数，$kmol/(m^3 \cdot h)$；$G_a$ 为填料塔的吸收量，kmol/h；$V$ 为填料层的体积，$m^3$；$\Delta X_m$ 为填料塔的平均推动力。

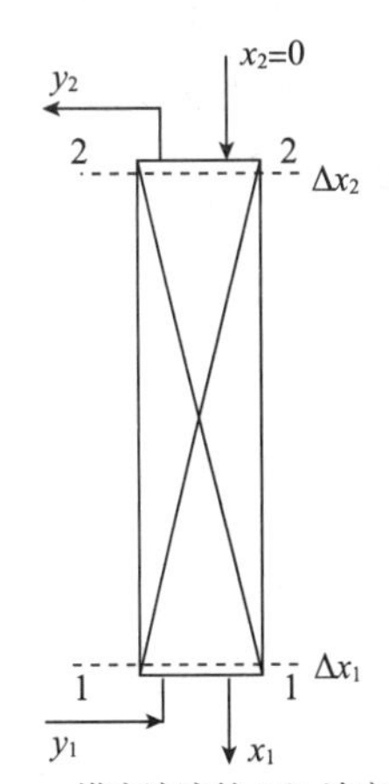


$x_1$—塔底溶液的 $CO_2$ 浓度；
$x_2$—塔顶溶液的 $CO_2$ 浓度；
$y_1$—进塔混合气中 $CO_2$ 浓度；
$y_2$—出塔混合气中 $CO_2$ 浓度；
$\Delta x_1$—塔底液相传质推动力；
$\Delta x_2$—塔顶液相传质推动力。

图 2-19　吸收流程

(1) $G_a$ 的计算

由涡轮流量计和质量流量计分别测得水流量 $V_s$、空气流量 $V_B$（显示的流量为 20 ℃，101.325 kPa 标准状态下的流量）、$y_1$ 及 $y_2$（可由 $CO_2$ 分析仪直接读出）。

将水流量单位进行换算：

$$L_s=V_s\rho_水/M_水$$

式中，$V_s$为水的流量，$m^3/h$；$\rho_水$为水的密度，20 ℃时，$\rho_水=998.2\ kg/m^3$；$M_水$为水的摩尔质量，$M_水=18\ kg/kmol$；$L_s$单位为kmol/h。

将气体流量单位进行换算：

$$G_B=\frac{V_B\rho_0}{M_{空气}} \tag{2-46}$$

式中，$V_B$为空气流量，$m^3/h$；$\rho_0$为空气密度，标准状态下$\rho_0=1.205\ kg/m^3$；$M_{空气}$为空气的摩尔质量，$M_{空气}=29\ kg/kmol$；$G_B$单位为kmol/h。

因此可计算出$L_s$、$G_B$。

通过全塔物料衡算：

$$G_a=L_s(X_1-X_2)=G_B(Y_1-Y_2)$$

式中，$X_1$、$X_2$分别为进出塔溶液的$CO_2$浓度，mol($CO_2$)/mol(水)；$Y_1$、$Y_2$分别为进出塔$CO_2$气体浓度，mol($CO_2$)/mol(空气)。

$CO_2$体积分数转换：

$$Y_1=\frac{y_1}{1-y_1},Y_2=\frac{y_2}{1-y_2} \tag{2-47}$$

式中，$y_1$及$y_2$由$CO_2$分析仪直接读出。

若认为吸收剂自来水中不含$CO_2$，则$X_2=0$，

$$X_1=\frac{G_B(Y_1-Y_2)}{L_s} \tag{2-48}$$

由此可计算出$G_a$和$X_1$。

(2) $\Delta X_m$的计算

本实验采用的物系不仅遵循亨利定律，而且气膜阻力可忽略不计，在此情况下，整个传质过程阻力都集中于液膜，即属液膜控制过程。根据测出的水温可插值求出亨利常数$E$，本实验$p=1$ atm (1 atm=101.325 kPa)，则$m=E/p$，

$$\Delta X_m=\frac{\Delta X_2-\Delta X_1}{ln\frac{\Delta X_2}{\Delta X_1}} \tag{2-49}$$

式中，$\Delta X_1$、$\Delta X_2$由下式计算：

$$\Delta X_2=X_{e2}-X_2$$
$$\Delta X_1=X_{e1}-X_1 \tag{2-50}$$

式中，$X_{e1}$、$X_{e2}$由下式计算，$X_1$、$X_2$由步骤(1)计算：

$$X_{e2}=\frac{Y_2}{m}$$
$$X_{e1}=\frac{Y_1}{m} \tag{2-51}$$

式中，$m$参见表2-15，$Y_1$、$Y_2$由步骤(1)计算。

(3)$K_xa$的计算

根据公式，求得体积传质系数$K_xa=G_a/(V\Delta X_m)$。不同温度下$CO_2$-$H_2O$的相平衡常

数见表 2-15。

**表 2-15 不同温度下 $CO_2$-$H_2O$ 的相平衡常数**

| 温度 $T$/℃ | 5 | 10 | 15 | 20 | 25 | 30 | 35 | 40 |
|---|---|---|---|---|---|---|---|---|
| $m=E/p$ | 877 | 1 040 | 1 220 | 1 420 | 1 640 | 1 860 | 2 083 | 2 297 |

**3. 解吸实验解吸系数**

解吸流程见图 2-20，设操作环境为 $K_Ya$ 是常数、等温、较低浓度(低解吸率)，根据理论可得解吸传质速率方程：

$$G_a=K_YaV\Delta Y_m$$

则

$$K_Ya=G_a/(V\Delta Y_m) \tag{2-52}$$

式中，$K_Ya$ 为体积解吸系数，kmol/(m³ · h)；$G_a$ 为填料层的解吸量，kmol/h；$V$ 为填料层的体积，m³；$\Delta Y_m$ 为填料层平均推动力。

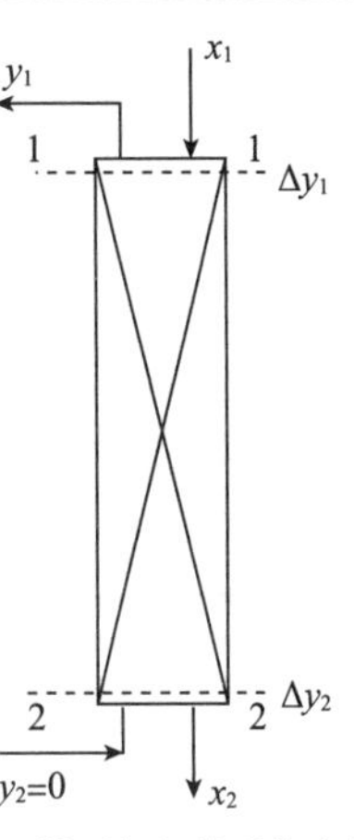


$\Delta y_1$—塔顶气相传质推动力；

$\Delta y_2$—塔底气相传质推动力。

**图 2-20 解吸流程**

(1) $G_a$ 的计算

由流量计测得 $V_s$、$V_B$、$y_1$ 及 $y_2$(体积浓度，可由 $CO_2$ 分析仪直接读出)。

将水流量单位进行换算：

$$L_s=V_s\rho_水/M_水 \tag{2-53}$$

式中，$V_s$ 为水的流量，m³/h；$\rho_水$ 为水的密度，20 ℃ 时，$\rho_水$=998.2 kg/m³；$M_水$ 为水的摩尔质量，$M_水$=18 kg/kmol。

将气体流量单位进行换算：

$$G_B=\frac{V_B\rho_0}{M_{空气}} \tag{2-54}$$

式中，$V_B$ 为空气流量，m³/h；$\rho_0$ 为空气密度，标准状态下 $\rho_0$=1.205 kg/m³；$M_{空气}$ 为空气的摩尔质量，$M_{空气}$=29 kg/kmol。

因此可计算出 $L_s$、$G_B$。

由全塔物料衡算 $G_a=L_s(X_1-X_2)=G_B(Y_1-Y_2)$ 可得

$$Y_1=\frac{y_1}{1-y_1},Y_2=\frac{y_2}{1-y_2}=0$$

可认为空气中无 $CO_2$，因此 $y_2$=0。进塔液的 $X_1$ 存在 2 种状态：第一，直接将吸收后的液体用于解吸，则其浓度即为前吸收计算出来的实际浓度 $X_1$；第二，解吸实验可将 $CO_2$ 充分溶解在液体中，可视为该温度下的饱和浓度，其 $X_1^*$ 可由亨利定律求算出：

$$X_1^*=\frac{y}{m}=\frac{1}{m} \tag{2-55}$$

式中，$y$ 为混合气体中 $CO_2$ 浓度。由此可计算出 $G_a$ 和 $X_2$。

(2) $\Delta Y_m$ 的计算

根据测出的水温可插值求出亨利常数 $E$，本实验为 $p$=1 atm，则 $m=E/p$，

$$\Delta Y_m=\frac{\Delta Y_2-\Delta Y_1}{\ln\frac{\Delta Y_2}{\Delta Y_1}} \tag{2-56}$$

式中，$\Delta Y_1$、$\Delta Y_2$ 由下式计算：

$$\begin{aligned}\Delta Y_2&=Y_{e2}-Y_2\\ \Delta Y_1&=Y_{e1}-Y_1\end{aligned} \tag{2-57}$$

根据公式 $Y=\frac{y}{1-y}$，将 $y$ 转化为 $Y$。

式中，$Y_{e1}$、$Y_{e2}$ 由下式计算：

$$\begin{aligned}Y_{e2}&=mX_2\\ Y_{e1}&=mX_1\end{aligned} \tag{2-58}$$

式中，$X_1$ 由式(2-48)算得，本实验吸收剂为自来水，不含 $CO_2$，则 $X_2=0$，$m$ 参照表 2-16。

**表 2-16　不同温度下的 *m* 值**

| 温度 $T$/℃ | 5 | 10 | 15 | 20 | 25 | 30 | 35 | 40 |
|---|---|---|---|---|---|---|---|---|
| $m=E/p$ | 877 | 1 040 | 1 220 | 1 420 | 1 640 | 1 860 | 2 083 | 2 297 |

(3) $K_Ya$ 的求解

利用上述的数据求得 $K_Ya=G_a/(V\Delta Y_m)$。

## 2.6.3　实验流程与参数

**1. 实验流程**

本实验利用填料塔采用纯净水吸收空气及 $CO_2$ 混合气的 $CO_2$，利用空气解吸水中的 $CO_2$，测算填料塔的体积传质系数和解吸系数(图 2-21)。

**2. 设备仪表参数**

吸收塔：塔内径 100 mm；填料层高 550 mm；填料为 $\phi$10 mm 的陶瓷拉西环；丝网除沫。

解吸塔：塔内径 $\phi$100 mm；填料层高 550 mm；填料为 $\phi$6 mm 的不锈钢 $\theta$ 环；丝网除沫。

风机：旋涡气泵，16 kPa，145 $m^3/h$。

吸收泵：扬程 14 m，流量 3.6 $m^3/h$。

解吸泵：扬程 14 m，流量 3.6 $m^3/h$。

水箱：PE，50 L。

缓冲罐：透明有机玻璃材质，9 L。

温度：Pt 100 传感器，0.1 ℃。

流量计：水涡轮流量计，200～1 000 L/h，0.5% FS。

气体质量流量计：0～18 $m^3/h$，±1.5% FS(FI01)，0～1.2 $m^3/h$，±1.5%FS(FI03)。

气体转子流量计：0.3～3 L/min。

$CO_2$ 分析仪：量程 20%(体积分数)，分辨率 0.01%(体积分数)。

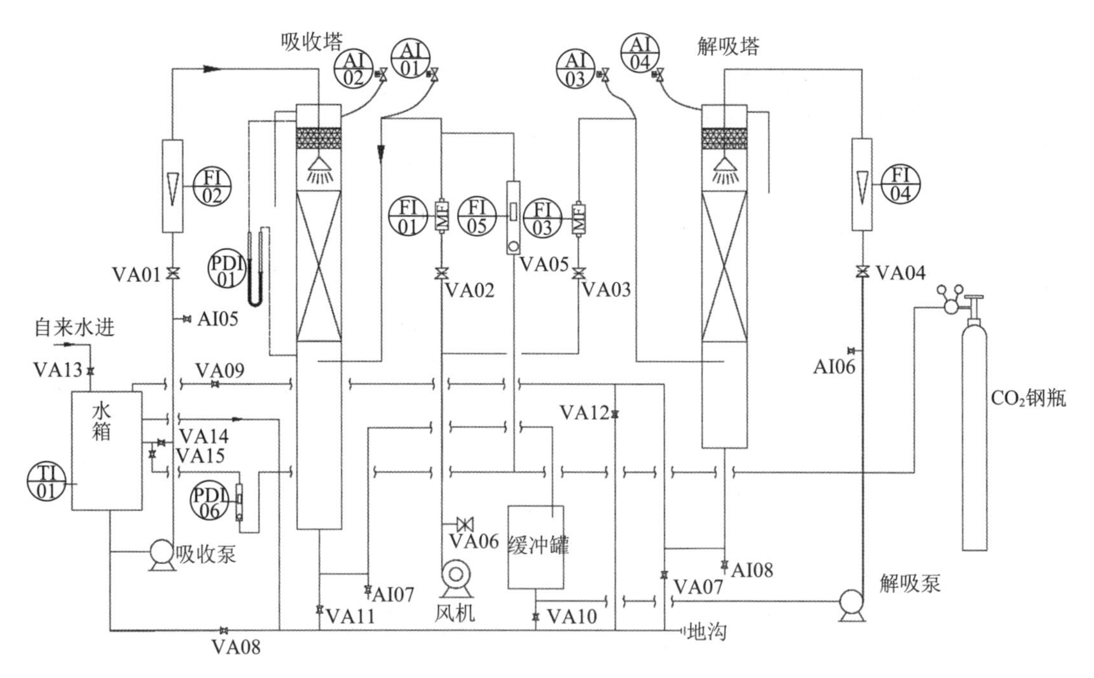


VA01—吸收液流量调节阀；VA02—吸收塔空气流量调节阀；VA03—解吸塔空气流量调节阀；VA04—解吸液流量调节阀；VA05—吸收塔 $CO_2$ 流量调节阀；VA06—风机旁路调节阀；VA07—吸收泵放净阀；VA08—水箱放净阀；VA09—解吸液回流阀；VA10—吸收泵回流阀；AI01—吸收塔进气采样阀；AI02—吸收塔排气采样阀；AI03—解吸塔进气采样阀；AI04—解吸塔排气采样阀；AI05—吸收塔塔顶液体采样阀；AI06—吸收塔塔底液体采样阀；AI07—解吸塔塔顶液体采样阀；AI08—解吸塔塔底液体采样阀；VA11—吸收塔放净阀；VA12—解吸塔放净阀；VA13—缓冲罐放净阀；VA14—进塔吸收剂 $CO_2$ 流量调节阀；VA15—进塔吸收剂与 $CO_2$ 调节阀；TI01—液相温度；FI01—吸收塔空气流量计；FI02—吸收液流量计；FI03—解吸塔空气流量计；FI04—解吸液流量计；FI05—$CO_2$ 气体流量计。

**图 2-21 填料塔吸收与解吸实验流程**

## 2.6.4 操作步骤

### 1. 实验准备

空气：风机出口总管设计为两条支路，其一通过流量计 FI01 汇合来自流量计 FI05 的 $CO_2$，引到吸收塔底部，与塔顶喷淋下来的吸收剂（水）逆流接触吸收，尾气通过塔顶排空。另一条支路将流量计 FI03 导入解吸塔的底部，与塔顶喷淋下来的吸收塔过来的 $CO_2$ 水溶液逆流接触，解吸的尾气直接排入大气。

$CO_2$：钢瓶中的 $CO_2$ 严格按照流程，通过减压阀、调节阀 VA05、流量计 FI05 等进入吸收塔。

水：采用的吸收用水为水箱蒸馏水，通过离心泵和流量计 FI02 送入吸收塔顶，去离子水吸收 $CO_2$ 后进入塔底，经解吸泵和流量计 FI04 进入解吸塔顶，解吸液和不含 $CO_2$ 的气体接触后流入塔底，经解吸后的溶液从解吸塔底经倒 U 形管溢流至水箱。

取样：取样点 AI01 在吸收塔气相进口处；取样点 AI02 在出口管处；取样点 AI03 在解吸塔气体进口处；取样点 AI04 在出口处。待测气体从取样口采集送 $CO_2$ 分析仪测量含量。

**2. 操作步骤**

(1) 填料塔流体力学性能测定

① 依次开启实验装置的总电源、控制电源，开启电脑，运行控制软件，开启风机，从小到大调节空气流量，测定吸收塔干填料的塔压降，并记录空气流量、塔压降，按 2 $m^3$/h、4 $m^3$/h、6 $m^3$/h、8 $m^3$/h、10 $m^3$/h、12 $m^3$/h 调节(为建议值)，得到 $\Delta p$-$u$ 的关系。

② 开动吸收泵，调节 FI02 的数值为 200 L/h，将吸收塔填料润湿 5 min。然后把水流量调节到指定流量(一般为 0 L/h、200 L/h、300 L/h、400 L/h)。

③ 开启风机，从小到大改变空气流量，观察填料塔中液体流动状况，并记录空气流量、塔压降和流动现象；当气量升至发生液泛之前，缓慢改变进塔气体流量，待各参数稳定后再读数据，直至观察到填料层压降在几乎不变气速下明显上升的状态时，出现液泛现象。留意不要让气速严重超过泛点，防止冲破填料。

④ 关闭水和空气流量计，关停吸收泵和风机。

(2) 单独吸收实验

① 水箱中加入自来水至水箱液位的 75%左右，开启吸收泵，待吸收塔底有一定液位时，调节吸收液流量调节阀 VA01 到实验所需流量。开启吸收泵回流阀 VA10 将吸收后的水排放。(按 200、350、500、650 L/h 水量调节)

② 全开 VA06 和 VA02，关闭 VA03，启动风机，逐渐关小 VA06，可微调 VA02 使 FI01 风量在 0.7 $m^3$/h 左右。实验过程中维持此风量不变。

③ 按照顺序，先关 VA15，再顺开 VA05、$CO_2$ 钢瓶总阀，缓慢开启减压阀并保持在低压状态，观察 $CO_2$ 气体流量计读数，适当微调 VA05 将 $CO_2$ 流量控制在 1～2 L/min，使进气浓度处于 7.5%～8%。整个过程不再调整流量。

④ 各个物料流量恒定一段时间(填料塔体积约 5 L，气量按 0.7 $m^3$/h 计，全部置换时间约 45 s，可推得稳定时间约 2 min)，打开 AI01 采样阀，在线分析进口 $CO_2$ 浓度，等待2 min，待检测数据稳定后采集数据，再打开 AI02 采样阀，等待 2 min，检测数据稳定后采集数据。

⑤ 调节水量(按 200、350、500、650 L/h 调节)，每个水量稳定，按上述步骤依次取样。

⑥ 读取所有数据后，先关闭 $CO_2$ 钢瓶总阀，直到 $CO_2$ 气体流量计读数为零后，再关减压阀，停风机和水泵，结束实验。

(3) 吸收解吸综合实验

① 水箱中加入自来水至水箱液位的 75%左右，在电脑上开启吸收泵和调节阀 VA01，待缓冲罐有一定液位时(实验过程中要注意不能漫出或者没有液体)，在电脑上开启解吸泵，调节吸收液流量调节阀 VA01 和解吸液流量调节阀 VA04 到实验所需流量(建议按 200、350、500、650 L/h 水量调节)。打开 VA12，解吸塔底部出液由塔底的倒 U 形管直接排入地沟(若实验室上下水条件有限，也可经阀门 VA09 将解吸塔底部出液溢流至水箱中作为吸收液循环使用，特别说明的是解吸液循环使用实验效果不如新鲜的水源)。

② 全开旁路阀门，在电脑上开启风机，微调 VA02、VA03，使吸收塔和解吸塔风量维持在 0.7 $m^3$/h 左右，并注意保持吸收塔风量不变。

③ 启动 VA05、$CO_2$ 钢瓶总阀，微调启动减压阀，根据 $CO_2$ 气体流量计读数可微调 VA05 使 $CO_2$ 流量在 1～2 L/min，维持进气浓度在 7.5%～8%。实验过程中维持此流量不变。(转子流量计的浮子会上下浮动，适当旋紧减压阀可使浮子稳定至一定刻度)

④ 保持各流量的稳定时间(填料塔体积约 5 L,0.7 $m^3/h$ 气量控制,保持 45 s 的时间换气,稳定时间定 2 min),依次打开采样点阀门(AI01、AI02、AI03、AI04 调节阀),在线分析 $CO_2$ 浓度,注意每次要等待检测数据稳定后再采集数据。

⑤ 读取所有数据后,先关闭 $CO_2$ 钢瓶总阀,直到 $CO_2$ 气体流量计读数为零后,再关减压阀,停风机和水泵,结束实验。

(4) 解吸独立实验

① 考虑到液体 $CO_2$ 浓度不确定,这样需做饱和液体,利用测得的液体温度,根据亨利定律,求得其饱和浓度。实验之前在水箱中制作饱和液。

② 水箱中加入自来水至水箱液位的 75%左右,开启吸收泵,关闭 VA01,开启 VA14,全开 VA15,开启 $CO_2$ 钢瓶总阀,微开减压阀,使 $CO_2$ 流量在 1～2 L/min,实验过程中维持此流量不变,约 10 min 后,水箱内的溶液饱和。

③ 保持 VA14、VA15 的开启状态,然后开启 VA01,饱和溶液经吸收塔进入缓冲罐,待缓冲罐中有一定液位时,开启解吸泵,开启 VA09(解吸液可溢流至水箱循环使用),调节 VA04,使解吸水量维持在一定值(为了与不饱和解吸比较,建议存水量为 200 L/h)。

④ 全开 VA06 和 VA03,关闭 VA02,启动风机,逐渐关小 VA06,可微调 VA03 使 FI03 风量在 0.7 $m^3/h$ 左右。实验过程中维持此风量不变。

⑤ 保持各流量的稳定时间(填料塔体积约 5 L,0.7 $m^3/h$ 气量控制,保持 45 s 的时间换气,稳定时间定 2 min),打开 AI03 电磁阀,在线分析进口 $CO_2$ 浓度,等待 2 min,检测数据稳定后采集数据,再打开 AI04 采样阀,等待 2 min,检测数据稳定后采集数据。

⑥ 实验结束需关闭 $CO_2$ 钢瓶总阀,等待 $CO_2$ 气体流量计数据为零,再关闭钢瓶减压阀和总阀。关掉风机、饱和泵和解吸泵,复原各阀门。

## 2.6.5　注意事项

① 钢瓶中经减压释放出来的 $CO_2$,需要经过一定时间才能稳定。因此必须在 $CO_2$ 流量达到稳定后,再进水和开启风机,节约用电。

② 在启动风机前,确保风机旁路阀处于打开状态,防止风机因憋压而剧烈升温;泵是机械密封,严禁泵内无水空转。

③ 泵是离心泵,开启和关闭泵前,先关闭泵的出口阀。

④ 超过一月不用的、室内温度低于零度的仪器,须放干净箱内水。

⑤ 未经教师批准,学生不得开启电柜,防止触电。

## 2.6.6 数据记录与处理

数据记录与计算结果参见表 2-17～表 2-21。

**表 2-17 流体力学数据测定记录**

| 水量=0 L/h | | 水量=200 L/h | | 水量=300 L/h | | 水量=400 L/h | |
|---|---|---|---|---|---|---|---|
| 流量计风量/($m^3/h$) | 全塔压差 $\Delta p$/Pa | 流量计风量/($m^3/h$) | 全塔压差 $\Delta p$/Pa | 流量计风量/($m^3/h$) | 全塔压差 $\Delta p$/Pa | 流量计风量/($m^3/h$) | 全塔压差 $\Delta p$/Pa |
| | | | | | | | |
| | | | | | | | |
| | | | | | | | |

注:每套装置的液泛流量存在差异,以上表格仅作为样例,具体数据请以实际数据为准。

**表 2-18 吸收实验数据测定记录表**

水温________,空气流量________,$CO_2$ 流量________,空气进口组成________。

| 序号 | 水 $V_s$/($m^3/h$) | 气相组成 | | 空气 $G_B$/(kmol/h) | $\Delta X_m$ | $L_s$/(kmol/h) | $K_xa$/[kmol/($m^3$·h)] | 备注 |
|---|---|---|---|---|---|---|---|---|
| | | $y_1$ | $y_2$ | | | | | |
| | | | | | | | | |
| | | | | | | | | |
| | | | | | | | | |

**表 2-19 吸收-解吸实验数据测定记录表(a)**

水温________,空气流量________,$CO_2$ 流量________,空气进口组成________。

| 序号 | 水 $V_s$/($m^3/h$) | 气相组成 | | 空气 $G_B$/(kmol/h) | $\Delta X_m$ | $L_s$/(kmol/h) | $K_xa$/[kmol/($m^3$·h)] | 备注 |
|---|---|---|---|---|---|---|---|---|
| | | $y_1$ | $y_2$ | | | | | |
| | | | | | | | | 吸收 |
| | | | | | | | | |
| | | | | | | | | |

**表 2-20 吸收-解吸实验数据测定记录表(b)**

| 序号 | 水 $V_s$/($m^3/h$) | 气相组成 | | 空气 $G_B$/(kmol/h) | $\Delta Y_m$ | $L_s$/(kmol/h) | $K_Ya$/[kmol/($m^3$·h)] | 备注 |
|---|---|---|---|---|---|---|---|---|
| | | $y_1$ | $y_2$ | | | | | |
| | | | | | | | | 解吸 |
| | | | | | | | | |
| | | | | | | | | |

表 2-21 解吸实验数据测定记录表

水温________,空气流量________, $CO_2$ 流量________,空气进口组成________。

| 序号 | 水 $V_s$/($m^3$/h) | 气相组成 | | 空气 $G_B$/(kmol/h) | $\Delta Y_m$ | $L_s$/(kmol/h) | $K_Ya$/[kmol/($m^3$·h)] | 备注 |
|---|---|---|---|---|---|---|---|---|
| | | $y_1$ | $y_2$ | | | | | |
| | | | | | | | | |
| | | | | | | | | |
| | | | | | | | | |

## 2.6.7 溶液标定方法

**1. 方法一**

0.1 mol/L 盐酸溶液的配制：取 9 mL 左右浓盐酸于 1 L 容量瓶中，定容，摇匀。

溴甲酚绿-甲基红混合指示剂：按 3∶1 体积配比，量取适量的 1 g/L 溴甲酚绿-乙醇溶液和 2 g/L 甲基红-乙醇溶液混合。

0.1 mol/L 溶液的标定：取 270～300 ℃干燥至恒重的无水碳酸钠基准试剂约 0.2 g，精密称量(精确至万分位)，置于 250 mL 锥形瓶中。加入 50 mL 蒸馏水，加入 10 滴溴甲酚绿-甲基红混合指示剂，用配置好的盐酸溶液滴定至溶液由绿色变为暗红色，煮沸 2～3 min，冷却后继续滴定至溶液再呈暗红色，同时做空白试验。

盐酸溶液的准确浓度为

$$c=\frac{m}{0.05299(V_1-V_0)} \tag{2-59}$$

式中，$m$ 为无水碳酸钠的质量，g；$V_1$ 为盐酸溶液用量，mL ；$V_0$ 为空白实验盐酸溶液用量，mL。

**2. 方法二**

1 g/L 甲基橙溶液的配置：称取 0.1 g 甲基橙加蒸馏水 100 mL，热溶解，冷却过滤备用。

0.1 mol/L 溶液的标定：取 270～300 ℃干燥至恒重的无水碳酸钠基准试剂约 0.2 g，精密称量(精确至万分位)，置于 250 mL 锥形瓶中。加入 50 mL 蒸馏水，加入 1～2 滴甲基橙指示剂，用配置好的盐酸溶液滴定至溶液由黄色变为橙色，同时做空白试验。

盐酸溶液的准确浓度为

$$c=\frac{m}{0.05299(V_1-V_0)} \tag{2-60}$$

式中，$m$ 为无水碳酸钠的质量，g；$V_1$ 为盐酸溶液用量，mL ；$V_0$ 为空白实验盐酸溶液用量，mL。$Ba(OH)_2$ 溶液浓度由上述标定过的已知浓度盐酸溶液进行标定。

## 2.6.8 软件操作说明

进入吸收与解吸实验力控界面见图 2-22。

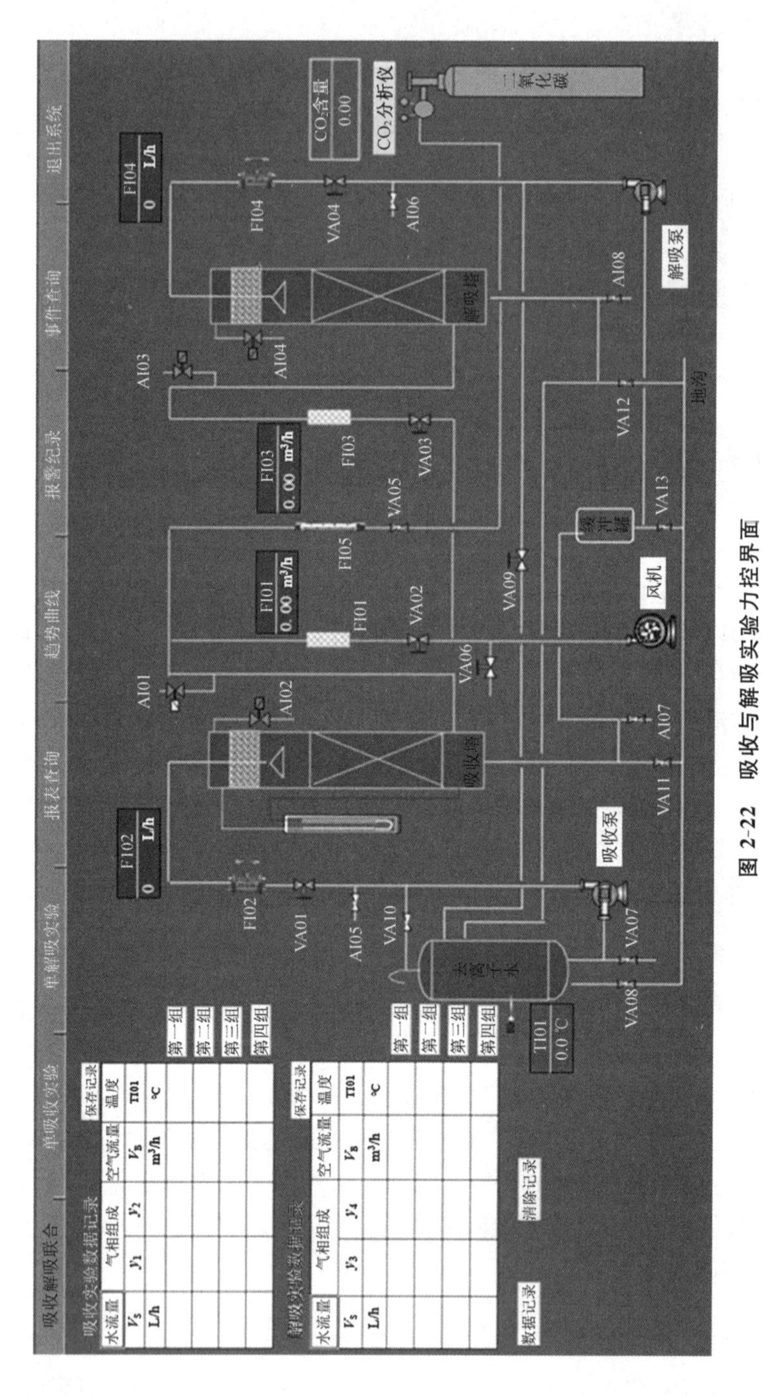


图 2-22 吸收与解吸实验力控界面

**1. 流体力学实验**

① 开启风机(图 2-23)测定吸收塔干填料的塔压降,流量按 2 m³/h、4 m³/h、6 m³/h、8 m³/h、10 m³/h、12 m³/h 调节(为建议值),并手动记录空气流量、塔压降。

② 开动吸收泵(图 2-24),然后把水流量调节到指定流量(一般为 0 L/h、200 L/h、300 L/h、400 L/h)。

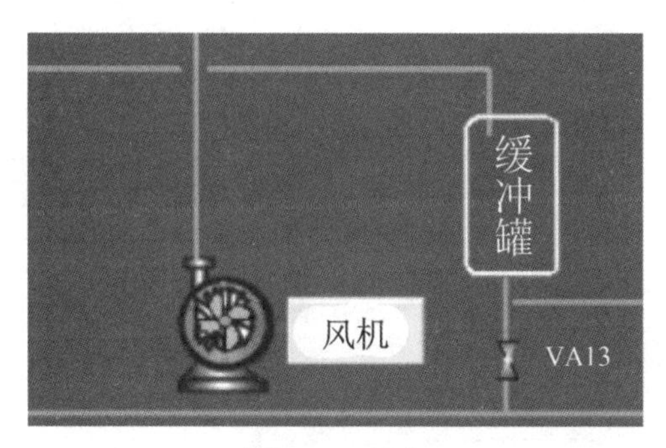


图 2-23　风机

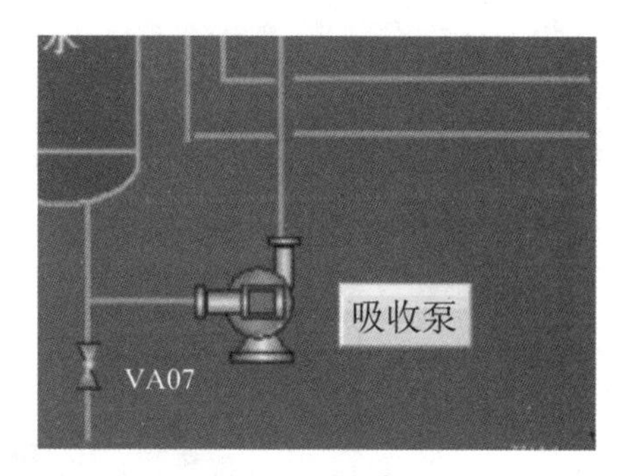


图 2-24　吸收泵

**2. 单吸收实验**

① 单击 单吸收实验 按钮,开始单吸收实验。

② 调节实验水、气流量,开启吸收塔入口采样阀 AI01、AI02(图 2-25)。

③ 数据记录在图 2-26 所示的表中。

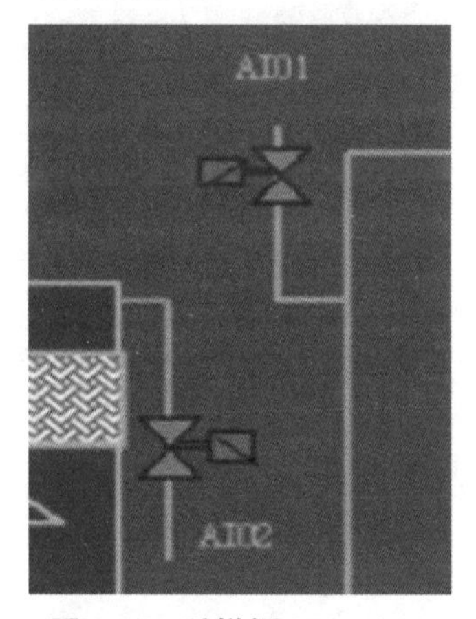


图 2-25　采样阀 AI01、AI02

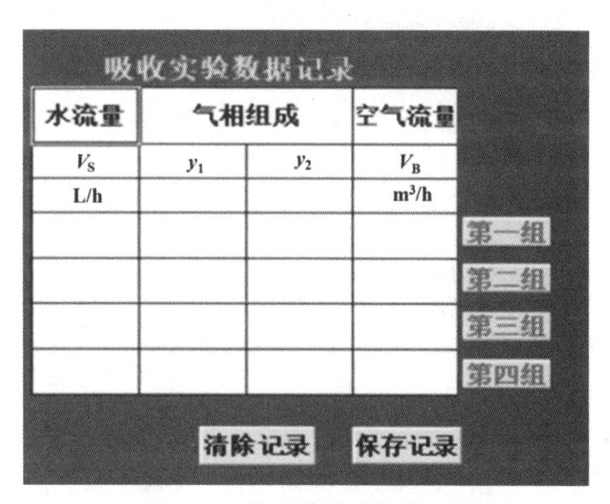


图 2-26　单吸收实验数据记录

④ 调节水流量,依次点击第二、三、四组进行实验,重复上述步骤。

⑤ 单击底部“数据处理”按钮,进行数据处理(图 2-27)。

吸收实验数据处理

| 公用参数 | 塔内径 | 填料高 | 塔横截面积 | 填料体积 | 气体实际密度 |
|---|---|---|---|---|---|
| | 100 | 550 | 0.007854 | 0.004320 | 1.205 |

| NO | 水流量 | 气相组成 | | 空气流量 | 温度 | 水密度 | 相平衡常数 | 摩尔流量 | | 气/液比摩尔组成 | | | 吸收量 | 液相平衡组成 | | 平均推动力 | 喷淋密度 | 体积吸收系数 |
|---|---|---|---|---|---|---|---|---|---|---|---|---|---|---|---|---|---|---|
| | $V_S$ | $y_1$ | $y_2$ | $G_B$ | $t$ | $\rho$ | $m$ | $L_S$ | $G_B$ | $Y_1$ | $Y_2$ | $X_1$ | $G_a$ | $x^*_1$ | $x^*_2$ | $\Delta X_m$ | $L'_S$ | $K_xa$ |
| | L/h | | | $m^3$/h | ℃ | kg/$m^3$ | | kmol/h | | | | ×E₄ | mol/h | ×E₄ | ×E₄ | ×E₄ | kmol/$m^3$h | kmol/$m^3$h$\Delta X_m$ |
| 1 | 197 | 9.65 | 8.42 | 0.70 | 23.00 | 997.55 | 1551.03 | 10.91 | 0.0291 | 0.107 | 0.092 | 0.396476 | 0.432 | 0.622 | 0.543 | 0.3614 | 1389 | 2770 |
| 2 | 357 | 9.63 | 7.44 | 0.70 | 20.20 | 998.13 | 1430.85 | 19.77 | 0.0291 | 0.107 | 0.080 | 0.385107 | 0.762 | 0.673 | 0.520 | 0.3926 | 2518 | 4491 |
| 3 | 611 | 9.62 | 6.48 | 0.69 | 19.00 | 998.36 | 1380.47 | 28.31 | 0.0287 | 0.106 | 0.069 | 0.376216 | 1.065 | 0.697 | 0.469 | 0.3903 | 3605 | 6317 |
| 4 | 639 | 9.60 | 6.86 | 0.69 | 18.00 | 998.54 | 1339.11 | 35.41 | 0.0287 | 0.106 | 0.062 | 0.355841 | 1.260 | 0.717 | 0.438 | 0.3981 | 4508 | 7327 |

| | 第一点 | | | 第二点 | | | 第三点 | | | 第四点 | | |
|---|---|---|---|---|---|---|---|---|---|---|---|---|
| | $x$ | Y平衡 | Y实际 | $x$ | Y平衡 | Y实际 | $x$ | Y平衡 | Y实际 | $x$ | Y平衡 | Y实际 |
| 塔顶 | 0.000 | 0.000 | 0.092 | 0.000 | 0.000 | 0.080 | 0.000 | 0.000 | 0.069 | 0.000 | 0.000 | 0.062 |
| | 0.198 | 0.032 | 0.099 | 0.193 | 0.028 | 0.093 | 0.188 | 0.012 | 0.088 | 0.178 | 0.024 | 0.084 |
| 塔底 | 0.396 | 0.066 | 0.107 | 0.385 | 0.058 | 0.107 | 0.376 | 0.015 | 0.106 | 0.356 | 0.050 | 0.106 |

图 2-27　单吸收实验数据处理

⑥ 点击保存数据：单击数据保存，弹出窗口(图 2-28)。

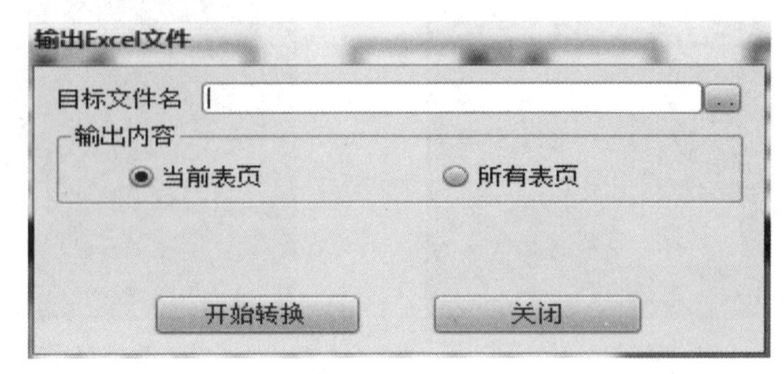


**图 2-28　保存数据弹出窗**

⑦ 输入文件名，单击右侧 按钮，选择保存路径，点击“确定”(图 2-29)。单击“开始转换”，待出现弹窗(图 2-30)时，保存数据和保存记录的方式一样，后续不再赘述。

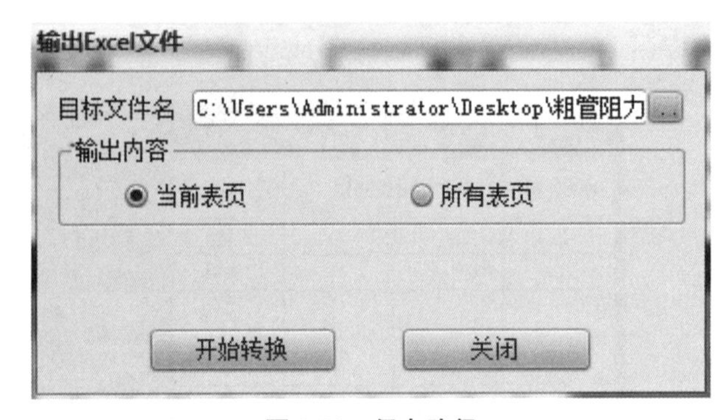


**图 2-29　保存路径**

**图 2-30　弹窗**

**3. 吸收解吸联合实验**

① 单击按钮，进行吸收解吸联合实验。

② 调节水、气流量，待水、气流量稳定后，依次开启采样阀 AI01、AI02、AI03、AI04，数据记录在图 2-31 所示的表中。

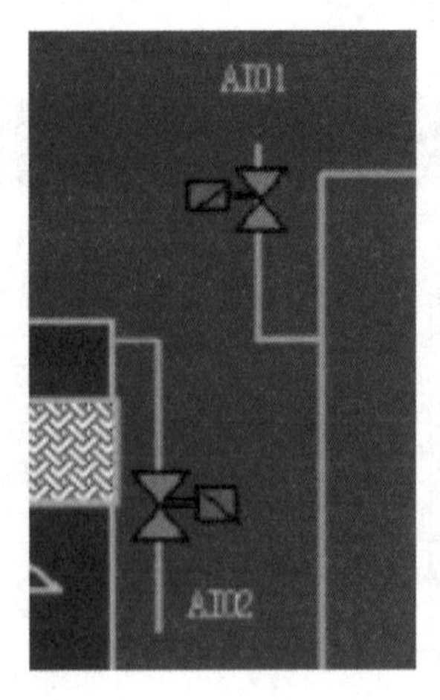


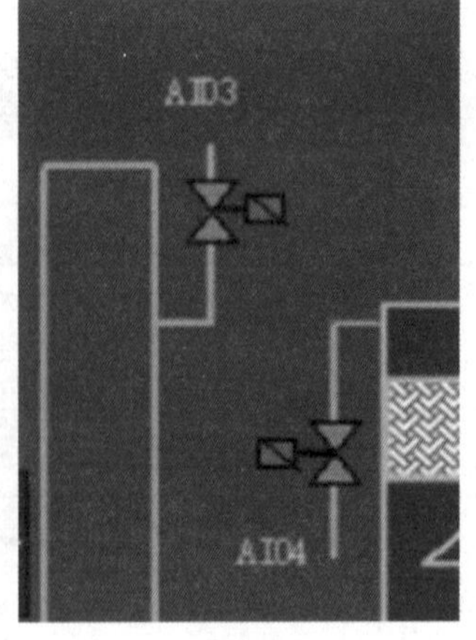


**图 2-31　吸收-解吸联合实验数据记录**

**4. 单解吸实验**

① 单击 单解吸实验 按钮，开始单解吸实验。

② 调节水、气流量，待水、气流量稳定后，开启解吸塔采样阀 AI03、AI04，数据记录在图 2-32 所示的表中。

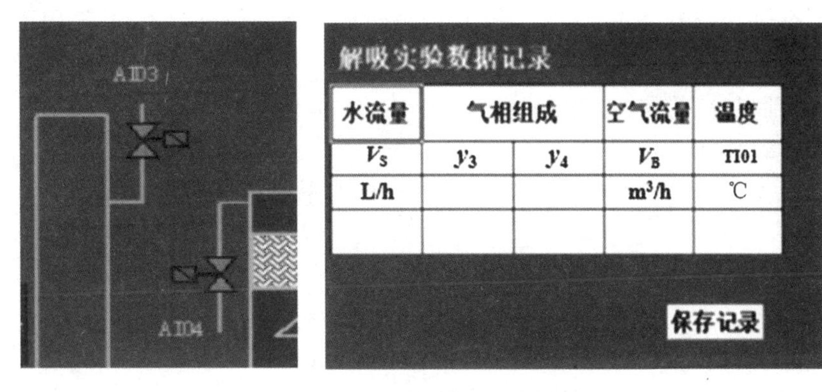


图 2-32　单解吸实验数据记录

## 2.6.9　思考题

① 如何将气体转子流量计测定值转化成实际流量？

② 请分析液泛点气速与喷淋密度的内在关系。

③ 请从传质推动力和传质阻力两方面探讨吸收剂流量、操作温度对吸收效果的影响。

④ 填料吸收塔塔底液封的目的是什么？

⑤ 请分析吸收过程中气体量是如何影响分离效果的？

⑥ 实验过程发现气体温度与吸收剂温度不同，以哪个温度为依据计算亨利常数？

⑦ 若进塔气体的操作条件不变（流量与浓度），有什么办法提高塔液中氨的浓度？

⑧ 请分析影响填料吸收塔的传质系数的主要因素有哪些？使用测定数据分析吸收过程是气膜控制还是液膜控制？

# 2.7　精馏实验

## 2.7.1　实验目的

① 熟悉板式塔的构成、实操方法和各部件的结构作用。

② 学习精馏塔性能参数的测量方法，并掌握其影响因素。能正确处理异常情况。

③ 测定全回流及部分回流时总塔板效率。用各种方法计算精馏塔部分回流时的理论板数。

④ 掌握测定塔顶、塔釜溶液浓度的实验方法。研究回流比对精馏塔分离效率的影响。

## 2.7.2 实验原理

在化工过程的液体混合物分离中，精馏是用途最广的、不可或缺的工程单元。利用板式塔进行精馏，使得待分离的混合液通过塔板加热成气液两股进行流动，气相逐板提升，液相逐板流下，逐层充分接触和传质、传热。实现气液的多次部分汽化和部分冷凝，最后纯的轻组分从塔顶流出，纯的重组分从塔底分离出来。

**1. 全塔效率 $E_T$**

根据定义，全塔效率(或总板效率)为完成工艺分离要求所需理论板数与实际板数之比：

$$E_T=\frac{N_T-1}{N_P}$$

式中，$N_T$ 为达到一定产品纯度所需的理论塔板数，包括蒸馏釜；$N_P$ 为达到一定产品纯度所需的实际塔板数，$N_P$ 可根据实际流程算出。

全塔效率可直观表示全塔的总体平均分离效率，能从一个层面反映塔内部构件、被分离物系性质和流体流动状态对塔分离能力的影响。根据分离原理，通过被分离双组分物系的气液平衡数据，实验测定的塔顶、塔釜出液组成，回流比 $R$ 和进料热状况 $q$ 等工艺参数，再通过逐板计算或图解法或专业软件直接推算塔内所需理论塔板数 $N_T$。

**2. 图解法求理论塔板数 $N_T$**

图解法又称麦凯布-蒂勒(McCabe -Thiele)法，简称“M-T 法”，其原理与逐板计算法完全相同，只是将逐板计算过程在 $y$-$x$ 图上直观地表示出来。

精馏段的操作线方程为

$$y_{n+1}=\frac{R}{R+1}x_n+\frac{x_D}{R+1} \tag{2-61}$$

式中，$y_{n+1}$ 为精馏段第 $n+1$ 块塔板上升的蒸汽组成，摩尔分数；$x_n$ 为精馏段第 $n$ 块塔板下流的液体组成，摩尔分数；$x_D$ 为塔顶馏出液的液体组成，摩尔分数；$R$ 为泡点回流下的回流比。

提馏段的操作线方程为

$$y_{m+1}=\frac{L'}{L'-W}x_m-\frac{Wx_W}{L'-W} \tag{2-62}$$

式中，$y_{m+1}$ 为提馏段第 $m+1$ 块塔板上升的蒸汽组成，摩尔分数；$x_m$ 为提馏段第 $m$ 块塔板下流的液体组成，摩尔分数；$x_W$ 为塔底釜液的液体组成，摩尔分数；$L'$ 为提馏段内下流的液体量，kmol/s；$W$ 为釜液流量，kmol/s。

加料线($q$ 线)方程可表示为

$$y=\frac{q}{q-1}x-\frac{x_F}{q-1} \tag{2-63}$$

其中，

$$q=1+\frac{C_{pF}(T_s-T_F)}{r_F} \tag{2-64}$$

式中，$q$ 为进料热状况参数；$r_F$ 为进料液组成下的汽化潜热，kJ/kmol；$T_s$ 为进料液的泡点温度，℃；$T_F$ 为进料液温度，℃；$C_{pF}$ 为进料液在平均温度$(T_s-T_F)/2$下的比热容，kJ/(kmol·℃)；$x_F$ 为进料液组成，摩尔分数。

回流比 $R$ 的确定：

$$R=\frac{L}{D} \tag{2-65}$$

式中，$L$ 为回流液量，kmol/s；$D$ 为馏出液量，kmol/s。

泡点下回流比计算可用式(2-65)计算。工程设计过程一般为了确保上升蒸汽能彻底冷凝，采用稍微过量的冷却水，使得回流液温度在低于泡点温度回流塔内。

图 2-33 所示为塔顶回流示意。流量为 $L$ 的液体从全凝器出口温度(设 $T_R$)回流到塔顶的第一块板。如前所述，第一块塔板上液相温度略高于实际回流液温度，这样离开第一块塔板部分上升的蒸汽会被冷凝成液体，使得塔内实际流量大于塔外回流量。对块板 1 作物料、热量衡算：

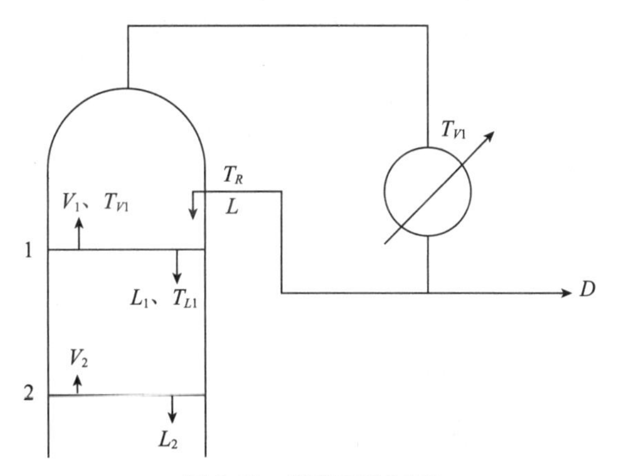


图 2-33 塔顶回流示意

$$V_1+L_1=V_2+L \tag{2-66}$$

$$V_1I_{V1}+L_1I_{L1}=V_2I_{V2}+LI_L \tag{2-67}$$

对式(2-66)、式(2-67)整理、简化后，近似可得

$$L_1\approx L\left[1+\frac{C_p(T_{L1}-T_R)}{r}\right]$$

即实际回流比

$$R_1=\frac{L_1}{D}$$

$$R_1=L\left[1+\frac{C_p(T_{L1}-T_R)}{r}\right]/D \tag{2-68}$$

式中，$V_1$、$V_2$ 分别为离开第 1、2 块板的气相摩尔流量，kmol/s；$L_1$ 为塔内实际液流量，kmol/s；$I_{V1}$、$I_{V2}$、$I_{L1}$、$I_L$ 分别对应 $V_1$、$V_2$、$L_1$、$L$ 下的焓值，kJ/kmol；$r$ 为回流液组成下的汽化潜热，kJ/kmol；$C_p$ 为回流液在 $T_{L1}$ 与 $T_R$ 平均温度下的平均比热容，kJ/(kmol·℃)。

(1) 全回流操作

如图 2-34 所示，精馏塔进行全回流后，则精馏段和提馏段的操作线重叠成 $y$-$x$ 图对角线,可进行逐板计算,在塔顶、釜组成的操作线与平衡线间作梯级,可得到理论塔板数。

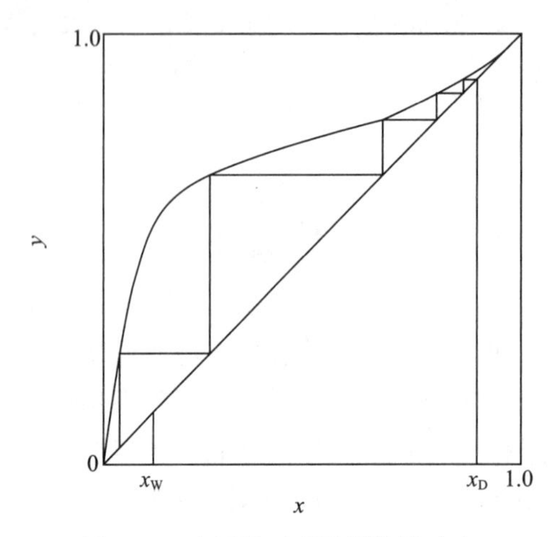


**图 2-34　全回流时理论板数的确定**

(2) 部分回流操作

图 2-35 所示为采用部分回流时塔板数图解计算法。

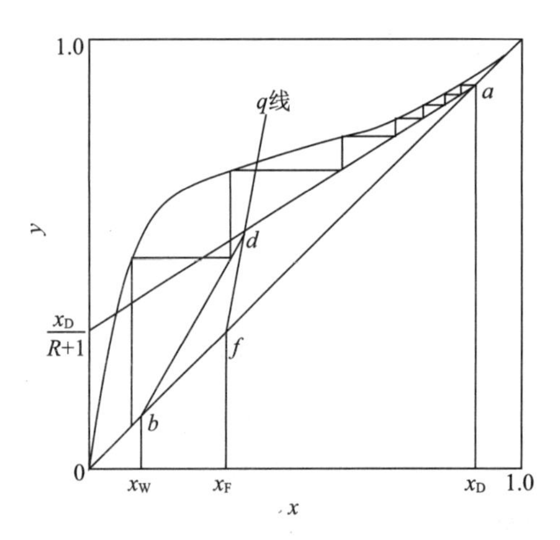


**图 2-35　部分回流时理论板数的确定**

① 已知被分离物系的平衡数据与操作压力,对角线作为辅助线,对 $y$-$x$ 图绘制相平衡曲线。

② 将 $x=x_D$、$x_F$、$x_W$三点标在 $x$ 轴上,分别对三点作垂线,交对角线于点 $a$、$f$、$b$。

③ $y$ 轴确定 $y_c=x_D/(R+1)$的点 $c$,连接 $a$、$c$ 即为精馏段操作线。

④ 根据进料热状况,求 $q$ 线斜率 $q/(q-1)$,过点 $f$ 作出 $q$ 线交精馏段操作线于点 $d$。

⑤ 同理,连接点 $d$、$b$ 为提馏段操作线。

⑥ 以 $a$ 为起点,在交互平衡线与精馏段操作线间作阶梯。当梯级跨过点 $d$ 时,变换平衡线和提馏段操作线作阶梯,直至梯级跨过点 $b$ 为止。

⑦ 逐梯计算总阶梯数。数据就是全塔理论塔板数(含再沸器),越过点 $d$ 的塔板为加料板,其上的阶梯数为精馏段的理论塔板数。

## 2.7.3　实验流程与参数

### 1. 精馏实验流程(图 2-36)

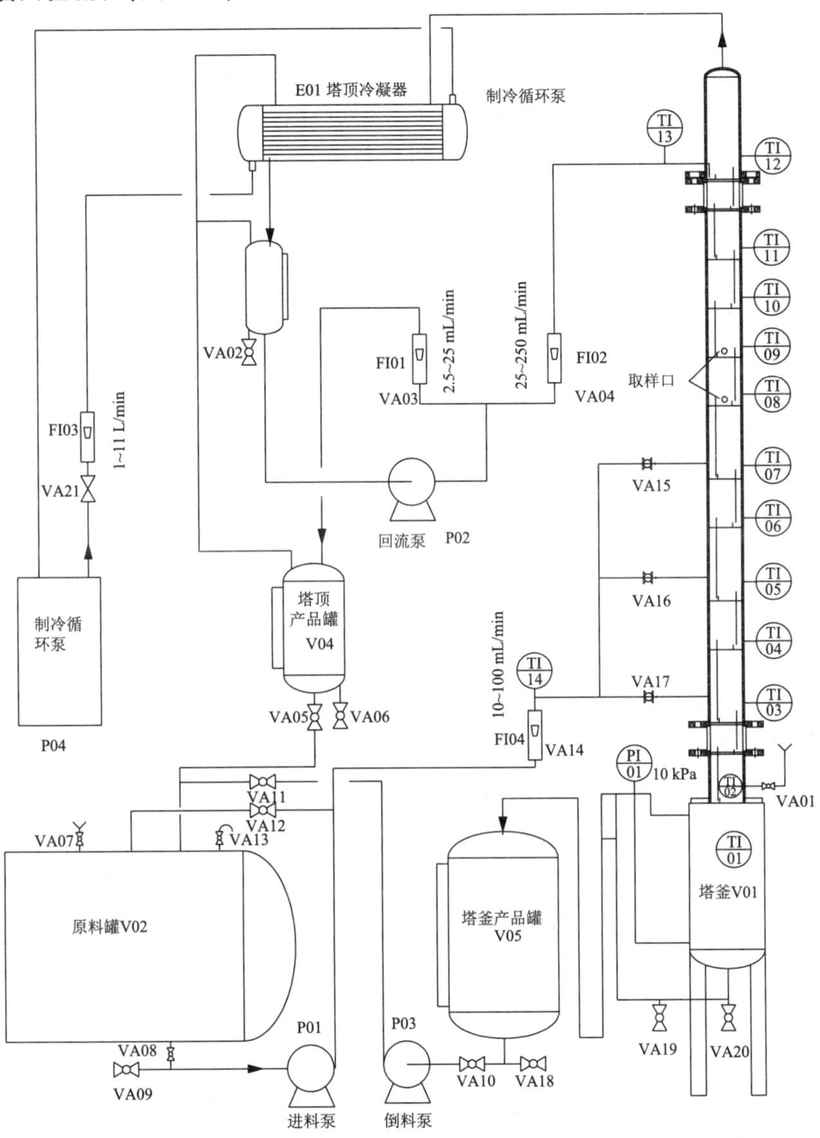


VA01—塔釜加料阀;VA02—馏分器取样阀;VA03—塔顶采出流量调节阀;VA04—塔顶回流流量调节阀;VA05—塔顶产品罐放料阀;VA06—塔顶产品罐取样阀;VA07—原料罐加料阀;VA08—原料罐放料阀;VA09—原料罐取样阀;VA10—塔釜产品罐出料阀;VA11—塔釜产品倒料阀;VA12—原料罐循环搅拌阀;VA13—原料罐放空阀;VA14—进料流量调节阀;VA15—塔体进料阀 1;VA16—塔体进料阀 2;VA17—塔体进料阀 3;VA18—塔釜产品罐取样阀;VA19—塔釜取样阀;VA20—塔釜放净阀;VA21—冷却水流量调节阀;TI01—塔釜温度; TI02—塔身下段温度 1;TI03—进料段温度 1;TI04—塔身下段温度 2;TI05—进料段温度 2;TI06—塔身中段温度;TI07—进料段温度 3;TI08—塔身上段温度 1;TI09—塔身上段温度 2;TI10—塔身上段温度 3;TI11—塔身上段温度 4;TI12—塔顶温度;TI13—回流温度;TI14—进料温度;PI01—塔釜压力;FI01—塔顶采出流量计;FI02—回流流量计;FI03—冷却水流量计;FI04—进料流量计。

图 2-36　精馏实验流程示意

**2. 设备仪表参数**

精馏塔：塔内径 $D$=68 mm，塔内采用筛板及圆形降液管，共有 12 块板，普通段塔板间距 $H_T$=100 mm，进料段塔板间距 $H_T$=150 mm，视镜段塔板间距 $H_T$=70 mm。塔板，筛板开孔 $d$=2.8 mm，筛孔数 $N$=40 个，开孔率 9.44%。

进料泵、回流泵：蠕动泵通过控制转速调节，运行时增加背压阀可保证后端流量计示数稳定，一般过程中进料泵建议开 30～40 r/min，回流泵建议开 80 r/min，然后根据实际需要调节流量计示数。

倒料泵：磁力泵，流量 7 L/min，扬程 4 m。

进料流量计：10～100 mL/min。

回流流量计：25～250 mL/min。

塔顶采出流量计：2.5～25 mL/min。

冷却水流量计：1～11 L/min。

总加热功率：4.5 kW。

压力传感器：0～10 kPa。

温度传感器：Pt 100，直径 3 mm。

## 2.7.4 操作步骤

**1. 开车**

① 开启装置总电源、控制电源，打开触控一体机。

② 原料罐配好进料液约 30%（体积分数）的乙醇水溶液（也可以使用其他混合液，详见附录和相关数据），分析实际浓度，同时开启进料泵和循环搅拌阀 VA12 使原料混合均匀。

③ 打开塔釜加料阀，往塔釜加入约 20%～30%（体积分数）的原料乙醇水溶液，釜液位要高于塔釜电加热同时要低于塔釜出料口（塔釜液位必须高于电加热，防止电加热干烧而损坏）。

④ 启动制冷循环泵，设置制冷循环温度约为 5 ℃，打开塔顶冷却水调节阀 VA21 至最大，流量约 7 L/min。

⑤ 点击监控界面的“塔釜加热器”（压力控温模式），点击“上电”，设置压力设定值为0.7 kPa（参考值），点击“自动模式”，点击“运行”，点击“上电”，压力报警上限设为 1～1.5 kPa，启动塔釜加热器（可参考软件操作说明部分），塔釜液沸腾情况，通过观察馏分器 V03 液体出现位置来判断。

⑥ 当馏分器液位上升至中部时，启动回流泵，调节蠕动泵转速，微调回流流量调节阀 VA04，使回流流量与冷凝量保持一致，进行全回流操作。回流流量的确定可根据馏分器液位高度变化来确定。

**2. 进料稳定阶段**

① 当塔顶有回流后，维持塔釜压力 0.6～0.7 kPa。

② 全回流操作稳定一定时间后，打开进料泵，调节蠕动泵转速在30～40 r/min，调节转子流量计旋钮使进料流量稳定在60 mL/min。

③ 维持塔顶温度、塔底温度、馏分器液位不变后操作才算稳定。

**3. 部分回流**

① 调节塔顶采出流量调节阀VA03进行部分回流操作，一般情况下控制回流比 $R=L/D=4\sim8$（此可根据自己情况来定）。

② 待塔顶、塔釜温度稳定后，分别读取塔顶、塔釜、进料的温度，取样检测温度，记录相关数据。

注意：乙醇-水二元物系可通过酒度比重计测得乙醇浓度，操作简单快捷，但精度较低，若要实现高精度的测量，可利用气相色谱进行浓度分析。

**4. 非正常操作（非正常操作种类，选做）**

① 回流比过小（塔顶采出量过大）引起的塔顶产品浓度降低。

② 进料量过大，引起降液管液泛。

③ 塔釜压力过低，容易引起塔板漏液。

④ 塔釜压力过高，容易引起塔板过量雾沫夹带甚至液泛。

**5. 停车**

实验结束时，点击监控界面的"进料泵"按钮，点击停止。关闭进料流量计FI04、进料流量调节阀VA14，点击"塔釜加热器按钮"，点击"停止压力调节模式"，点击"断电"，停止塔釜加热器（参照软件操作说明部分）。关闭流量计FI01、塔顶采出流量调节阀VA03，维持全回流状态约5 min后，点击监控界面"回流泵"按钮，点击"停止"，关闭回流流量计FI02、塔顶回流流量调节阀VA04。待视线内塔板上无气液时，在制冷循环泵操作面板上关闭电源，点击监控界面"制冷泵"按钮，停止制冷循环泵，关闭冷却水流量计FI03、冷却水流量调节阀VA21，关闭全部阀门，点击"退出系统"，触控一体机关机，关闭控制电源，关闭总电源。

## 2.7.5 注意事项

① 实验所用物系为易燃化学品，需特别注意安全，过程应避免泄漏，严防发生危险。

② 仪表自动调节加热装置的功率，注意调节电流和电压，缓慢提高塔釜内温度，严防爆沸（过冷沸腾），避免釜液冲出塔顶，一旦发现立即关掉电源。同时正常操作时电功率也不宜过大。

③ 先打开冷却水阀门，再加热塔釜混合液。停车操作则反之。

④ 为便于比较全回流和部分回流的塔顶产品质量，尽量使两组实验的加热电压及所用料液浓度相同或相近。继续进行实验，必须将上次操作留存在全塔各部位的料液全部清理，放回原料液储罐继续回用。

## 2.7.6 数据记录与处理

部分回流时色谱检测数据记录见表2-22。

表 2-22　部分回流时色谱检测数据记录

| 进料温度/℃ | 进料浓度 $x_F$ | 塔顶温度/℃ | 塔顶浓度 $x_D$ | 塔顶温度/℃ | 塔底浓度 $x_W$ | 回流比 |
| --- | --- | --- | --- | --- | --- | --- |
| | | | | | | |
| | | | | | | |
| | | | | | | |

## 2.7.7　软件操作

① 开始实验，首先双击力控软件图标启动软件，软件启动自动进入装置自检，待自检完成后显示界面（图 2-37）。

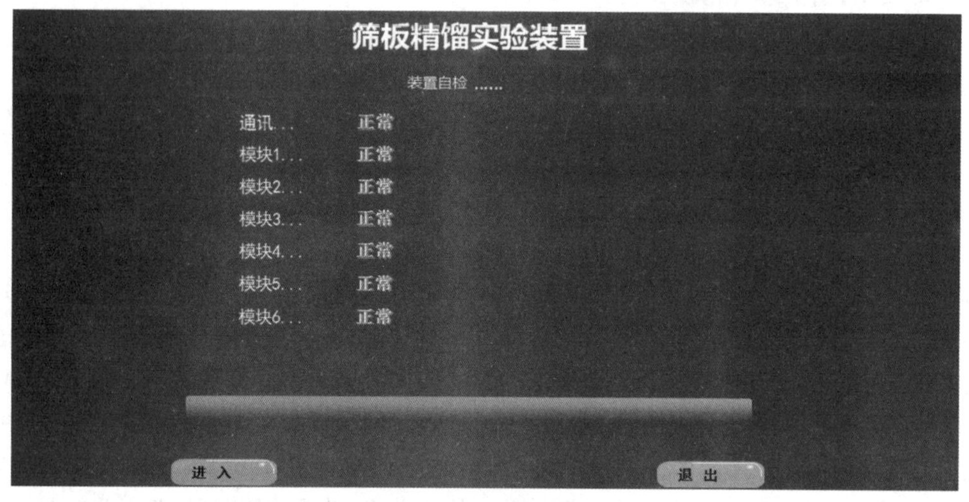


图 2-37　软件启动界面

② 点击“进入”按钮，进入图 2-38 所示界面，此界面默认“单机版”，直接点击“确认”进入软件操作界面。

图 2-38　单机版软件操作界面

③ 实验开始前，首先打开制冷循环泵面板电源，然后点击监控界面的“制冷泵”按钮，然后弹出如图 2-39 所示的框。

图框中点击“启动”按钮启动制冷循环泵，然后在制冷循环泵面板上设置制冷循环泵的制冷循环温度为 5 ℃，开启制冷循环泵的循环功能和制冷功能，最后在装置上调节制冷流量计流量。

④ 实验开始后点击“塔釜加热器”后弹出如图 2-40 所示的框。

图 2-39　制冷循环泵弹出框

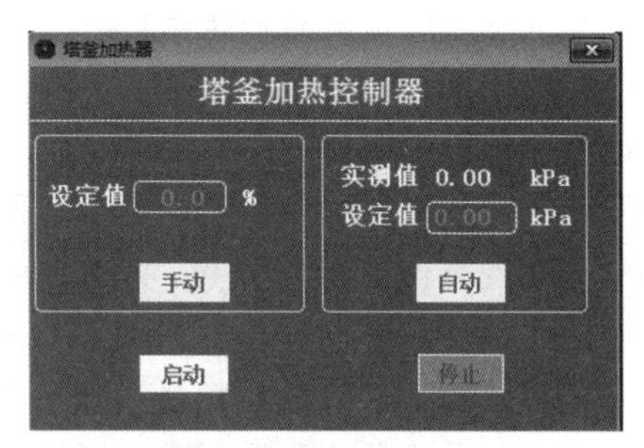


图 2-40　塔釜加热器弹出框

图框中提供“手动”和“自动”两种电加热控制方式，其中手动操作时为功率控制模式，只需输入加热百分比即可，自动操作模式为压力控制模式，需要输入压力设定值，如 0.7 kPa。因此该界面要先点选两种模式“手动”或“自动”中的一种，然后进行参数设定，设定完成后，在图框最下边点击“启动”电加热器开始加热。

⑤ 实验全回流开始后，需要启动回流泵，点击软件界面“回流泵”然后弹出如图 2-41 所示的框。图框中输入泵转速，然后点击“启动”按钮启动回流泵，根据实验需要调节回流流量计的具体示数。连续操作过程中需要进料时，点击软件界面“进料泵”然后弹出如图 2-42 所示的框。图框中输入泵转速，然后点击“启动”，根据实验需要调节进料流量计具体示数。

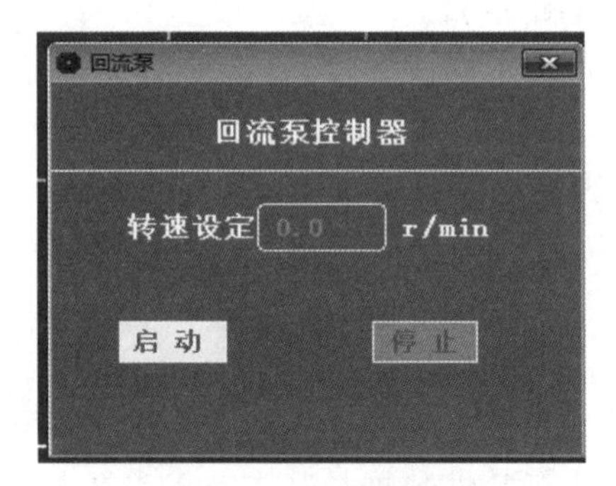


图 2-41　回流泵弹出框

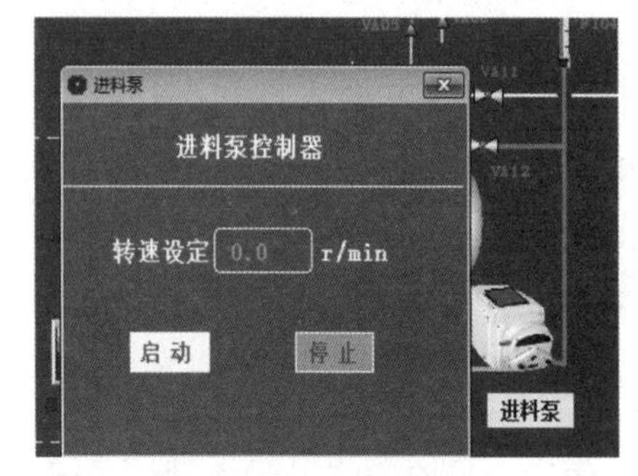


图 2-42　进料泵弹出框

倒料泵是实验结束后导料用，需要用倒料泵时，点击软件界面“倒料泵”，在弹出的图框中点击“启动”，倒料泵即开始运行。实验结束后，分别点选“塔釜加热器”“回流泵”“进料泵”及“制冷泵”，在弹出的图框中分别点击“停止”，关闭加热器和泵，最后点击软件界面右上角“退出系统”即可关闭操作软件，随后关闭一体机，关闭设备“控制电源”“总电源”。

## 2.7.8　思考题

① 精馏塔釜压力作为重要的操作参数受哪些因素影响，其变化又会如何影响精馏

效果？

② 在同样的操作条件下增加塔板数，能否得到99.5%的乙醇，为什么？

③ 请分析如何保证全塔操作的稳定，精馏稳定受哪些因素影响？

④ 精馏发现塔顶产品未能达到产品规定纯度，需要采取哪些措施？

⑤ 分析塔的高度会使得产量变大吗？

⑥ 回流液温度变化对塔的操作有何影响？

⑦ 塔顶采出率过猛使得产品纯度降低，请问最有效快捷的操作是什么？

⑧ 请描述全回流操作特点，实际生产为什么用到全回流，与部分回流操作的差异是什么？

⑨ 当回流比$R<R_{min}$时，精馏塔能否进行操作？

⑩ 请具体分析哪些参数影响塔板效率？

⑪ 塔顶回流液浓度在实验过程中有无改变？

⑫ 请分析塔釜加热的能耗位置，其与回流量有什么样的关联？

# 2.8 循环洞道干燥实验

## 2.8.1 实验目的

① 理解洞道式干燥流程的总体构成、工艺流程和操作方法。

② 熟悉物料在恒定干燥条件下的干燥特性及其测定方法。

③ 通过实验，掌握获取干燥速率曲线、恒速阶段的干燥速率、临界含水量、平衡含水量的实验过程与计算方法。

④ 实证分析不同干燥条件对干燥过程特性的影响趋势。

## 2.8.2 实验原理

工程上设计干燥器尺寸或确定干燥器生产能力时，被干燥物料在给定干燥条件下的干燥速率、恒定干燥阶段临界湿含量与平衡湿含量等干燥特性数据是基本技术参数。被干燥物料的性质因来源、物性和种类的多样性，故大多数被干燥物料的干燥特性数据常通过实验测定。若温度较高的未饱和空气与湿物料相互对流，会产生气固间热量与质量传递。根据大量干燥过程的经验总结，不同期间的干燥过程有不同特点，可分为两个阶段。

**预热段：**图2-43、图2-44的$AB$段或$A'B$段。一般的物料在预热段的含水率略有下降，温度随之升至湿球温度$T_w$，干燥速率会随之短暂上升并渐呈下降趋势。该过程时间短，有些干燥过程未有预热段过程。故干燥计算忽略不计。

**恒速干燥阶段：**图2-43、图2-44的$BC$段。该段物料水分不断汽化，含水率不断下降。但由于这一阶段去除的是物料表面附着的非结合水分，水分去除的机理与纯水的相同，故在恒定干燥条件下，物料表面温度始终保持为湿球温度$T_w$，传质推动力保持不变，因而干燥

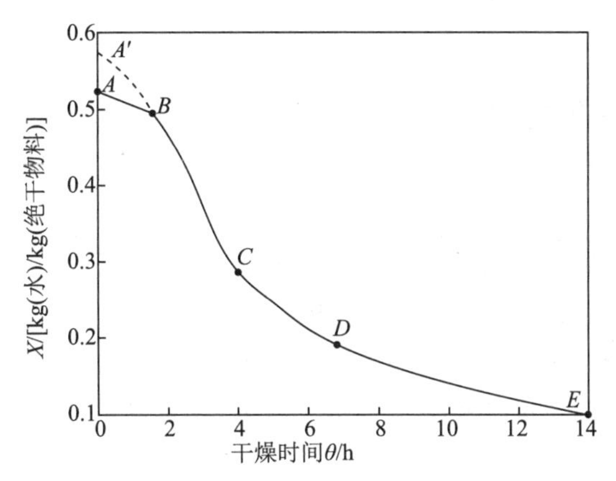


**图 2-43　恒定干燥条件下的干燥曲线**

速率也不变。于是在图 2-44 中，$BC$ 段为水平线。若物料表面始终足够湿润，则干燥过程处于恒速阶段。该段干燥速率大小可视为物料表面水分汽化速率，此时的干燥速率取决于设备空气的干燥条件，与物料性质无关。该阶段也称为“表面汽化控制阶段”。

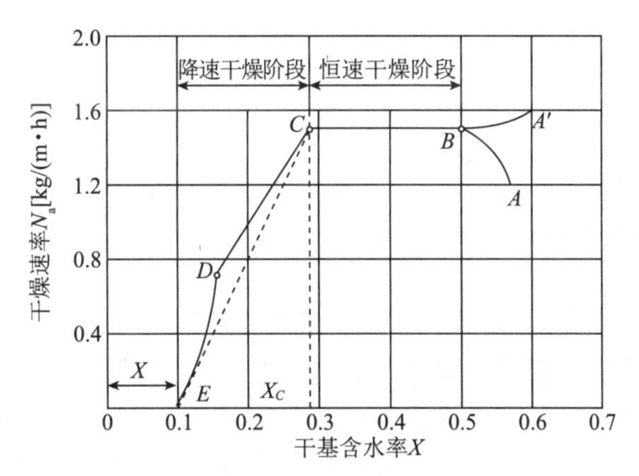


**图 2-44　恒定干燥条件下的干燥速率曲线**

**降速干燥阶段**：随着干燥的深入，物料内部水分移走的速率跟不上表面水分汽化速率，物料表面局部出现“干区”。此时物料非“干区”表面平衡蒸气压仍是纯水饱和蒸气压，湿度差是传质推动力。但物料以外表面计算的总干燥速率出现“干区”而数据偏低，此时物料含水率称为“临界含水率”，用 $X_C$ 表示，与图 2-44 对应的 $C$ 点为临界点。越过 $C$ 点，干燥速率下降到 $D$ 点。该阶段称为“降速第一阶段”。

干燥到点 $D$ 时，物料表面均为干区，汽化面移到物料内部，汽化热量将通过被干燥的固体层传递到汽化面。物料内部的水汽继续通过干燥层再传递到空气主流，受到质量、热量的双传递影响而持续下降。过点 $D$ 后，将除尽物料非结合水分。后续汽化的水分均为结合水。平衡蒸气压随之下降，传质推动力不断减小，干燥速率随之较快降低，一直到 $E$，速率降为零。该阶段称为“降速第二阶段”。

降速阶段的干燥速率曲线形状随物料内部的结构而异，呈现前面所述的曲线 $CDE$ 形状形成的不确定性。若干多孔性物料的降速难以清晰区分两个阶段，有些类似 $CD$ 段；某些无孔性吸水物料的汽化停留在表面，则干燥速率取决于固体内部水分的扩散速率，降速段

类似 $DE$ 曲线。

**1. 干燥曲线**

干燥曲线即物料的干基含水量 $X$ 与干燥时间 $\theta$ 的关系曲线。它说明物料在干燥过程中,干基含水量随干燥时间的变化关系:

$$X=F(\theta) \tag{2-69}$$

典型的干燥曲线如图 2-43 所示。

设衡定干燥条件处于稳定态,按照一定的时间间隔,测定物料总质量随时间的变化量,直到物料质量不变为止。物料与空气间处于动态平衡时,此时物料所含水分即为该空气干燥条件下的物料平衡水分。设物料瞬时干基含水量如下:

$$X=\frac{W-W_c}{W_c} \tag{2-70}$$

式中,$W$ 为物料的瞬间质量,kg;$W_c$ 为物料的绝干质量,kg;$X$ 单位为 kg(水)/kg(绝干物料)。

将 $X$ 对 $\theta$ 进行标绘,得到干燥曲线。干燥曲线的形状由物料性质和干燥条件决定。

**2. 干燥速率曲线**

干燥速率曲线是指在单位时间内,单位干燥面积上汽化的水分质量。

$$N_a=\frac{dw}{A\,d\theta}=\frac{\Delta w}{A\,d\theta} \tag{2-71}$$

式中,$A$ 为干燥面积,$m^2$;$w$ 为从被干燥物料中除去的水分质量,kg;$N_a$ 单位为 kg/($m^2$·s)。

干燥面积和绝干物料的质量均可测得,为方便起见,可近似用下式计算干燥速率:

$$N_a=\frac{dw}{A\,d\theta}=\frac{\Delta w}{A\,\Delta\theta} \tag{2-72}$$

通过相同时间间隔 $\Delta\theta$ 内所挥发的一定量的水分 $\Delta w$ 来测定干燥速率。影响干燥速率的因素有很多,它与物料性质和干燥介质(空气)的情况有关。在干燥条件不变的情况下,对于同类物料,当厚度和形状一定时,速率 $N_a$ 是物料干基含水量的函数。

$$N_a=f(X) \tag{2-73}$$

**3. 传质系数计算(恒速干燥阶段)**

可分别采用式(2-74)、式(2-75)计算恒速干燥阶段的物料表面与空气的传热速率和传质速率:

$$dQ/(A d\theta)=\alpha(T-T_w) \tag{2-74}$$

$$dw/(A d\theta)=K_H(H_w-H) \tag{2-75}$$

式中,$Q$ 为空气传给物料的热量,kJ;$A$ 为对流传热系数,kW/($m^2$·℃);$T$、$T_w$ 为空气的干、湿球温度,℃;$H_w$、$H$ 为与 $T_w$、$T$ 关联的空气湿度,kg/kg(干空气);$K_H$ 为传质系数(湿度差为推动力),kg/($m^2$·s);$\alpha$ 为传热系数,kW/($m^2$·℃)。

设定恒定干燥条件,采用同样物料,$\alpha$、$K_H$ 值将是恒定状态。恒速干燥阶段的物料表面润湿充分,此时表面水分汽化速率调控该阶段的干燥速率。设定辐射、传导的热量微小不计,空气以对流的方式传热给物料,该热量为表面水分汽化所需要的潜热。可推测空气的湿球温度 $T_w$ 与待干燥料的表面温度。汽化所需的热量与空气传入热量相等:

$$r_w dw = dQ \tag{2-76}$$

式中，$r_w$ 为 $T_w$ 时水的汽化潜热，kJ/kg。

由前可得

$$\frac{r_w dw}{A d\theta} = \frac{dQ}{A d\theta}$$

即

$$r_w K_H (H_w - H) = \alpha (T - T_w) \tag{2-77}$$

$$K_H = \frac{\alpha}{r_w} \frac{T - T_w}{H_w - H} \tag{2-78}$$

对于水-空气干燥传质系统，当被测气流温度不高、流速>5 m/s时，式(2-78)可简化为

$$K_H = \frac{\alpha}{1.09} \tag{2-79}$$

**4. $K_H$的计算**

(1) 查询 $H$、$H_w$

已知干湿球温度 $T$、$T_w$，根据湿焓图或计算得出相应的 $H$、$H_w$。

(2) 流量计处的空气性质

尽管流量计流到干燥器时的空气温度、相对湿度出现改变，但湿度仍维持恒定，此时依然采用干燥室的 $H$ 推定流量计的空气性质。分析得孔板流量计前气温为 $T_L$，则湿空气密度(流量计)：

$$\rho = (1 + H)/v_H$$

式中，$\rho$ 单位为 kg/m³；$v_H$为湿空气比体积(流量计)，m³(湿空气)/kg(温空气)。

湿空气比体积(流量计)：

$$v_H = (2.83 \times 10^{-3} + 4.56 \times 10^{-3} H)(T + 273)$$

(3) 流量计质量流量 $m$

孔板流量计压差计读数视为 $\Delta p$，流量计的孔流速度：

$$u_0 = C_0 \sqrt{\frac{2\Delta p}{\rho}},\ C_0 = 0.74 (C_0 \text{ 为孔板流量系数})$$

流量计处的质量流量：

$$m = u_0 A_0 \rho$$

式中，$m$ 单位为 kg/s；孔板孔面积 $A_0 = 0.001\ 697\ m^2$。

(4) 干燥室气体质量流速 $G$

根据实验流程可知，尽管流量计到干燥室两个截面处的空气温度、相对湿度与流速、压力有所改变，但到干燥室两个截面处的湿度 $H$、质量流量 $m$ 保持不变。可用流量计 $m$ 推算出干燥室处气体质量流速$G$，

$$G = m/A$$

式中，$A$ 为干燥室的横截面积，m²；$G$ 单位为 kg/(m²·s)。

(5) 传热系数 $\alpha$ 的计算

流过物料表面的干燥介质(空气)流动方式分为平行、垂直和倾斜。大量实证分析，空气流向与物料表面流向保持平行，该方式的对流传热效率最高，干燥效果最经济。该实验

设置干燥物料为硬薄板，平行气流放置，计算传热系数时，两个垂直面的面积较小，传热量远低于平行流动热量，可忽略横向面积的传热影响。

对于水-空气系统，空气平行于物料表面流动时，传热系数 $\alpha$ 经验式为

$$\alpha=0.0143G^{0.8} \tag{2-80}$$

上式实验条件为 $G=0.68\sim8.14\ \text{kg/(m}^2\cdot\text{s)}$，气温 $T=45\sim150$ ℃。

(6) 计算 $K_H$

通过式(2-80)测算 $\alpha$，代入式(2-79)算出传质系数 $K_H$。

## 2.8.3 实验流程与参数

### 1. 风洞干燥实验流程(图 2-45)

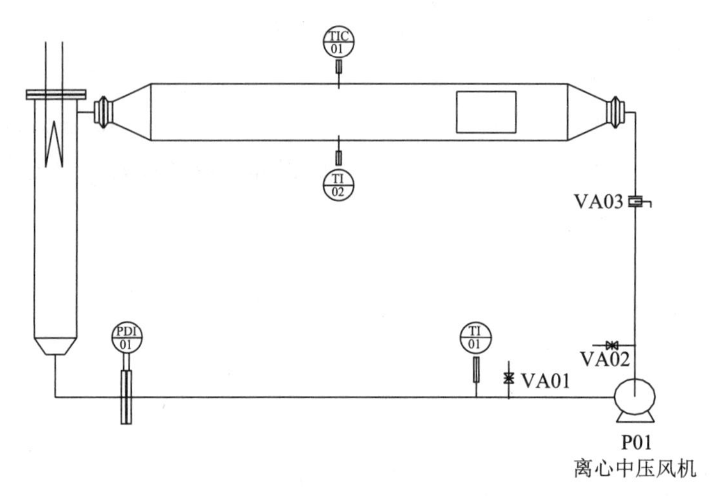


TIC01—干球温度；TI01—风机出口温度；TI02—湿球温度；PDI01—孔板压差；VA01—风机出口球阀；VA02—风机进口闸阀；VA03—蝶阀。

**图 2-45　风洞干燥实验装置流程**

### 2. 流程说明

流程的流向：通过离心风机获得一定速率的空气，经圆管道的孔板流量计测其体积流量，再经电加热室受热，引入方形通道接入干燥室，尾气再经过出口圆管，流经管道上的手动蝶阀，调节阀门开度控制风机进口流量，如此循环。

同时，设置风机进出口两个阀门，风机出口排出部分废气，部分循环气与风机进口新鲜气混合，这样可保证实验过程的湿度不变，确保干燥条件的恒定性。

另外通过自动温控系统，使电热丝恒定加热，使得干燥条件处于恒定状态，保证进入干燥室的风温(可以根据情况设定调节)恒定。

项目设置 3 个温度测量值：其一，干燥室进口干球温度 TIC01(设定仪表读数)；其二，干燥室进口湿球温度 TI02；其三，流量计进口测算风量空气温度 TI01。管道系统均用不锈钢板组成，电加热和风道采用保温装置。

**3. 设备仪表参数**

中压风机：全风压 2 kPa，风量 16 $m^3$/min，功率 750 W，电压 380 V。

圆管内径：$\phi$60 mm。

风洞内方管尺寸：120 mm×150 mm（宽×高）。

孔板流量计：全不锈钢，环隙取压，孔径 46.48 mm，孔面积比 $m=0.6$，孔板流量系数 $C_0=0.74$。

电加热：二组 2×2 kW，自动控温。

差压传感器：0～10 kPa。

热电阻传感器：Pt 100，显示分度为 0.1 ℃。

称重传感器：0～1 000 g，测量精度 0.1 g。

## 2.8.4 操作步骤

① 称量干燥物料质量，记录绝干质量，将待干燥物料浸水，使试样含适量水分 70～100 g（不能滴水），以备干燥实验用。

② 启动风机进出口放空阀的开度，采用小针管注水到湿球温度计小杯。

③ 查看电源系统是否正常，接上总电源。连通风机开关，控制阀门 VA03 开度，观察仪表升至预设的风速值，在加热前调节风量至孔板前后压差约 800 Pa，以免影响风量。

④ 通过一体机电子屏，预设干球温度在 80～95 ℃间的某一个值。开启加热开关，逐渐达到设定的干球温度。

⑤ 放置湿物料前调节称重显示仪表，点击称重示数旁边“清零”按钮。

⑥ 当干、湿球温度处于相对恒定后，把硬薄板小心地放进干燥室的架子上，观察物料称量值，若物料质量未增加并下降时，对物料重量记数，手动输入记录的时间间隔（180 s），点击“开始记录实验数据”，直至试样质量维持较长时间恒定，不再采集数据。

⑦ 取出被干燥试样。按照安全原则，停加热开关，干球温度 TIC01 低至 50 ℃时，依次关闭风机、计算机系统、电源。

## 2.8.5 注意事项

① 接通总电源之前，需要检查相电的正常状态，严防缺相开启电源。

② 实验始终固定好湿球温度计的湿棉纱和水分。一旦湿球温度固定，任何人不要去变动。戴上隔热手套后将物料放进架子上，使观察物料与空气流向保持平行。

③ 学生在教师指导下调节好各类仪表设定值和按键。将干球温度设定为 80～95 ℃。

④ 先开风机再开加热电压，调节变频器到一定风量，实验结束后先关电加热装置再关风机，关闭风机前干球温度须降到 50 ℃以下。该装置的开关处于风机通电开关的下游，只有开启风机开关才能开电加热，若关闭风机，则电加热也会关闭。

A. 必须先开风机，后开加热器，否则加热管可能会被烧坏。

B. 特别注意，传感器的负荷量为 500 g，放取硬薄板时必须十分小心，绝对不能下压，以免损坏称重传感器。

C. 实验过程中，不要拍打、碰扣装置面板，以免引起支架晃动，影响实验结果。干球温度 TIC01 降到 50 ℃以下时，方可关闭风机开关。

## 2.8.6 数据记录与处理

干燥实验数据记录见表 2-23。

表 2-23 干燥实验数据记录

| 绝干重量/g | 湿物料长/mm | 湿物料宽/mm | 湿物料高/mm | 干球温度 TIC01/℃ |
|---|---|---|---|---|
| | | | | |
| 湿球温度 TI02/℃ | 孔板压差 PDI01/Pa | 风机出口温度 TI01/℃ | 孔板孔截面积/$m^2$ | 风洞截面积/$m^2$ |
| | | | | |
| 湿物料重量/g | 时间间隔 $\Delta t$/s | 干燥时间/s | 干基含水量 $X$/(kg/kg) | 水分汽化速率 $N_a$/[kg/($m^2$ · s)] |
| | | | | |

## 2.8.7 软件操作

图 2-46 软件启动界面

① 打开总电源、控制电源按钮，在电脑桌面点击“力控”图标，等待自检，如图 2-46 所示。

② 进入操作界面后依次点击“风机”“启动”，如图 2-47 所示。

图 2-47 实验启动界面

③ 依次点击“电加热”“启动”，如图 2-48 所示。

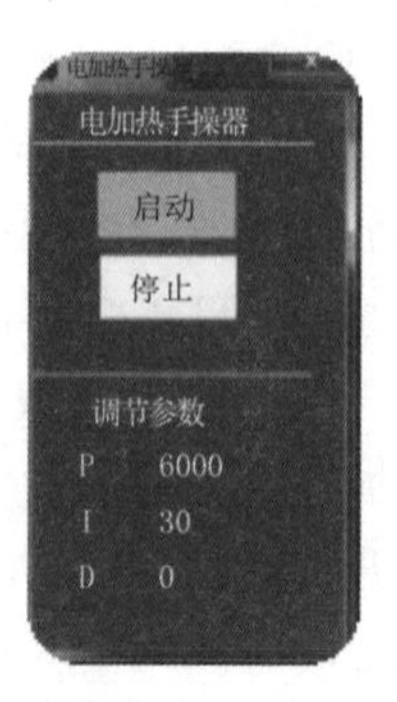

图 2-48 加热启动界面

④ 设定电加热温度，点击“SV”，输入电加热温度，如图 2-49 所示。

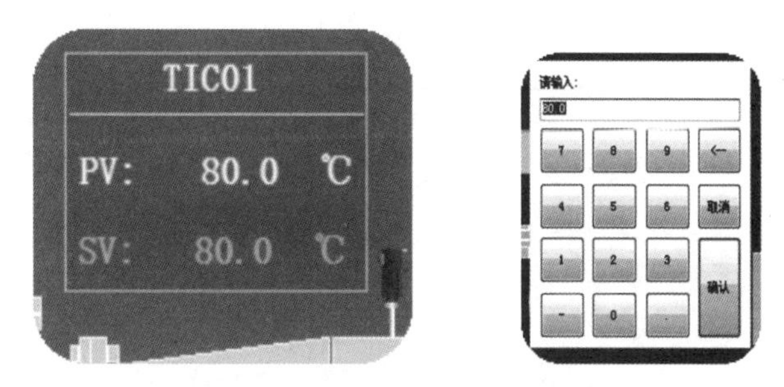


图 2-49　温度设定界面

⑤ 待系统稳定后对传感器读数进行清零，将湿物料放置在风洞内支架上，点击“开始实验”，如图 2-50 所示。

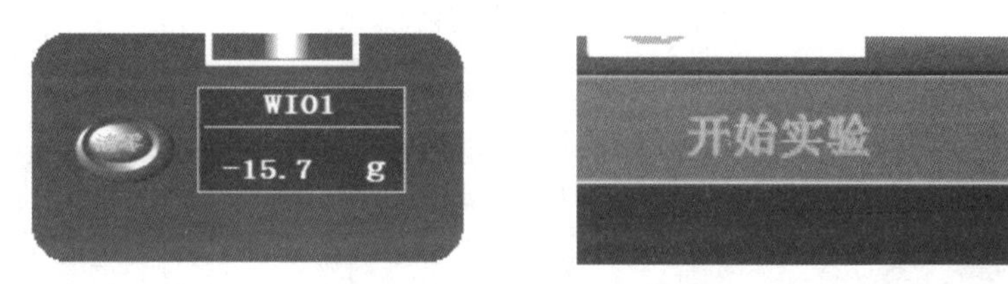


图 2-50　进入实验界面

⑥ 设定数据采样时间间隔为 180 s，点击“开始记录”，如图 2-51 所示。

图 2-51　实验开始界面

⑦ 待湿物料重量基本不变时，实验数据采集结束，依次点击右下角“停止记录”“数据处理”，查看数据曲线，如图 2-52 所示。

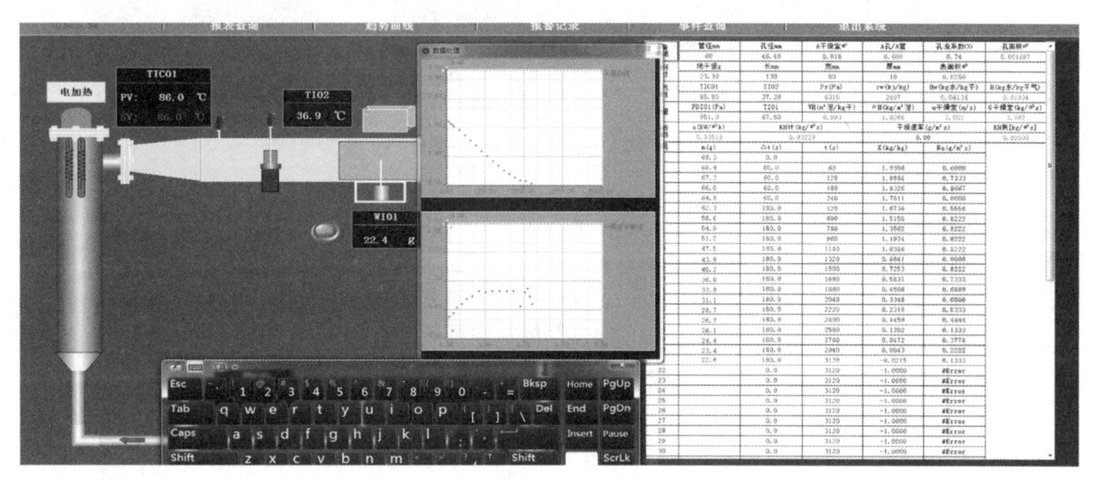


图 2-52　数据采集与处理界面

⑧ 点击“数据保存”，选择保存路径，选择“当前表页”，点击“开始转换”，实验结束后，在数据保存路径中查询实验数据，如图 2-53 所示。

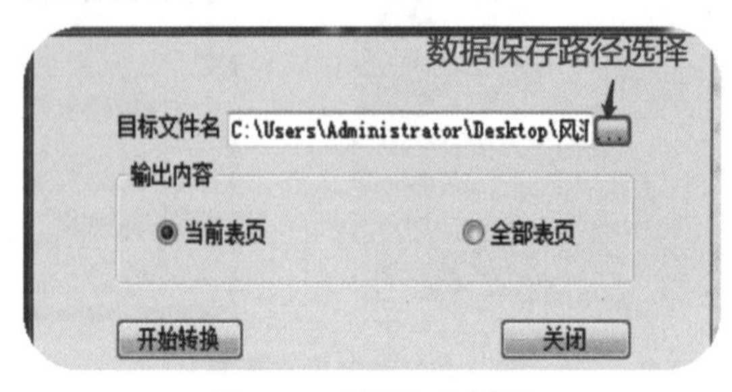


图 2-53　数据保存界面

⑨ 实验结束时，点击“结束实验”，点击“电加热”“停止”关闭电加热，如图 2-54 所示。

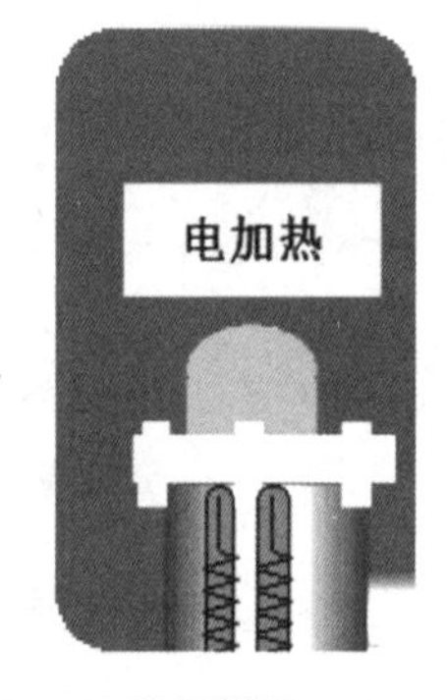

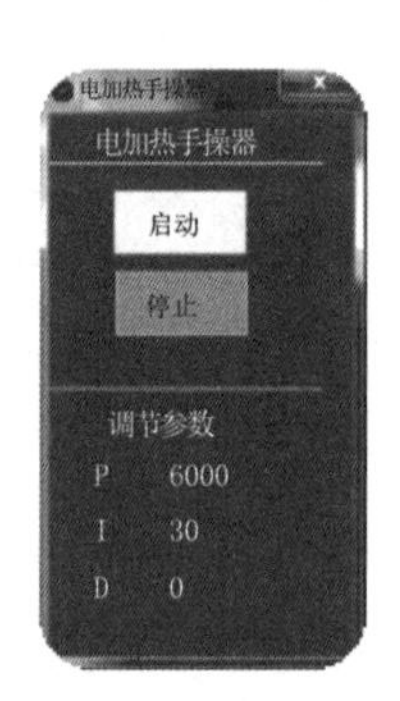


图 2-54　关机操作

⑩ 干球温度 TIC01 降至 50 ℃以下时再关闭风机，依次点击“风机”“停止”，然后依次点击“退出系统”，操控终端关机，关闭控制电源，关闭总电源，如图 2-55 所示。

图 2-55　实验结束操作流程

## 2.8.8　思考题

① 测定干燥曲线和干燥速率曲线的工程价值是什么，恒定干燥条件包括哪些指标，保持干燥过程处于恒定干燥条件的措施有哪些？

② 为什么要控制恒速干燥阶段的速率，其因素包含哪些方面，控制降速干燥阶段的干燥速率的因素有哪些，物料在高温高速的空气气流中进行相当长时间的干燥，会得到绝干物料吗？

③ 分析先启动风机，再启动加热器的根本原因，实验过程中干、湿球温度计会如何变

化，干燥时可视为结束的判据是什么？

④ 提高热空气流量，干燥速率曲线、恒速干燥速率和临界湿含量会如何变化？

# 2.9　液-液萃取实验

## 2.9.1　实验目的

① 深入了解转盘式萃取塔内部构件的作用。

② 熟悉液-液萃取的操作方法，掌握液-液萃取塔的传质原理、传质单元数、高度与体积总传质系数的测定方法。

③ 分析转速改变会如何影响分离萃取效率，学会传质单元高度的计算。

## 2.9.2　实验原理

**1. 基本原理**

萃取是重要的化工单元过程。其分离场景是“液-液”溶液或乳浊液的纯化，尤其适用于植物浸提液的分离。萃取原理完全不同于前述的蒸馏，其原理与吸收类似，主要依据溶质在不同相的溶解度差异实施分离操作，属于传质的相间传质体系，采用的吸收剂、萃取剂能回收再循环。萃取的特点是：吸收无需外在能量支持，吸收的两相密度存在极大差距；萃取通过搅拌、脉动、振动等外力提供动能，其两相密度和界面张力差异小；萃取分层分离的能力较低，需足够大的分层空间。

工业萃取的流程简单，分离成本不高，使用广泛，是诸多研究者青睐的强化萃取研究方向。通过对水煤油混合体系苯甲酸的萃取分析实验，取得实验方法，全面掌握强化路径，进而获得高萃取效率和技术方法。

**2. 萃取塔结构特征**

需要适度的外加能量以及足够大的分层空间。

**3. 分散相的选择**

① 容易分散的相视为分散相。（本实验中所用的油不易润湿）

② 大的体积流量视为分散相。（本实验所用的油体积流量大）

③ 根据理论，正系统的 $d\sigma/dx>0(0\rightarrow\infty)$ 视为分散相。

④ 黏度高、价格贵和含放射性的相视为分散相。

⑤ 考虑安全因素，易燃易爆的相视为分散相。

**4. 外加能量的大小**

有利：增加液-液传质表面积；增加液-液界面的湍动从而提高界面传质系数。

不利：返混增加，传质推动下降；液滴太小，内循环消失，传质系数下降；外加能量过大，容易产生液泛，通量下降。

**5. 液泛**

概念：分散相速度变低，连续相速度提高，分散相可上升（或下降）至停止，此时的连续相速度选为液泛速度。

因素：外加能量过大，液滴过多、过小，造成液滴浮不上去；连续相流量过大或分散相过小均会导致分散相停止；与分离体系的性质有关。

**6. 传质单元数的计算**

与气液传质设备相同，塔式萃取设备的设计工艺须明确塔径和塔高等参数。利用两液相流量，控制适宜操作速度，可算得塔径大小，推算设备具体产能；分离浓度工艺与分离难易程度决定了塔高大小。与吸收操作填料层高度算法相似，该项目装置为塔式微分设备，可采用传质单元法算得传质单元数和萃取段的有效接触高度：

$$h=\frac{B}{K_x a\Omega}\int_{X_R}^{X_F}\frac{dX}{X-X^*}\ ,h=H_{OR}N_{OR} \tag{2-81}$$

式中，$h$ 为萃取段的有效接触高度，本实验 $h=0.65$ m；$H_{OR}$ 为萃余相基准的传质单元高度，m；$N_{OR}$ 为萃余相基准的传质单元数；$B$ 为萃余相质量流量，g/s；$K_x a$ 为萃余相基准计算的体积传质系数，g/(m$^3$ · s)；$\Omega$ 为萃取塔截面积，m$^2$；$X_F$ 为进塔萃余液中溶质浓度；$X_R$ 为出塔萃余液中溶质浓度；$X$ 为萃取塔内某处萃余相中溶质浓度，以质量分率来表示（下同）；$X^*$ 为与相应萃余相浓度成平衡的萃取相中溶质浓度。

计算传质单元数的方程：

$$N_{OR}=\int_{X_R}^{X_F}\frac{dX}{X-X^*} \tag{2-82}$$

反映设备传质优劣的传质单元高度：

$$H_{OR}=\frac{B}{K_x a\Omega} \tag{2-83}$$

若平衡线和操作线视为直线，则采用平均推动力法，利用下列方程计算传质单元数 $N_{OR}$，计算流程分解如图 2-56 所示。

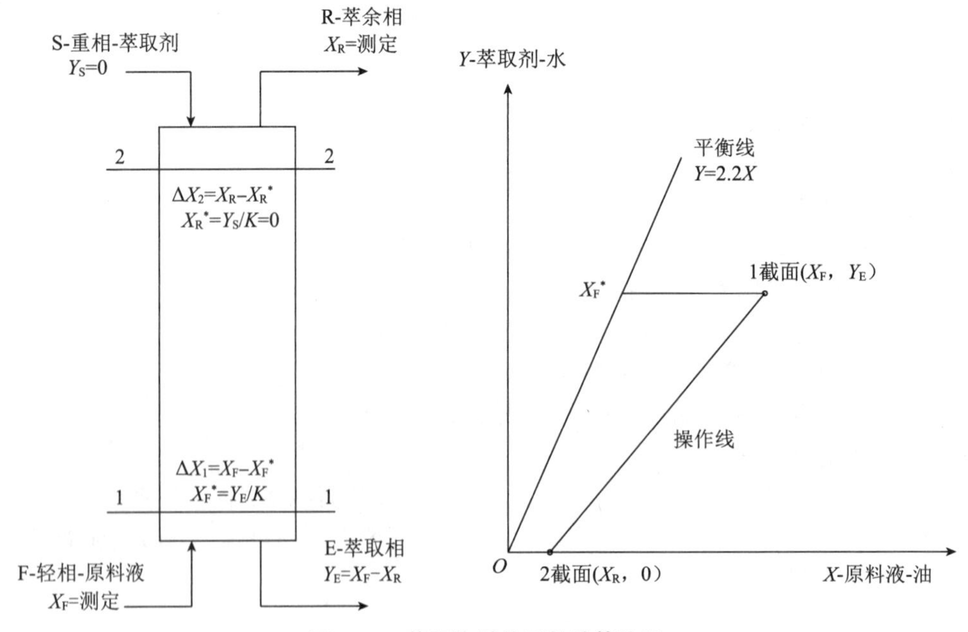


图 2-56 萃取传质单元数计算流程

其计算式为

$$N_{OR}=\frac{\Delta X}{\Delta X_m},\quad \Delta X_m=\frac{\Delta X_1-\Delta X_2}{\ln\frac{\Delta X_1}{\Delta X_2}},\quad \begin{array}{c}\Delta X_1=X_F-X_F^*\\ \Delta X_2=X_R-X_R^*\\ \Delta X=X_F-X_R\end{array} \tag{2-84}$$

实际测得上式 $X_F$、$X_R$，根据已知的分配曲线，计算平衡组成 $X^*$：

$$X_R^*=\frac{Y_S}{K}=0,X_F^*=\frac{Y_E}{K}$$

式中，$Y_S$ 为进塔萃取相中溶质浓度，本实验的 $Y_S=0$；$K$ 为分配系数；$Y_E$ 为出塔萃取相溶质浓度。

根据物料平衡，可测得 $Y_E$ 出塔萃取相质量比组成。分析上述原理，求得在该实验条件下的实际传质单元高度。通过改变实验条件，获得不同条件的传质单元高度计算数据，进行比较并优化操作条件。

为使计算过程更清晰，需要说明以下几个问题：

(1) 物料流计算

根据全塔物料衡算，可得

$$F+S=R+E$$
$$FX_F+SY_S=RX_R+EY_E \tag{2-85}$$

式中，$F$ 为 A、B 按照一定比例混合后的混合液，表示混合液的质量；$S$ 为纯水质量；$R$ 为萃余相质量；$E$ 为萃取相质量。

由于整个溶质含量非常低，因此可认为 $F=R$、$S=E$。

本实验中，为了让原料液 F 和萃取剂 S 在整个塔内维持在两相区(三角形相图 2-57 中的合点 $M$ 维持在两相区)，为了计算和操作更加直观、方便，取 $F=S$。由于整个溶质含量非常低，因此可得到，

$$F=S=R=E\ ,X_F+Y_S=X_R+Y_E$$

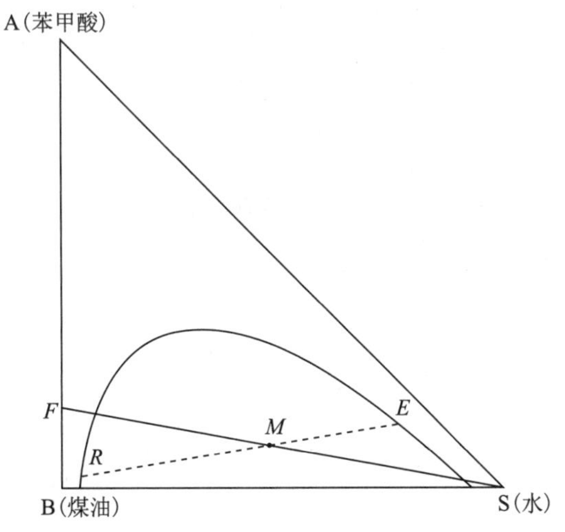


**图 2-57 三角形相图**

本实验中 $Y_S=0$，则

$$X_F=X_R+Y_E$$
$$Y_E=X_F-X_R$$

实验测定原料煤油 $X_F$ 和萃余相油 $X_R$ 的数据，通过物料衡算，推断萃取相水中的组成 $Y_E$。

(2) 转子流量计校正

本实验转子流量计的标定条件是 20 ℃、0.101 3 MPa 的水流量。该实验在接近常温和常压的环境中开展，故可忽略环境和条件微小变化带来的误差。由于测量体系中煤油与水在同等条件下的密度差异较大，通过转子流量计校正公式进行校正可减少实验结果的误差。

转子流量计校正公式：

$$\frac{q_1}{q_0}=\sqrt{\frac{\rho_0(\rho_f-\rho_1)}{\rho_1(\rho_f-\rho_0)}}=\sqrt{\frac{1\,000\times(7\,920-800)}{800\times(7\,920-1\,000)}}=1.134$$

式中，$q_1$ 为实际体积流量，L/h；$q_0$ 为刻度读数流量，L/h；$\rho_1$ 为实际油密度，$kg/m^3$，本实验取 800；$\rho_0$ 为标定水密度，$kg/m^3$，本实验取 1 000；$\rho_f$ 为不锈钢金属转子密度，$kg/m^3$，本实验取 7 920。

本实验测定，以水流量为基准，转子流量计读数取 $q_S=10$ L/h，则

$$S=q_S\rho_水=10/1\,000\times1\,000=10\ kg/h$$

由于 $F=S$，有 $F=10$ kg/h，则

$$q_F=F/\rho_油=10/800\times1\,000=12.5\ L/h$$

由此推导计算转子流量计校正公式，实际油流量 $q_1=q_F=12.5$ L/h，则刻度读数值为

$$q_0=q_1/1.134=12.5/1.134=11\ L/h$$

若要使萃取剂水流量 $q_S=10$ L/h，则必须保持原料油转子流量计读数 $q_0=11$ L/h，才能保证质量流量 $F$ 与 $S$ 的一致。

(3) 物质的量浓度 $c$ 的测定

取原料油(或萃余相油)25 mL，以酚酞为指示剂，用配制好的浓度 $c_{NaOH}\approx0.01$ mol/L NaOH 标准溶液进行滴定，测出 NaOH 标准溶液用量 $V_{NaOH}$(mL)，则有

$$c_F=\frac{c_{NaOH}V_{NaOH}/1\,000}{0.025}$$

同理可测出 $c_R$，而 $c_E=c_F-c_R$。

(4) 物质的量浓度 $c$ 与质量比浓度 $X(Y)$ 的换算

质量比浓度 $X(Y)$ 与质量浓度 $x(y)$ 的区别：

$$X=\frac{溶质质量}{溶剂质量},\quad x=\frac{溶质质量}{溶质质量+溶剂质量}$$

本实验因为溶质含量很低，且以溶剂不损耗为计算基准更科学，因此采用质量比浓度 $X$ 而不采用 $x$。

$$X_R=c_RM_A/\rho_R=c_R\times122/800$$

$$X_F=c_FM_A/\rho_F=c_F\times122/800$$

$$Y_E=c_EM_A/\rho_E=c_E\times122/1\,000$$

式中，$\rho_E$ 为水的密度。

## 2.9.3 实验流程与参数

**1. 萃取实验工艺流程(图 2-58)**

原料液：原料液罐—油泵—流量计—塔下部进—塔上部出—萃余相罐—原料液罐。

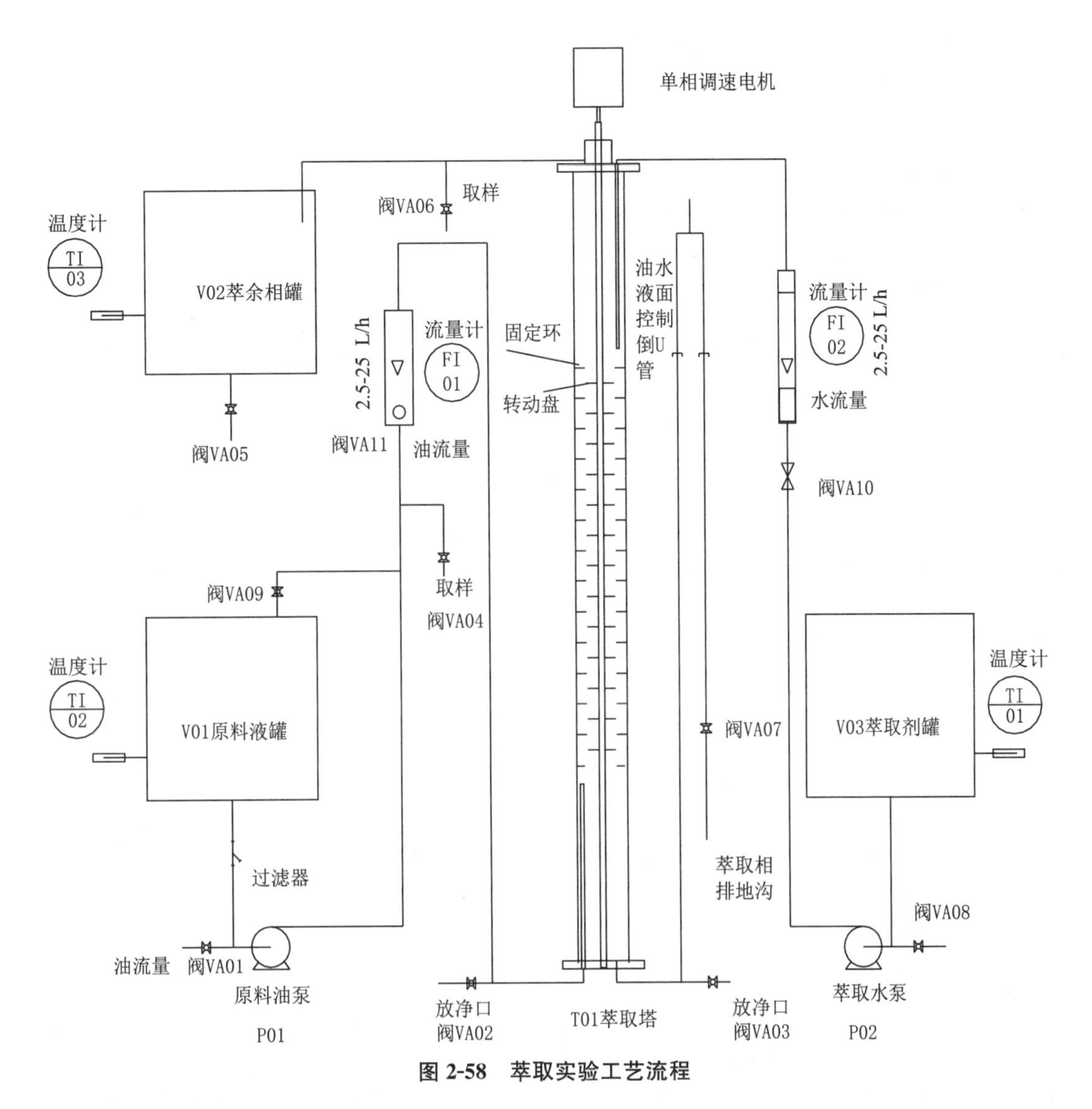


**图 2-58　萃取实验工艺流程**

萃取剂:萃取剂罐—水泵—流量计—塔上部进—塔下部出—油水液面控制倒 U 管—地沟。

**2. 实验体系**

重相为萃取剂——水;轻相为原料液——煤油(含有苯甲酸)。

**3. 进料状态**

常温。

**4. 塔设备结构参数**

塔内径 $D=\phi 84$ mm,塔总高 $H=1\ 300$ mm,有效高度 650 mm;塔内采用 14 个环形固定环和 12 个圆形转盘(顺序从上到下 1,2,…,12),盘间距 50 mm。塔顶塔底分离空间均为 250 mm。

**5. 配套设备参数**

循环泵:15 W 磁力循环泵。

贮液罐:$\phi$290 mm×400 mm,约 25 L,不锈钢罐 3 个。

调速电机:90 W,0～1 250 r/min 无级调速。

**6. 仪表参数**

流量计:量程 2.5～25 L/h。

**7. 操作参数**

萃取剂与原料液 5～15 L/h;转速 200～1 000 r/min。

## 2.9.4 操作步骤

**1. 准备阶段**

① 灌水萃取塔 T01:将蒸馏水加入萃取剂罐 V03 至 2/3 以上,开启水泵 P02,开进塔水流量计 FI02 使蒸馏水流入萃取塔,使塔内水位升至塔顶端第一个固定环与法兰的中间位置,随后关紧进水阀。

② 原料液配制:加煤油至原料液罐使罐体液位高度约 4/5,按照 0.03 mol/L 原料液浓度配置苯甲酸(煤油∶苯甲酸＝1 L∶3.66 g)并加入罐内。使用时要先测量实际原料浓度。

③ 打开原料油泵 P01、阀 VA09,进行管内气体排放,使原料顺利进塔,随后关闭 VA09。

④ 启动转盘电机,将转速调节到约 200 r/min(可根据实验要求和实际情况,自行确定实验转速,可在 200 r/min 上下逐步放大调速范围)。

**2. 实验阶段(保持流量一定,改变转速)**

① 根据实验需要,固定电机转速,调节阀门 VA10 使原料水流量 FI02 至一定值(如 10 L/h),再调节阀门 VA11 使原料油流量 FI01 至一定值(如 11 L/h)。

注意:为防止转子流量计在使用过程中流量指示不稳定,每调节一个流量需稳定 10 min 左右。

② 开启塔底出水阀 VA03,观察塔顶油水分界面,并维持分界面约在第一个固定环与法兰的中间位置。(油水分界面应在最上固定环上玻璃管段约中间位置,可微调溢流软管,维持界面位置,界面的偏移对实验结果没有影响)

③ 一定时间后(稳定时间约 10 min),用移液管分别取萃取余相及萃取相样品各 25 mL 于锥形瓶中,用已标定浓度的氢氧化钠溶液对待测液进行滴定,分析其浓度。本实验中替代时间的计算如下:设分界面在第一个固定环与法兰中间位置,则油的塔内存储体积约 $(0.084/2)^2\times3.14\times0.125=0.7$ L,流量按 11 L/h,替换时间为 $0.7/11\times60=3.8$ min。稳定时间＝3×替代时间,稳定时间约为 11.5 min。

④ 转速换成 400 r/min、600 r/min,操作同上。读取某一转速与出口组成组分数据。

**3. 观察液泛**

通过提高机械能,调节转速到 1 000 r/min,观察萃取塔发生的现象。可观察到的实验现象有油水激烈乳化、油滴逐渐变小,油相的浮力下降程度难以超过上升程度,从而产生分层,全塔呈现乳化态。此时萃取效果大降,难以正常操作,实验中应避免发生。

**4. 停车**

① 实验完成后关紧萃取塔进料流量计 FI01、停机原料油泵 P01 和调速电机。

② 清洗萃余相罐 V02、原料液罐 V01 中的料液,干燥待用。

## 2.9.5　注意事项

① 在启动加料泵前，必须保证原料罐内有原料液，长期使磁力泵空转会使磁力泵温度升高而损坏磁力泵。第一次运行磁力泵前，应排除磁力泵内空气。不进料时应及时关闭进料泵。

② 严禁学生进入操作面板后方区域，以免发生触电。

③ 进行塔釜出料操作时，应紧密观察塔顶分界面，防止分界面过高或过低。

④ 在冬季，室内温度达到冰点时，设备内严禁存水。萃取时要记得放气，避免冲液。

⑤ 长期不使用仪器时，一定要排净油泵内的煤油，因为泵内密封材料是橡胶类的，被有机溶剂(煤油)长期浸泡会发生慢性溶解和浸胀，会导致密封不严发生泄漏。

## 2.9.6　数据记录与处理

### 1. 萃取实验数据记录(表 2-24～表 2-27)

**表 2-24　塔有关原始数据**

| 塔内径/mm | 塔总高/mm | 有效高/mm | 转动盘/个 | 固定环/个 | 盘间距/mm |
|---|---|---|---|---|---|
| 84 | 1 300 | 650 | 12 | 14 | 50 |

**表 2-25　有关物性的数据**

| 温度/℃ | 水密度/(kg/m³) | 分配系数 $K$ | 苯甲酸分子量 $M$/(g/mol) | 油密度/(kg/m³) |
|---|---|---|---|---|
| 20.0 | 998.2 | 2.2 | 122 | 800 |

**表 2-26　萃取相关浓度测定计算**

| 序号 | 转速/(r/min) | 原料液 F | | | | 萃余相 R | | | | 萃取相 E | | | |
|---|---|---|---|---|---|---|---|---|---|---|---|---|---|
| | | 初 | 终 | 用量 | $c_F$ | 初 | 终 | 用量 | $c_R$ | 初 | 终 | 用量 | $c_E$ |
| | | | | | | | | | | | | | |
| | | | | | | | | | | | | | |
| | | | | | | | | | | | | | |

**表 2-27　数据计算结果汇总**

| 序号 | 转速/(r/min) | $X_F$ | $X_R$ | $Y_E$ | $\Delta X_m$ | $N_{OR}$ | $H_{OR}$ |
|---|---|---|---|---|---|---|---|
| | | | | | | | |
| | | | | | | | |
| | | | | | | | |

### 2. 氢氧化钠溶液的标定

① 0.01 mol/L 氢氧化钠溶液的配制：粗称 0.4 g NaOH 于干净的烧杯中，加新煮沸放冷的蒸馏水搅拌、溶解并稀释至 1 000 mL 容量瓶中。

② 0.01 mol/L 氢氧化钠溶液的标定：取在 105～110 ℃干燥至恒重的基准邻苯二甲酸氢钾试剂约 0.3 g，精密称量(精确至万分位)，置 250 mL 锥形瓶中。加入 50 mL 蒸馏水，振摇使之完全溶解，加入 10 g/L 酚酞指示剂 2 滴，用已配置好的浓度约 0.01 mol/L 氢氧化钠标准溶液滴定至溶液由无色变为红色(30 s 不褪色)，即为终点。同时做空白试验。

0.01 mol/L 氢氧化钠溶液的准确浓度为

$$c_{NaOH}=\frac{1\ 000m}{0.204\ 2(V_1-V_0)}$$

式中，$m$ 为邻苯二甲酸氢钾的质量；$V_1$ 为滴定邻苯二甲酸氢钾消耗的氢氧化钠的体积；$V_0$ 为空白实验消耗的氢氧化钠的体积；$c_{NaOH}$单位为 mol/L。

## 2.9.7　思考题

① 启动加料泵前为什么要使原料罐保持一定液位？

② 为什么在塔釜出料操作时，应紧密观察塔顶分界面，防止分界面过高或过低？

③ 萃取过程放气的目的是什么，实验结束时合理的关闭流程是哪些，为什么？

④ 仪器长久不用为什么要排净油泵内被分离出的有机物？

# 第三章 综合设计性实验

## 3.1 流体输送综合实验

### 3.1.1 实验目的

① 学会实验流程中的设备、管件与仪器仪表的使用方法。

② 熟悉流体流动的直管阻力系数 $\lambda$，局部阻力系数的测定方法及随管径、管件的变化规律，深入分析 $\lambda(\zeta)$ 与 $Re$ 的关系。

③ 掌握孔板流量计、文丘里流量计的流量系数 $C_0$、$C_v$ 及永久压力损失的实验方法。

④ 深入理解在一定转速下的单级离心泵操作特性及其与管路特性间的关系。

⑤ 了解差压传感器、涡轮流量计的原理及应用方法。

### 3.1.2 实验原理

**1. 管道 *Re* 的计算**

本实验采用涡轮流量计测量流体流量 $Q$：

$$u=4Q/(3\ 600\pi d^2) \tag{3-1}$$

$$Re=\frac{du\rho}{\mu} \tag{3-2}$$

式中，$d$ 为管内径，m；$\rho$、$\mu$ 分别为流体在测量温度下的密度（$kg/m^3$）和黏度（Pa・s）。

**2. 直管阻力损失 $\Delta p_f$ 及直管阻力系数 $\lambda$ 的测定**

管路内流动的流体因黏性剪切作用，会产生速率分布，引起机械能损耗。根据范宁（Fanning）公式，流体在圆形直管内作定常稳定流动时的阻力损失为

$$\Delta p_f=\lambda\frac{l}{d}\frac{\rho u^2}{2} \tag{3-3}$$

式中，$l$ 为沿直管两测压点间的距离，m；$\lambda$ 为直管摩擦系数，无因次。

由式(3-3)得到,直管摩擦系数 $\lambda$ 可通过 $\Delta p_f$ 推算求得。根据伯努利方程,在两测压点处管径相同的情况下,设定两测压点处速度分布正常,则两测量点的压差 $\Delta p$ 就是流体流经两测压点处的直管阻力损失 $\Delta p_f$。

$$\lambda=\frac{2\Delta pd}{\rho u^2 l} \tag{3-4}$$

式中,$\Delta p$ 为差压传感器读数,Pa。

以上对阻力损失 $\Delta p_f$、阻力系数 $\lambda$ 的测定方法适用于粗管、细管的直管段。

哈根-泊肃叶(Hagen-Poiseuille)公式中,流体在圆形直管内作层流流动时的阻力损失为

$$\Delta p_f=\frac{32\mu lu}{d^2} \tag{3-5}$$

式(3-5)相比范宁公式,得

$$\lambda=\frac{64\mu}{du\rho}=\frac{64}{Re} \tag{3-6}$$

**3. 局部阻力系数 $\zeta$ 的测定**

当流体流经阀门和异径管,速度大小、方向均会发生变化,流动受到干扰出现涡流所产生的局部阻力损失为

$$\Delta p_f'=\zeta\frac{\rho u^2}{2} \tag{3-7}$$

式中,$\zeta$ 为局部阻力系数,无因次。

测定局部管件阻力方法:在管件前后相对稳定的区间内设两个测压点。按流向顺序分别定为1、2、3、4点,在1、4点和2、3点分别接上差压传感器,测定压差为 $\Delta p_{14}$、$\Delta p_{23}$。2、3点总能耗可分为直管段阻力损失 $\Delta p_{f23}$ 和阀门局部阻力损失 $\Delta p_f'$。

$$\Delta p_{23}=\Delta p_{f23}+\Delta p_f' \tag{3-8}$$

1、4点总能耗可分为直管段阻力损失 $\Delta p_{f14}$ 和阀门局部阻力损失 $\Delta p_f'$,1、2点距离和2点至管件距离相等,3、4点距离和3点至管件距离相等,因此

$$\Delta p_{14}=\Delta p_{f14}+\Delta p_f'=2\Delta p_{f23}-\Delta p_f' \tag{3-9}$$

式(3-8)和式(3-9)联立解得

$$\Delta p_f'=2\Delta p_{23}-\Delta p_{14}$$

则局部阻力系数为

$$\zeta=\frac{2(2\Delta p_{23}-\Delta p_{14})}{\rho u^2} \tag{3-10}$$

**4. 孔板流量计的标定**

孔板流量计的设计原理是利用动能、静压能的相互转换,测量流体消耗的机械能。孔板的开孔越小、流经孔板口的平均流速 $u_0$ 越大,形成的压差 $\Delta p$ 越大,引起的阻力损失越大。其工作原理结构如图3-1所示。

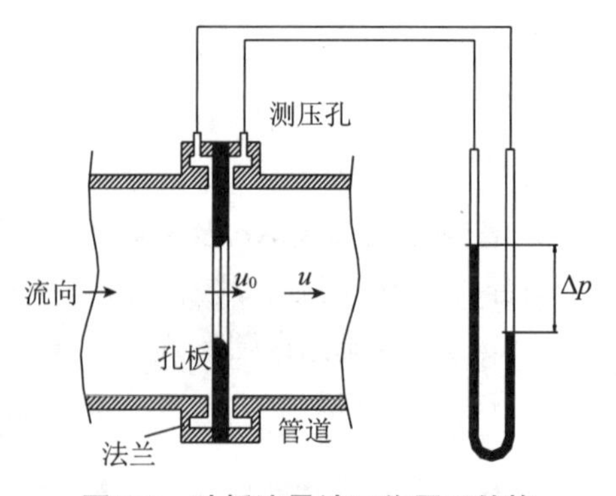

图3-1 孔板流量计工作原理结构

为减小流体通过孔口后由于突然扩大而引起的大量旋涡能耗,在孔板后开一渐扩形圆角,因此

孔板流量计的安装是有方向的。若是反方向安装，不光能耗增大，同时其流量系数也将改变。

孔板流量计计算过程如下（具体推导过程见教材）：

① 通过实验，测出对应流量 $Q$ 与压差 $\Delta p$，进而计算其对应的孔流系数 $C_0$。

$$Q=C_0A_0\sqrt{\frac{2\Delta p}{\rho}} \tag{3-11}$$

式中，$Q$ 为流量，$m^2/s$；$C_0$ 为孔流系数（无因次，本实验需要标定）；$A_0$ 为孔截面积，$m^2$；$\Delta p$ 为压差，Pa；$\rho$ 为管内流体密度，$kg/m^3$。

② 计算管内 $Re$。

**5. 文丘里流量计**

测定流量导致能耗过高不符合绿色要求。可将测量管段制成如图 3-2 所示的渐缩和渐扩管，避免突然缩小和突然扩大，该方法可大大降低能耗。使用该设计的流量计为文丘里流量计。

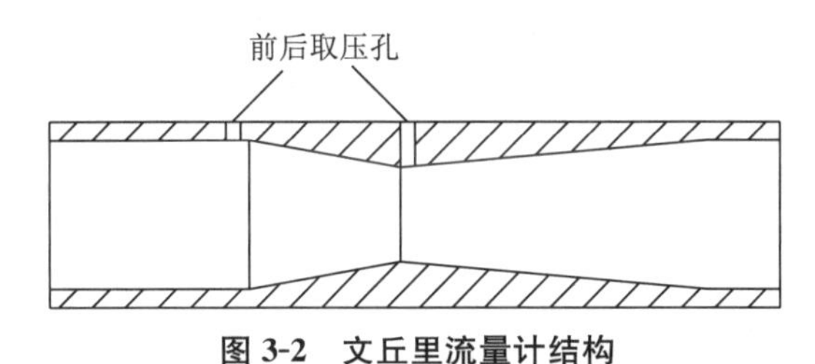


**图 3-2　文丘里流量计结构**

文丘里流量计的工作原理与公式推导过程完全与孔板流量计相同，但以 $C_v$ 代替 $C_0$。因为在同一流量下，文氏压差小于孔板压差，因此 $C_v$ 一定大于 $C_0$。

在实验中，只要测出对应的流量 $Q$ 和压差 $\Delta p$，即可计算出其对应的系数 $C_0$ 和 $C_v$。

**6. 离心泵性能曲线测定**

离心泵的特性曲线取决于泵的结构、尺寸和转速。在转速恒定下，特定离心泵扬程 $H$ 与流量 $Q$ 间存在严格的逻辑关系。离心泵的轴功率 $N$ 和效率 $\eta$ 亦随泵的流量 $Q$ 而改变。因此 $H$-$Q$、$P$-$Q$ 和 $\eta$-$Q$ 三条关系曲线能体现离心泵的操作特性，称为“离心泵的特性曲线”。

(1) 流量测定

本流程采用涡轮流量计直接读取泵流量 $Q'$，$Q=Q'/3\ 600$。

(2) 扬程计算

根据伯努利方程，

$$H=\frac{\Delta p}{\rho g}\times 10^6 \tag{3-12}$$

式中，$H$ 为扬程，m；$\Delta p$ 为压差，本实验装置采用压差计直接测量 $\Delta p$；$\rho$ 为水在操作温度下的密度；$g$ 为重力加速度。

(3) 泵的总效率

$$\eta=\frac{\text{泵有效功率}}{\text{泵的轴功率}}=\frac{QH\rho g}{N_{\text{轴}}}\times 100\% \tag{3-13}$$

(4) 泵的轴功率 $N_{轴}$

$N_{轴}$为电动机的功率乘以电机的效率，其中电机功率用三相功率表直接测定。

(5) 转速校核

应将以上所测参数校正为额定转速下的数据，绘制特性曲线图。

$$\frac{Q'}{Q}=\frac{n'}{n},\quad \frac{H'}{H}=\left(\frac{n'}{n}\right)^2,\quad \frac{N'}{N}=\left(\frac{n'}{n}\right)^3 \tag{3-14}$$

式中，$n'$为额定转速 2 850 r/min；$n$ 为实际转速。

**7. 管路性能曲线**

对一定的管路系统，当其中的管路长度、局部管件都确定，且管路上的阀门开度均不发生变化时，其管路有一定的特征性能。根据伯努利方程，最具有代表性和明显的特征是，不同的流量有一定的能耗，对应的就需要一定的外部能量提供。我们根据对应的流量与需提供的外部能量 $H$ 之间的关系，可以描述管路的性能。

管路系统有高阻管路和低阻管路系统。本实验将阀门全开时称为“低阻管路”，将阀门关闭到一定值称为“相对高阻管路”。测定管路性能与测定泵性能的区别是：测定管路性能时管路系统是不能变化的，管路内的流量调节不是靠管路调节阀，而是靠改变泵的转速来实现的。用变频器调节泵的转速来改变流量，测出对应流量下泵的扬程，即可计算管路性能。

## 3.1.3 实验流程与参数

**1. 流体综合实验装置(图 3-3)**

**2. 设备仪表参数**

离心泵：不锈钢材质，0.55 kW，6 $m^3$/h。

循环水箱：PP 材质，710 mm×490 mm×380 mm (长×宽×高)。

涡轮流量计：有机玻璃壳体，0.5～10 $m^3$/h。

传感器：差压传感器 1，测量范围 0～5 kPa；差压传感器 2，测量范围 0～40 kPa；差压传感器 3，测量范围 0～40 kPa；压力传感器 1：测量范围 0～300 kPa；压力传感器 2，测量范围 −100～100 kPa。

温度传感器：Pt100 航空接头。

细管测量段尺寸：内径 $\phi$15 mm，透明 PVC，测点长 1 000 mm。

粗管测量段尺寸：内径 $\phi$20 mm，透明 PVC，测点长 1 000 mm。

粗糙细管测量段尺寸：内径 $\phi$15 mm，透明 PVC，测点长 1 000 mm。

粗糙粗管测量段尺寸：内径 $\phi$20 mm，透明 PVC，测点长 1 000 mm。

阀门测量段尺寸：内径 $\phi$15 mm，PVC 球阀。

突缩测量段尺寸：内径 $\phi$25 mm 转 $\phi$15 mm，透明 PVC，四个测点。

层流管测量段尺寸：内径 $\phi$4 mm，测点长 1 300 mm。

文丘里流量计测量段尺寸：$d_0$=20 mm，$A_0/A_1$=0.714，透明 PVC。

孔板流量计测量段尺寸：$d_0$=20 mm，$A_0/A_1$=0.599，透明 PVC。

泵特性测量段尺寸：内径 $\phi$25 mm，透明 PVC。

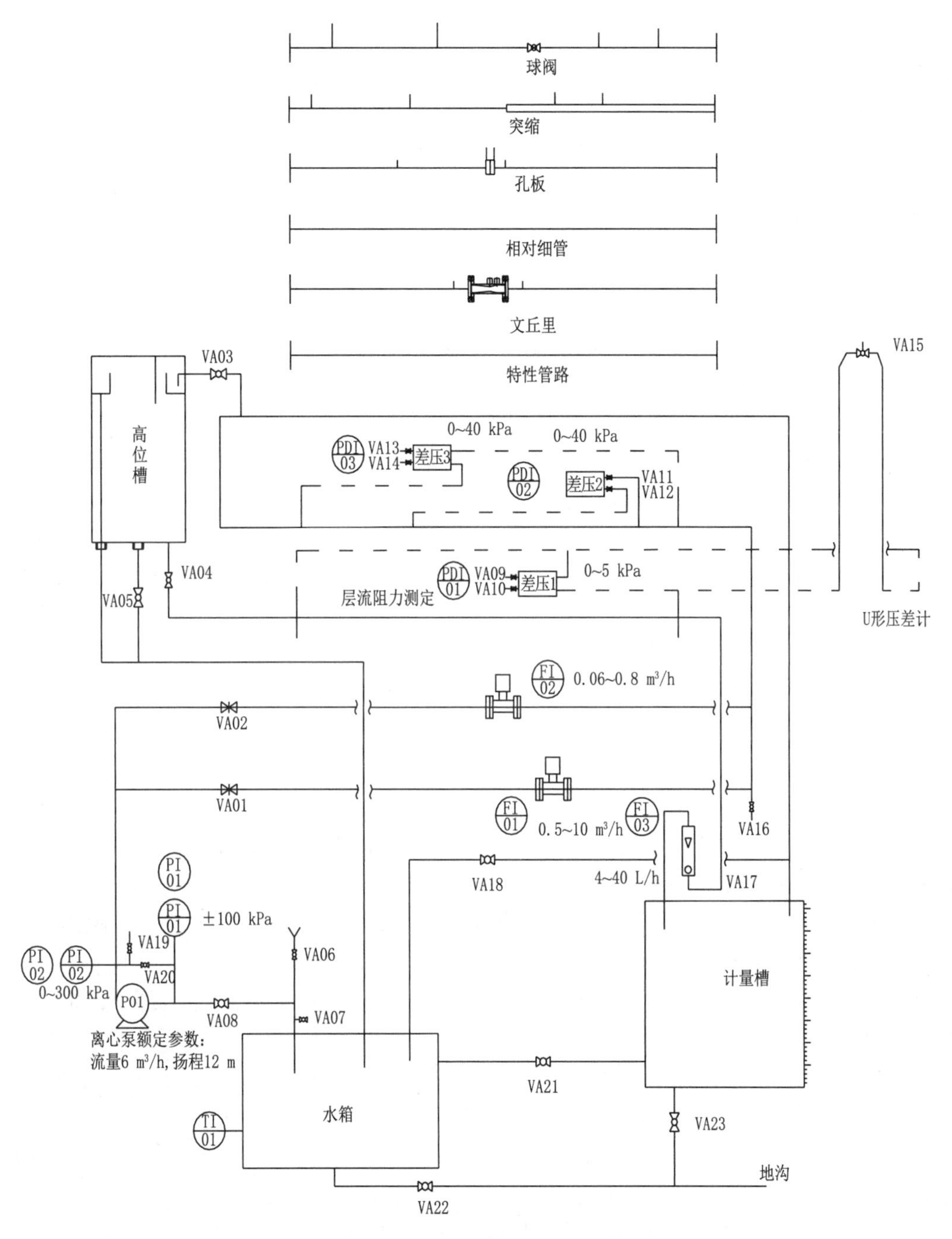


VA01—流量调节阀;VA02—流量调节阀;VA03—高位槽上水阀;VA04—层流管开关阀;VA05—高位槽放净阀;VA06—灌泵阀;VA07—泵入口排水阀;VA08—泵入口阀;VA09、VA10—压差1排气阀;VA11、VA12—压差2排气阀;VA13、VA14—压差3排气阀;VA15—U形压差计排气阀;VA16—管路放净阀;VA17—层流管流量调节阀;VA18—管路排水阀;VA19—离心泵进出口压力测量管排气阀;VA20—压力平衡阀;VA21—计量槽排水阀;VA22—水箱放净阀;VA23—计量槽放净阀;TI01—循环水温度计;FI01—湍流流量测量,管路流量 0.5~10 $m^3/h$;FI02—过渡流量测量,管路流量 0.06~0.8 $m^3/h$;FI03—层流流量测量,转子流量计流量 4~40 L/h;PDI01—压差测量1;PDI02—压差测量2;PDI03—压差测量3;PI01—泵入口压力;PI02—泵出口压力。

**图 3-3 流体综合实验装置**

### 3.1.4 操作步骤

① 熟悉:按事先(实验预习时)分工,熟悉流程及各测量仪表的作用。

② 检查:检查各阀是否关闭。

③ 模块安装:根据实验内容选择对应的管路模块,通过活连接接入管路系统,使用软管正确接入对应的差压传感器。

注意:无论完成什么实验,两个支路上必须保证有模块连接。

层流管路使用差压传感器 1,球阀局部阻力及突缩局部阻力使用差压传感器 2 和 3,其余管路的测量均使用差压传感器 2。

④ 灌泵:泵的位置高于水面,为防止泵启动发生气缚,应先把泵灌满水;依次打开离心泵入口阀 VA08、排气阀 VA19、灌泵阀 VA06,向泵内加水,当出口管有液面出现时,关闭排气阀 VA19、灌泵阀 VA06,等待启动离心泵。

⑤ 开车:依次打开主机电源、控制电源、电脑,启动软件,点击"开始实验",启动离心泵,当泵压差读数明显增加(一般大于 0.15 MPa),说明泵已经正常启动,未发生气缚现象,否则需重新灌泵操作。

注意:泵的正反转。

⑥ 测量。

注意:系统内空气是否排尽是保障本实验正确进行的关键操作。

**1. 直管阻力测定(软件上单击与接入管路对应的实验)**

① 将相对细管装入管路,连接差压传感器 2。

② 排气:先打开 VA18,再全开 VA01,然后打开差压传感器上的排气阀 VA11、VA12,约 1 min,观察引压管内无气泡后,先关闭差压传感器上的排气阀 VA11、VA12,再关闭 VA01。

③ 逐渐开启流量调节阀 VA01,根据涡轮流量计示数进行调节,注意压差不能超 40 kPa。

采集数据时,推荐流量依次控制在 $Q$=0.8 $m^3/h$、1.2 $m^3/h$、1.8 $m^3/h$、2.7 $m^3/h$、4、5.5 $m^3/h$(若无法达到 5.5 $m^3/h$,在 VA01 全开时记录数据即可,直管阻力的测量可以做到最大流量,实验点分布可自由选择)。

注意:之后每次测量,都要查看差压传感器示数在流量为零时压差显示是否为零,若不为零,点清零键清零后再开始数据记录。

④ 此项实验完成后,关闭 VA01 和离心泵,更换待测管路,按上述步骤依次进行其他直管阻力的测量。

注意:更换支路前请开启排液阀 VA16,放净管路内液体。

**2. 局部阻力测定(软件单击与接入管路对应的实验)**

① 将球阀支路装入管路,中间测压点接差压传感器 2,两边测压点接差压传感器 3。

② 排气:先全开 VA01,然后打开差压传感器上的排气阀 VA11、VA12、VA13、VA14,约 1 min,观察至引压管内无气泡后,先关闭差压传感器上的排气阀 VA11、VA12、VA13、VA14,再关闭 VA01。

③ 启动离心泵,逐渐开启流量调节阀 VA01,根据以下流量计示数进行调节。

采集数据时,推荐流量依次控制在 $Q$=0.8 $m^3/h$、1.2 $m^3/h$、1.5 $m^3/h$、2.0 $m^3/h$、

2.5 $m^3/h$ 及最大。

④ 此项实验完成后，关闭 VA01 和离心泵，更换球阀管为突缩管，按上述步骤依次进行局部阻力的测量。

球阀实验采集数据时，推荐流量依次控制在 $Q$=0.8 $m^3/h$、1.2 $m^3/h$、1.5 $m^3/h$、2.0 $m^3/h$、2.5 $m^3/h$ 及最大。

注意：更换支路前请开启放净阀 VA16，放净管路内液体。

**3. 流量计标定（软件上单击与接入管路对应的实验）**

① 选择文丘里流量计管装入管路，连接差压传感器 2。

② 排气：全开 VA01，然后打开差压传感器上的排气阀 VA11、VA12，约 1 min，观察至引压管内无气泡后，先关闭差压传感器上的排气阀 VA11、VA12，再关闭 VA01。

③ 启动离心泵，逐渐开启流量调节阀 VA01，根据以下流量计示数进行调节。

采集数据时，推荐流量依次控制在 $Q$=0.8 $m^3/h$、1.2 $m^3/h$、1.8 $m^3/h$、2.7 $m^3/h$、4 $m^3/h$、5.5 $m^3/h$（若无法达到 5.5，在 VA01 全开时记录数据即可）。

④ 此管做完后，关闭 VA01 和离心泵，更换文丘里管为孔板管，按上述步骤依次进行孔板流量计的测量。

孔板流量计实验采集数据时，推荐流量依次控制在 $Q$=0.8 $m^3/h$、1.2 $m^3/h$、1.8 $m^3/h$、2.5 $m^3/h$、3 $m^3/h$ 及最大（最大流量以差压传感器示数不超过 40 kPa 即可）。

⑤ 以上步骤做完后，关闭阀门 VA18，管路出口液体排入计量槽，调节阀门 VA01，用秒表计时，记录计量槽一定高度液位变化所用时间及对应压差，由计量槽截面积即可计算管路流量。调节阀门 VA01，依次记录不同流量下的压差，代入流量计计算公式，即可由体积法对不同流量计进行标定。

⑥ 流量计标定，将永久压力测量孔连接差压传感器 3，测量流量计永久压力损失。

注意：更换支路前请开启排液阀 VA16，放净管路内液体。

**4. 层流管路的测量（软件上单击与接入管路对应的实验）**

① 首先启动离心泵，打开阀门 VA03，确认高位槽注满水后，微开阀门 VA03 维持高位槽稳定溢流。

② 开启层流管开关阀 VA04，U 形压差计排气阀 VA15，待 U 形压差计装满水后，开启层流流量调节阀 VA17，排气阀 VA09、VA10，U 形压差计排气阀 VA15，观察各排气管，待气泡排净后，依次关闭以上各阀门（此时 U 形压差计应装满水）。

③ 开启流量调节阀 VA17，待 U 形压差计水位下降一定高度后，关闭阀门 VA17，开启阀门 VA04，逐渐调节阀门 VA17 开始层流管路测量。层流管路的测量采用差压传感器 1，流量由转子流量计直接读数，然后手动输入力控表格，即可自动参与计算。注意在输入数据时进行单位换算，力控数据计算以 $m^3/h$ 为单位。

**5. 离心泵特性曲线测定（软件单击离心泵特性实验）**

① 将特性管支路装入管路。

注意：更换支路前请开启排液阀 VA16，放净管路内液体。

② 排气：先全开 VA01，然后打开压力传感器上的排气阀 VA19 及压力平衡阀 VA20 约 1 min，观察至引压管内无气泡，关闭排气阀 VA19 及压力平衡阀 VA20。

③ 调节阀门 VA01，每次改变流量，应以涡轮流量计读数 FI01 变化为准。

④ 完成后，关闭 VA01、离心泵。

⑤ 离心泵性能测定结束后可手动关闭离心泵进口管路阀门 VA08，启动离心泵，观察离心泵气蚀现象。

**6. 管路性能曲线测定**

(1) 低阻管路性能曲线测定(软件单击低阻管路性能实验)

① 管路性能测定不用更换管路，采用离心泵性能测量管路即可。

② 开启流量调节阀 VA01 至最大，从大到小依次调节离心泵转速来改变流量，转速的确定应以涡轮流量计读数变化为准。

③ 记录数据，然后再调节转速。

④ 做完实验后，将转速设定到 2 850 r/min。

(2) 高阻管路性能曲线测定(软件单击高阻管路性能实验)

① 在离心泵转速 2 850 r/min 下，关小 VA01，将流量调节到 FI01 值约 4 $m^3/h$(此后，阀门不再调节)；逐渐调节转速，每次改变流量，应以涡轮流量计读数变化为准。

② 记录数据，然后再调节转速。

③ 做完实验后，将转速调节到 2 850 r/min。

**7. 停车**

实验完毕，关闭所有阀门，停泵，开启放净阀 VA16、泵入口排水阀 VA07，最后关闭电源。

### 3.1.5 注意事项

① 每次启动离心泵前先检测水箱是否有水，严禁泵内无水空转！

② 在启动泵前，应检查三相动力电是否正常，若缺相，极易烧坏电机；为保证安全，检查接地是否正常；在泵内有水的情况下检查泵的转动方向，若反转流量达不到要求，对泵不利。

③ 长期不用时，应将水箱及管道内水排净，并用湿软布擦拭水箱，防止水垢等杂物粘在水箱上面。

④ 严禁学生打开控制柜，以免发生触电。

⑤ 在冬季，室内温度达到冰点时，设备内严禁存水。

⑥ 操作前，必须将水箱内异物清理干净，需先用抹布擦干净，再往循环水槽内加水，启动泵让水循环流动冲刷管道一段时间，再将循环水槽内水排净，再注入水以准备实验。

## 3.2 离心泵自动控制实验

### 3.2.1 实验目的

① 学会测定离心泵特性曲线的实验原理和方法。

② 初步理解计算机数据采集和控制系统原理及实现路径。

③ 深入分析自动控制和调节离心泵流量的原理方法。

## 3.2.2　实验原理

**1. 计算机数据采集与分析系统**

体系化计算机信息采集分析系统分硬件、软件两个部分。硬件由主机、显示器、打印机等外设装置，各类信息接口，操作平台和被控仪器设备等装置组成，关键部件含 CPU、GPU 等。软件包含操作系统、信息处理系统专业应用软件和相关插件等。图 3-4 所示为较完整的流体流动与性能测试计算机智能控制系统。在计算机专业软件上先预设被控仪器设备等的状态设定值和数学模型。通过计算机运行专业软件（比如执行实现控制规律的算法、应用系统等），瞬时观察掌握流体流动状态，定时、定点采集被控流量计、压力、温度等流体基础数据，对比预设设定值，进行判断，发现偏差，根据数学模型和调节规律调整偏差，通过执行机构，将信息传递到被控对象，实现纠正偏差回归原位。该系统称为“动态闭路循环分析控制系统”。

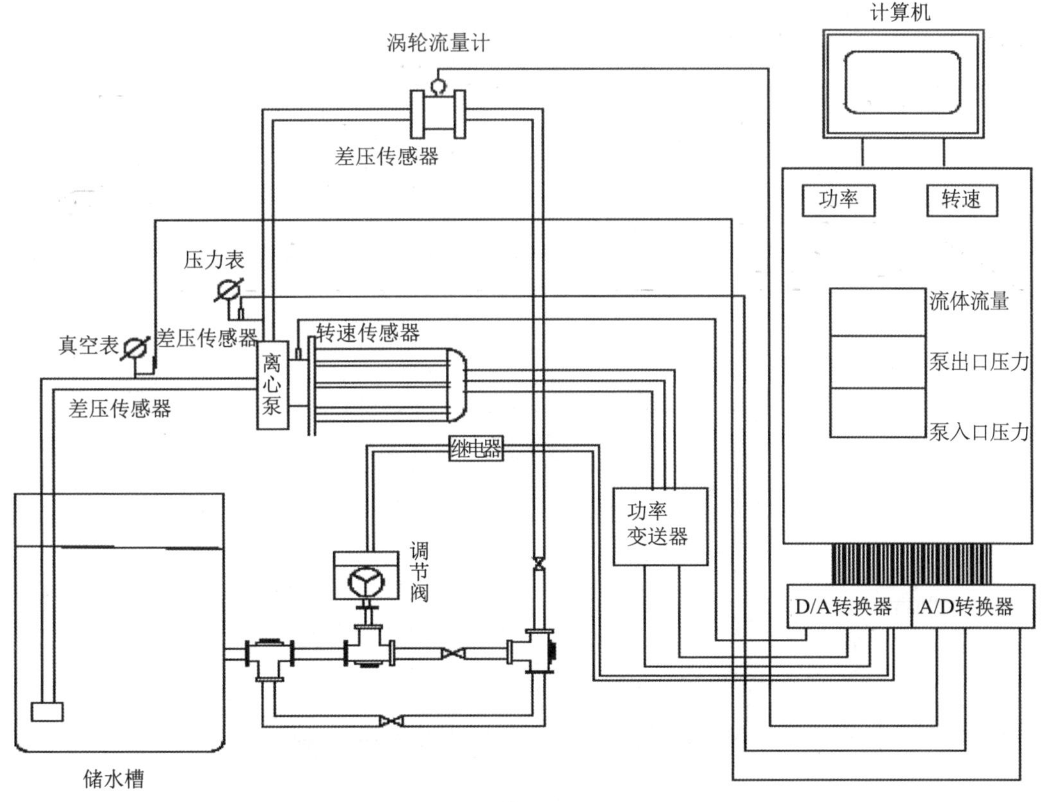


**图 3-4　计算机采集控制框**

(1) 计算机数据采集模块

以被控对象现场参数（流量、压力、温度等）测量为目标，对被测流体流动过程所需物理量(如流量等)即时测量,反馈至计算机数据库汇总分析处理。化工过程的温度、压力、流量、液位等被测信号数据呈现非电性质。测量过程要先将非电信号转变为相应的电信号。工程上就是通过传感器这一电子器件完成该转换任务。温度、压力等信号通过传感器转换成输出电信号。其中信号分模拟的直流电压或直流电流,再经过模拟-数字转换器(A/D 转换器),转换成计算机可以识别的数字电信号。

(2) 计算机信息控制板块

计算机可通过实验流程上的电动调节阀门、报警装置中的声光器等各类参数执行机构,实现化工生产过程各工艺参数分析调节控制和报警等功能。因此,将所有计算机命令执行动作的部件统称为“执行机构”。这是现代信息分析控制系统核心部件。

计算机通过自行预设的代码,将接收到的数字信号,通过复杂分析、处理转成计算机可识别的数字信号,经 D/A 转换器转模拟信号,驱动执行机构执行相应动作。

**2. 流体流动实验的计算机数据采集和控制系统**

(1) 压力、压力差数据采集

离心泵进口真空度、出口压力、流量计的压差和流体温度等非电信号变换和调节系统如图 3-5 所示。这些信号流经压力(差压)传感器和变速器,由安全直流电压驱动,转化为微电流信号,通过光纤或无线传递计算机控制系统 A/D 卡,再次转化为 5 V 以内的电压信号采集分析。

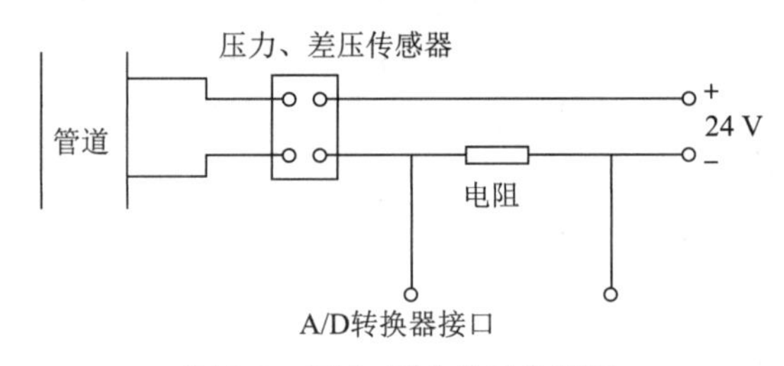


**图 3-5 压力、压力差采集原理**

(2) 流量的自动调节和控制

如图 3-6 所示,当管道流体流量恒等于设定值时,执行机构的电动调节阀暂停不动;出现管道实际流量偏离给定值时,计算机控制系统会快速发现偏差,驱动执行机构开启电动调节阀,调节阀门大小,实现流量调节。

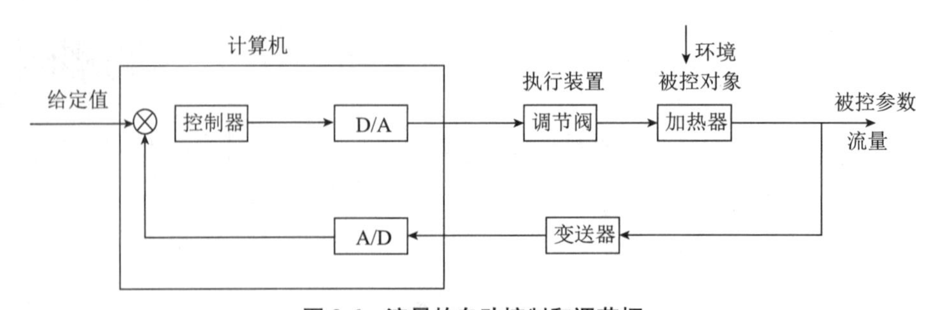


**图 3-6 流量的自动控制和调节框**

**3. 软件系统的建立**

对应的专业应用软件是建立在 Windows 环境下的高级语言程序集群。可完成在线实时数据采集和自动检测、调整和控制被控变量瞬时值。

**4. 离心泵特性的测定**

离心泵性能工艺参数的测定原理参见 2.2。

### 3.2.3 实验流程

图 3-4 为该计算机自动采集控制实验体系流程。

### 3.2.4 操作步骤

① 实验准备:清洗水箱,引水入槽。开机和实验准备同上,同时关闭出口阀,保护电机等带电设备,防止漏电或触电。

② 计算机数据采集(手动-人工调节流量):

关紧电动调节阀入口阀,手动开启泵出口旁路阀,缓慢调节开度,采集泵进出口压力、轴功率、泵转速和流体流量,通过实验原理分析处理数据,软件绘制泵特性曲线。继续调节泵转速,改变流速,测定不同转速的泵特性曲线。

③ 计算机过程控制(自动调节流量):

在前述实验基础上,不停机,继续全开泵出口阀,再关旁路阀。操作计算机控制面板的流量控制按钮,设定流量预设值,电动调节阀实现自动调节流量,自动实时采集泵的转速、轴功率、泵进出口压力,软件绘制泵特性曲线。继续调节泵转速,改变流速,测定不同转速的泵特性曲线。实验过程中须待所有参数稳定才能采集数据。实验完成后,将泵出口阀关闭后,才能关泵。

### 3.2.5 思考题

① 离心泵标牌上所注的扬程、流量、轴功率、效率是在什么条件下确定的?

② 离心泵流量调节方法有哪些? 各有什么特点? 本实验采用何种方法?

③ 离心泵启动前,水箱保持多少液位合理?

④ 在单相状态下,可以启动三相动力离心泵吗?

⑤ 离心泵正常的启动顺序是什么? 操作过程为什么要时刻注意出口流量、压力表、电机电流的数据变化和运转声音等情况?

## 3.3 中空纤维超滤膜分离实验

### 3.3.1 实验目的

① 了解结构和影响膜分离效果的因素。

② 了解超滤膜的原理、膜分离主要工艺参数。

③ 熟悉膜分离工艺技术原理与使用方法。

④ 熟悉电导率仪、分光光度计使用方法。

## 3.3.2 实验原理

分离膜能以特定形式限制和传递流体物质的分隔两相或两部分形成的界面。膜至少具有两个界面，膜通过这两个界面与被分割的两侧流体接触并进行传递。分离膜对流体可以是完全透过性，也可以是半透过性，但不能是完全不透过性的。使用膜用于生产和研究分离技术被称为“膜分离技术”。该技术主要特点是以具有选择透过性的膜作为分离手段，利用组分分子的大小和性质差别所表现出透过膜时候的速率差别，实现混合物间分子尺寸或混合物组分的分离。膜分离过程的推动力有浓度差、压力差和电位差。主要有三种形式：① 过滤式膜分离。通过组分分子大小和性质差别所表现出透过膜速率差别，达到组分分离。形式有超滤、微滤、反渗透和气体渗透等。② 渗析式膜分离。料液中的某些溶质或离子在浓度差、电位差的推动下，透过膜进入接受液中，从而被分离出去。属于渗析式膜分离的有渗析和电渗析等。③ 液膜分离。液膜与料液和接受液互不混溶，液-液两相通过液膜实现渗透，类似于萃取和反萃取的组合。溶质从料液进入液膜相当于萃取，溶质再从液膜进入接受液相当于反萃取。本项目采用超滤膜分离，其过程推动力以压力差为主。超过滤膜能让小分子通过，而不让一定分子量的大分子通过（被截留），达到大、小分子间的一定程度的分离。膜孔结构及膜表面的化学性质是重要因素。

膜分离的优点是操作条件常温低压、效率高、能耗少、成本低、无污染、可回收有用物质，适合于性质相似组分、同分异构体组分、热敏性组分、生物物质组分等混合物分离，因而在某些应用中能代替蒸馏、萃取、蒸发、吸附等化工分离单元操作。膜技术可和常规的分离方法结合起来使用，使技术投资更为经济。

**膜性能的表征**

一般地，膜组件性能可用截留率（$R_u$）、透过液通量（$J$）和溶质浓缩倍数（$N$）表示。

$$R_u=\frac{c_0-c_p}{c_0}\times 100\% \tag{3-15}$$

式中，$R_u$ 为截流率；$c_0$ 为原料液的浓度，$kmol/m^3$；$c_p$ 为透过液的浓度，$kmol/m^3$。

对于不同溶质成分，在膜正常工作压力、温度下，截留率不尽相同。这也是工业上选择膜组件的基本参数之一。

$$J=\frac{V_p}{St} \tag{3-16}$$

式中，$J$ 为透过液通量，$L/(m^2 \cdot h)$；$V_p$ 为透过液的体积，L；$S$ 为膜面积，$m^2$；$t$ 为分离时间，h。

其中，$Q=\frac{V_p}{t}$，即透过液的体积流量，在把透过液作为产品侧的某些膜分离过程中（如污水净化、海水淡化等)，该值用来表征膜组件的工作能力。截留率($R_u$)、透过液通量($J$)和溶质浓缩倍数($N$)与总流量($Q$)有关，实验者需在不同的流量下，测定原料中初始溶质浓度、透过液中溶质浓度、浓缩液中溶质浓度、透过液体积和实验时间(即透过液体积流量 $Q$)，膜面积由实际设备确定。最后在坐标图上绘制截留率-流量($R_u$-$Q$)、透过液通量-流量($J$-$Q$)和溶质浓缩倍数-流量($N$-$Q$)的关系曲线。

## 3.3.3 实验流程与参数

**1. 中空纤维超滤膜分离实验流程(图 3-7)**

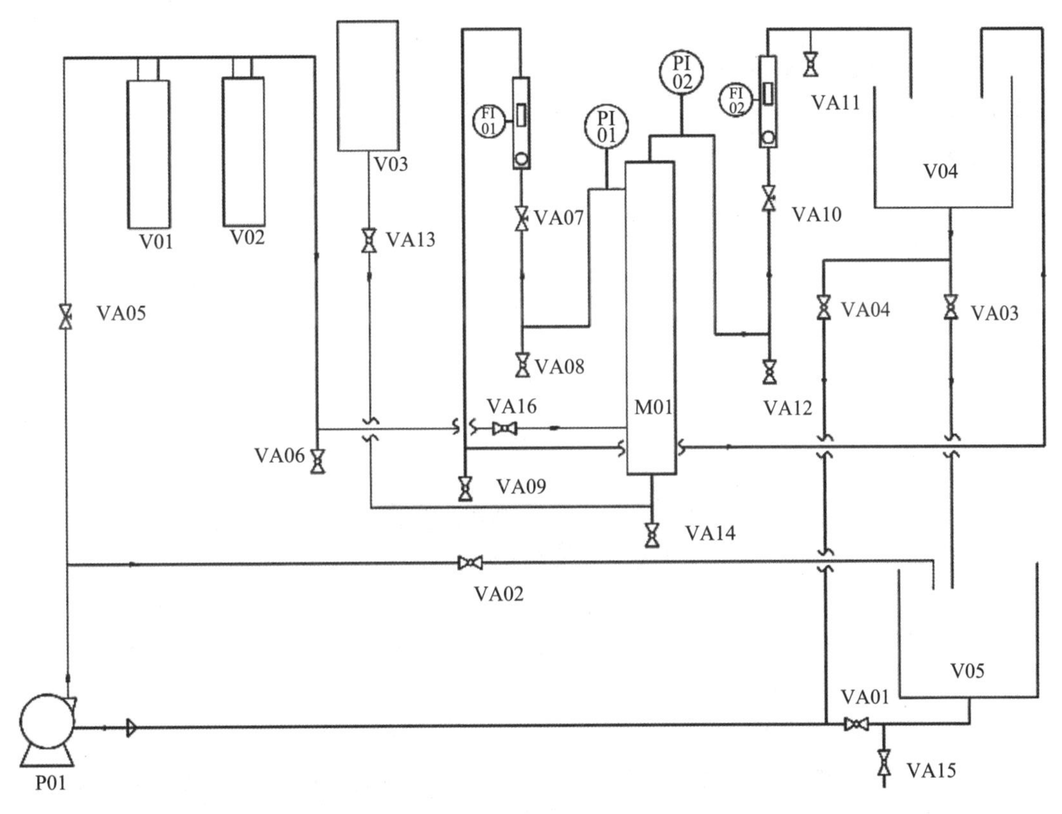


VA01—泵前球阀；VA02—旁路开关阀；VA03—产水箱放液阀；VA04—产水箱放净阀；VA05—进液流量调节阀；VA06—放净阀；VA07—浓液出液流量调节阀；VA08—放净阀；VA09—放净阀；VA10—纯水出水流量调节阀；VA11—放净阀；VA12—放净阀；VA13—保护液放液阀；VA14—放净阀；VA15—放净阀；VA16—原水进水阀；FI01—浓液出液流量，0.5～4 L/min；FI02—清液出液流量，10～100 L/h；PI01—浓液侧压力，0～0.2 MPa；PI02—清液侧压力，0～0.2 MPa；P01—磁力泵；V01—活性炭罐；V02—预过滤器；V03—保护液罐；M01—膜组件；V04—产水箱；V05—原水箱。

**图 3-7 中空纤维超滤膜分离实验流程**

**2. 流程说明**

本实验将料液-聚乙烯醇(PVA)水溶液经泵输送至过滤器，然后从膜下部进入膜组件。将料液分为：① 透过液：透过膜的稀溶液，该液除取样以外全回料液贮槽。② 浓缩液：未透过膜的 PVA 溶液。浓缩液回料液贮槽。中空纤维膜组件容易被微生物侵蚀而损伤，故在未使用时应加入保护液。流程中，保护液罐为膜组件加保护液（用超滤水配制的1%亚硫酸氢钠溶液注满，并避光保存，3个月需更换保护液）；预过滤器是PP棉及活性炭过滤器，作用是拦截料液中的不溶性杂质，以保护膜不受阻塞。

**3. 设备参数**

中空纤维超滤组件如图3-8所示。

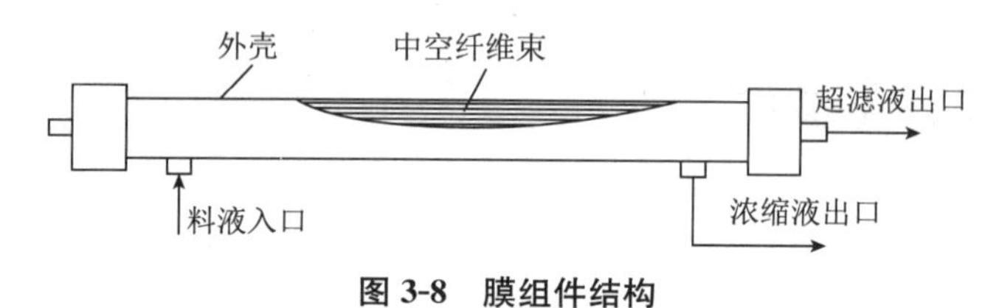


**图3-8 膜组件结构**

主要参数：膜材料，聚砜；截留分子量，6 000；操作压力≤0.12 MPa；正洗压力≤0.12 MPa；膜面积约为2 m$^2$；使用温度，5～45 ℃；pH范围，2～13；颗粒粒径<5 μm。

流量计：0.5～4 L/min；10～100 L/h。

磁力泵：扬程12 m，流量50 L/min。

可见分光光度计：722型。

## 3.3.4 操作步骤

**1. 显色剂的配置**

0.006 mol/L碘溶液：称取0.15 g碘，0.45 g KI，定容到100 mL的容量瓶中。

0.64 mol/L硼酸溶液的配置：称取3.96 g硼酸定容到100 mL的容量瓶中。

显色剂为以上浓度碘溶液和硼酸溶液按照3∶5体积比混合后的溶液。

**2. 绘制标准曲线**

首先配制质量浓度为100 μg/mL的PVA溶液，分别取2 mL、4 mL、10 mL、25 mL、50 mL浓度为100 μg/mL的PVA溶液于100 mL容量瓶中，分别在每个容量瓶中加入10 mL显色剂，定容，配置浓度分别为2、4、10、25、50 mg/L的PVA溶液（具体浓度可根据实验要求自行选择，建议浓度最大不超过50 mg/L），充分混合后放入比色皿中检测吸光度，根据朗伯-比尔定律做出吸光度与浓度的关系曲线。

可见分光光度计通电预热20 min以上，调节光波波长至690 nm，因PVA与显色剂反应后生成蓝绿色络合物，在波长为690 nm处有一最大吸收值，测定络合物的吸光度可直接求出水中聚乙烯醇的含量。

**3. 膜组件清洗**

分离膜应用广泛，可处理介质多样复杂。在处理料液过程中，膜表面会存在不同程度的污染。清洗周期越短，膜性能恢复越好，使用寿命越长。清洗方式分为物理清洗和化学清洗。

物理清洗：实验处理每批料液，用清水清洗干净膜组件内部残余料液，再用清水以一定流速通过纤维外表面20～30 min，将污染物洗出。

化学清洗：一般使用稀酸、稀碱或环保安全的清洗剂清洗。工程上用稀碱液清洗膜效果较好。步骤如下：0.5%～1%氢氧化钠水溶液在膜纤维外表面循环，再浸泡约 1 h，就达到清洗的目的。处理液含有蛋白质，则再用 0.5%～1%碱性蛋白酶、胃蛋白酶进行浸泡清洗。

**4. 开始试验**

原料液配置：配置质量浓度为 100 μg/mL 左右的 PVA 溶液作为原料液。溶解时先将 PVA 固体边搅拌边加入冷水中充分溶胀，然后升温到 95 ℃加速溶解。

开始实验，检查各个阀门均处于关闭状态。将事先配好的 PVA 溶液加入原水箱中，加水，保证水箱的水量够一次实验用。打开磁力泵开关及阀门 VA02，使原水箱中的溶液充分混合。关小旁路开关，打开阀门 VA05、VA07、VA10、VA16，通过调节 VA05 及 VA07 保证浓缩液出口压力维持在 0.09 MPa，观察透过液流量变化，同时取跨膜压力（浓缩液出口压力－透过液出口压力）为 0.09 MPa，浓缩液流量分别为 4、3、2、1、0.5 L/min 的透过液（每个流量稳定 2～3 min 取样），分析原料液及不同流量下透过液中 PVA 含量。

本实验操作也可选择维持浓缩液流量为 2 L/min，通过调节 VA05 及 VA07 改变不同的跨膜压差（建议跨膜压差小于等于 0.1 MPa），观察透过液的流量变化，同时分析原料液及不同压力下透过液的流量及 PVA 的含量。

因本实验 PVA 固体溶解缓慢，实验过程产生的浓缩液及透过液均返回水箱 V04，下一组学生可省去原料液配制过程，将水箱 V04 混合液通过阀门 VA03 放入水箱 V05 开始下一组实验。

实验数据测定完成后，将膜组件原料液放净，用超滤水代替原料液冲洗膜组件 20～30 min。

如果长时间（一周以上）不再操作超滤组件，应将用超滤水或去离子水配制的 1%亚硫酸氢钠保护液加至保护液储罐（如果实验室温度低于零下时，保护液的配置组成为亚硫酸氢钠的丙三醇水溶液，配置组分质量比为亚硫酸氢钠∶水∶丙三醇＝1∶50∶50），然后打开阀门 VA13，等液面稳定后盖上保护液储罐盖子。

**5. PVA 浓度测试方法**

取样：每个流量稳定 2～3 min 后，打开阀门 VA06，取原料液 30 mL 于 50.0 mL 滴瓶中，同时打开阀门 VA11，取透过液 100.0 mL 于烧杯中，然后用移液管取原料液5.0 mL 至 100 mL 容量瓶中，加入 10 mL 显色剂，定容，显色 15 min，检测；取 10 mL 显色剂于 100 mL 容量瓶中，用透过液定容至刻度，显色 15 min，检测；分别记录不同溶液的吸光度。

## 3.3.5　注意事项

① 在打开膜组件进水开关时，确保膜组件浓水和产水侧开关处于打开状态，即使在调节进膜压力时，浓水侧开关也不能全关。

② 调节进膜压力时一定要缓慢调节，防止压力瞬间增大，对膜组件造成伤害。

③ 增压泵在运行时有发热现象，属于正常状态。

④ 实验结束后，将两个水箱水放净，尤其在冬季室温过低时，应确保水箱、管路及泵内的水不过夜，避免结冰引起泵等部件损坏。

### 3.3.6 数据记录与处理

超滤膜分离实验原始数据记录见表 3-1。

**表 3-1 超滤膜分离实验原始数据记录**

实验室温度:________ ℃ 原料液浓度 $c_0$:________ 日期: 年 月 日

| 序号 | 样品 | 压力/MPa | 流量/(L/h) | 吸光度 $A$/(g/L) | 透过液浓度 $c_p$ | 截留率 $R_u$/% |
|---|---|---|---|---|---|---|
| 1 | 透过液 | | | | | |
| | | | | | | |
| | | | | | | |

## 3.4 多功能特殊精馏实验

### 3.4.1 实验目的

① 了解填料塔基本构成、工艺与各部件内部功能。

② 掌握特殊精馏的操作方法，熟悉各种不正常情况下的判断与调节方法。

③ 通过制备无水乙醇，深入理解特殊精馏过程原理。

④ 了解常减压精馏、间歇与连续精馏等各类操作过程。

### 3.4.2 实验原理

该流程可实现恒沸精馏、萃取精馏、反应精馏、减压精馏等特殊精馏操作，也可实现连续或间歇操作。通过工程常见的特殊精馏方式的操作和分析，学生能深入理解精馏原理。采用集约化控制，检测与控温智能化，操作方便易行。可根据实验要求，选择不同进、出料和取样测温位置。同时进行教学与科学研究。

**1. 恒沸精馏操作**

乙醇制备无水乙醇是工业生产过程恒沸精馏经典案例。实验过程应考虑以下几点。

(1) 选择夹带剂

夹带剂选的取决定了恒沸精馏效果，优质的夹带剂应具备如下特点：

① 至少与原溶液中一个组分形成最低恒沸物，且该恒沸物的沸点较原溶液任一组分沸点或原来恒沸点低逾 10 ℃。

② 使用更少的夹带剂，形成恒沸物，降低夹带剂用量和生产成本。

③ 易于循环利用，保证形成的最低恒沸物为非均相恒沸物，省去分离恒沸物所需要的萃取单元；溶剂在回收塔中应与其他物料具有较大挥发度差异。

④ 应具有较小的汽化潜热，以节省能耗。

⑤ 价廉、来源广、无毒、热稳定性好与腐蚀性小等。

工业乙醇制备无水乙醇，适用的夹带剂有正己烷、环己烷、乙酸乙酯等。它们能与水-乙醇形成多种恒沸物，且三元恒沸物在室温下又可分为两相，一相富含夹带剂，另一相中富含水，前者可以循环使用，后者又很容易分离出来，使整个分离过程简化。表 3-2 给出几种常用恒沸剂及其形成三元恒沸物的数据。

**表 3-2 常压下夹带剂与水、乙醇形成三元恒沸物的数据**

| 组分 | | | 各纯组分沸点/℃ | | | 恒沸温度/℃ | 恒沸组成(质量分数)/% | | |
|---|---|---|---|---|---|---|---|---|---|
| 1 | 2 | 3 | 1 | 2 | 3 | | 1 | 2 | 3 |
| 乙醇 | 水 | 乙酸乙酯 | 78.3 | 100 | 77.1 | 70.23 | 8.4 | 9.0 | 82.6 |
| 乙醇 | 水 | 三氯甲烷 | 78.3 | 100 | 61.1 | 55.50 | 4.0 | 3.5 | 92.5 |
| 乙醇 | 水 | 正己烷 | 78.3 | 100 | 68.7 | 56.00 | 11.9 | 3.0 | 85.02 |

本实验采用正己烷为恒沸剂制备无水乙醇。正己烷被加入乙醇-水二元物系后可以形成四种恒沸物，一是乙醇-水-正己烷三者形成一个三元恒沸物，二是它们两两之间又可形成三个二元恒沸物。恒沸物性质如表 3-3 所示。

**表 3-3 乙醇-水-正己烷三元系统恒沸物性质**

| 物系 | 恒沸点/℃ | 恒沸物组成(质量分数)/% | | | 恒沸点分相液相态 |
|---|---|---|---|---|---|
| | | 乙醇 | 水 | 正己烷 | |
| 乙醇-水 | 78.15 | 95.57 | 4.43 | | 均相 |
| 水-正己烷 | 61.55 | | 5.6 | 94.40 | 非均相 |
| 乙醇-正己烷 | 58.68 | 21.02 | | 78.98 | 均相 |
| 乙醇-水-正己烷 | 56.00 | 11.98 | 3.00 | 85.02 | 非均相 |

(2) 精馏区域操作方式

与普通精馏不同，恒沸物系统精馏的产物不仅与塔的分离能力有关，且与进塔总组成落在哪个浓度区域有关。精馏塔中温度沿塔向上是逐板降低，不会出现极值点。只要塔分离能力(回流比，塔板数)足够大，塔顶产物可为温度曲线的最低点，塔底产物可为温度曲线上的最高点。因此，当温度曲线在全浓度范围内出现极值点时，该点将成为精馏路线通过的障碍。于是，精馏产物按混合液的总组成分区，称为“精馏区”，当添加一定数量的正己烷于工业乙醇中蒸馏时，整个精馏过程可以用图 3-9 加以说明。图中 $A$、$B$、$W$ 分别表示乙醇、正己烷和水的纯物质，$C$、$D$、$E$ 点分别代表三个二元恒沸物，$T$ 点为 $A$-$B$-$W$ 三元恒沸物。曲线 $BNW$ 为三元混合物在 25 ℃时的溶解度曲线。曲线以下为两相共存区，以上为均相区，该曲线受温度的影响而上下移动。图中 3-9 的三元恒沸物组成点 $T$ 在室温下是处在两相区内。

以 $T$ 点为中心，连接三种纯物质 $A$、$B$、$W$ 和三个二元恒沸组成点 $C$、$D$、$E$，则该三角形相图被分成六个小三角形。当塔顶混相回流(即回流液组成与塔顶上升蒸汽组成相同)时，

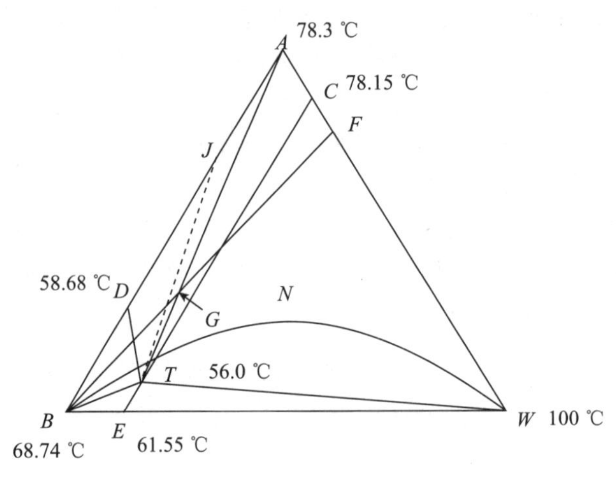


**图 3-9　三元相图**

如果原料液的组成落在某个小三角形内，那么间歇精馏的结果只能得到这个小三角形三个顶点所代表的物质。为此要想得到无水乙醇，就应保证原料液的总组成落在包含顶点 $A$ 的小三角形内。但由于乙醇-水的二元恒沸点与乙醇沸点相差极小，仅 0.15 ℃，很难将两者分开，而己醇-正己烷的恒沸点与乙醇的沸点相差 19.62 ℃，很容易将它们分开，所以只能将原料液的总组成配制在三角形 $ATD$ 内。

图中 $F$ 代表乙醇-水混合物的组成，随着夹带剂正己烷的加入，原料液的总组成将沿着 $\overline{FB}$线而变化，并将与$\overline{AT}$线相交于 $G$ 点。这时，夹带剂的加入量称作理论恒沸剂用量，它是达到分离目的所需最少的夹带剂用量。如果塔有足够的分离能力，则间歇精馏时三元恒沸物从塔顶馏出(56 ℃)，釜液组成就沿着$\overline{TA}$线向 $A$ 点移动。但实际操作时，往往总将夹带剂过量，以保证塔釜脱水完全。这样，当塔顶三元恒沸物 $T$ 出完以后，再出沸点略高于它的二元恒沸物，最后塔釜得到无水乙醇，这就是间歇操作特有的效果。

倘若将塔顶三元恒沸物(图中 $T$ 点，56 ℃)冷凝后分成两相。一相为油相，富含正己烷；一相为水相。利用分层器将油相回流，这样正己烷的用量可以低于理论夹带剂的用量。分相回流也是实际生产中普遍采用的方法。它的突出优点是夹带剂用量少，夹带剂提纯的费用低。

(3) 夹带剂加入方式

夹带剂一般可随原料一起加入精馏塔中，若夹带剂的挥发度比较低，则应在加料板的上部加入，若夹带剂的挥发度比较高，则应在加料板的下部加入。目的是保证全塔各板上均有足够的夹带剂浓度。

(4) 恒沸精馏操作方式

恒沸精馏既可用于连续操作，又用于间歇操作。

(5) 夹带剂用量的确定

夹带剂理论用量的计算可利用三角形相图按物料平衡式求解。若原溶液的组成为 $F$ 点，加入夹带剂 B 以后，物系的总组成将沿$\overline{FB}$线向着 $B$ 点方向移动。当物系的总组成移到 $G$ 点时，恰好能将水以三元恒沸物的形式带出，以单位原料液 F 为基准，作物料衡算：

$$n_D x_{D水} = n_F x_{F水}$$

$$n_D = n_F x_{F水} / x_{D水} \tag{3-17}$$

夹带剂B的理论用量为

$$n_B = n_D x_{DB} \tag{3-18}$$

式中，$n_F$ 为进料量；$n_D$为塔顶三元恒沸物量；$n_B$ 为夹带剂理论用量；$x_{Fi}$为 $i$ 组分的原料组成；$x_{Di}$为塔顶恒沸物中 $i$ 组成。

**2. 萃取精馏**

萃取精馏作为一种新的精馏操作，在被分离混合物中加入某添加剂，增加原混合物两组分间相对挥发度(添加剂不与混合物中任一组分形成恒沸物)，促使混合物易于分离。一般加入的添加剂是挥发度较小的溶剂(萃取剂)，其沸点高于原溶液中各组分的沸点。

萃取精馏适用于相对挥发度较低的混合物：异辛烷-甲苯混合物相对挥发度较低，因存在共沸物，普通精馏方法无法分离高纯度组分；采用苯酚萃取剂，在近塔顶处连续加入，改变原来物系相对挥发度，难挥发的苯与甲苯从塔底排出，通过另一普通精馏塔将萃取剂分离。此外，甲醇-丙酮在87.9%组成时，形成共沸物。当采用极性介质水做萃取剂时，同样能破坏共沸状态，水和甲醇在塔底流出，则甲醇被分离出来。水-乙醇也是一样道理：采用乙二醇做萃取剂时能破坏共沸状态，乙二醇和水在塔底流出，则水被分离出来。

萃取精馏操作条件复杂、流程长，受萃取剂用量、料液比例、进料位置、塔的高度等影响。因此可通过实验进行最优化处理得到最佳值。选择萃取剂的原则有：① 选择性要高；② 用量要少；③ 挥发度要小；④ 容易回收；⑤ 价格便宜。

该实验利用乙二醇为萃取剂，进行萃取精馏分离乙醇-水二元混合物制取无水乙醇。压力较低时，原溶液组分1(轻组分)和2(重组分)相对挥发度可表示为

$$\alpha_{12} = \frac{p_1^s \gamma_1}{p_2^s \gamma_2} \tag{3-19}$$

加入萃取剂S后，组分1和2的相对挥发度$(\alpha_{12})_S$为

$$(\alpha_{12})_S = \left(\frac{p_1^s}{p_2^s}\right)_{TS} \left(\frac{\gamma_1}{\gamma_2}\right)_S \tag{3-20}$$

式中，$p_1^s/p_2^s$ 为加入萃取剂S后，三元混合物泡点下组分1和2饱和蒸气压之比；$(\alpha_{12})_S/\alpha_{12}$为萃取剂S选择性；$\frac{\gamma_1}{\gamma_2}$为组分1和2活度系数之比。

萃取剂选择性是指溶剂改变原有组分间相对挥发度的能力。$(\alpha_{12})_S/\alpha_{12}$越大，选择性越好。

**3. 反应精馏**

反应精馏是新型分离技术，通过改造和设计精馏塔结构和分布，使用合适的催化剂，能使若干反应在精馏塔高效进行，同时进行产物和原料的充分分离。

反应精馏操作特点为化学反应与物料分离同时在一个设备进行。随着精馏的进行，轻组分不断被分离到塔顶，促进反应平衡的破坏，有利于反应平衡原料浓度的富集，保证平衡反应右移，显著提高原料总转化率，提高反应效果降低能耗。产物与原料在反应与精馏相关交错，

得到较纯产品,简化后续分离工序。酯化、酯交换等化工生产展现越来越高的优越性。

反应精馏过程伴随化学反应与物理相变传递规律。两者同时存在,相互影响,因此过程流动和反应机制更复杂。反应精馏过程中,反应发生在塔内,反应放出的热量可作为精馏加热源,减少精馏塔釜的热负荷。在塔内进行精馏,使塔顶直接得到高纯度产品(权衡技术和经济指标)。下列 2 种反应过程适宜反应精馏:

① 可逆平衡反应。反应受平衡影响,平衡转化率成为转化率极限。工程实际的反应大都维持低于平衡转化率状态。产物依然含有大量未反应原料。反应精馏的思路:为尽可能使价格较贵原料反应完全,通常会让另一种物料过量,这使得后续分离操作成本和操作难度提高。精馏塔进行酯化或醚化反应,形成低沸点或高沸点物的生成物。大多数与水形成的最低共沸物,可从精馏塔顶连续不断从系统排出,使塔的化学平衡不断被打破,达不到化学平衡,导致反应持续向右移动,维持反应原料总转化率超过平衡转化率,从而提高反应效率和能量消耗。同时反应过程发生物质分离,而减少后续分离步骤和能量消耗。工业上采用近似理论反应比配料组成,既降低原料的消耗,又减少精馏分离产品的处理量。

② 异构体混合物的分离。这类反应因沸点相近,单纯精馏方法无法高纯度地分离。设定异构体的某组分能发生化学反应,并生成沸点不同的物质,这样在过程中能得以充分分离。

本实验以乙醇与乙酸的酯化反应为例。该反应采用催化反应。作为催化剂,反应随酸浓度增高而加快。硫酸浓度设定为原料乙酸质量的 0.2%～0.5%(质量分数)。其催化作用不受塔内温度限制,在全塔内随时都可以发生催化反应从而提高反应和精馏效果。

以乙酸和乙醇为原料,在浓硫酸催化剂作用下生成乙酸乙酯是可逆反应。反应化学方程式为

$$CH_3COOH + CH_3CH_2OH \rightleftharpoons CH_3COOCH_2CH_3 + H_2O$$

## 3.4.3 实验流程与参数

**1. 多功能特殊精馏实验装置(图 3-10)**

**2. 设备仪表参数**

塔釜 1:容积 1 000 mL,含温度传感器套管,玻璃材质,数量 1 个。

塔釜 2:直径 100 mm,容积 500 mL,带测温口和取样口,数量 1 个。

电加热套:1 000 mL 电热套,额定功率 530 W,额定电压 220 V,数量 1 个。

电加热棒:直径 10 mm,额定功率 200 W,额定电压 220 V,数量 1 个。

蠕动泵:转速范围 0.1～200 r/min,数量 2 台。

真空泵:电压 220 V,抽速 1 L/s,功率 250 W,转速 1 400 r/min,数量 1 台。

压力表:量程:−0.1～0 MPa,精度 1.6 级,数量 1 个。

产品罐:$\phi$70 mm×140 mm,数量 2 个。

原料瓶、溢流罐:$\phi$80 mm×120 mm,数量 3 个。

填料:$\phi$3 mm×6 mm,玻璃弹簧填料;$\phi$3 mm×3 mm,玻璃弹簧填料。

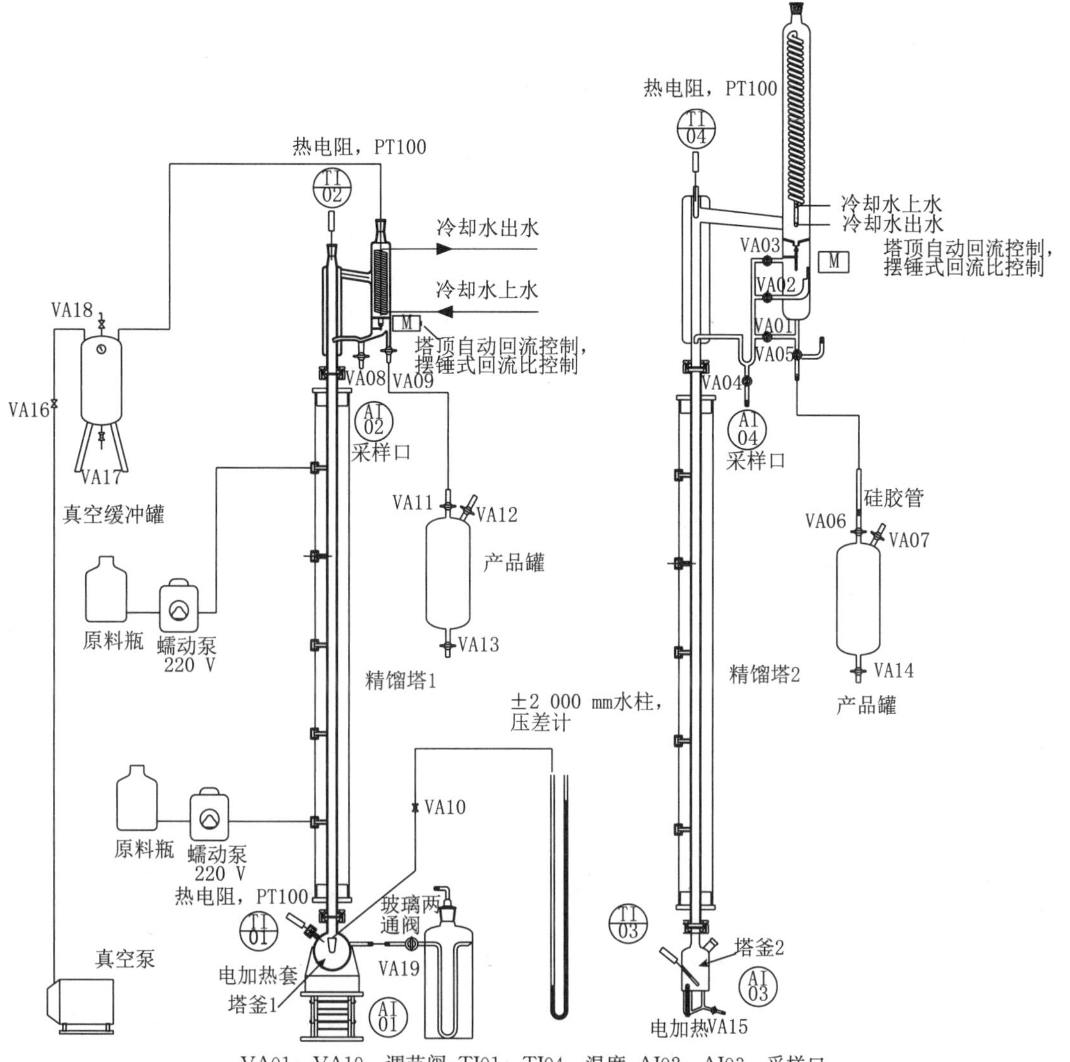


VA01～VA19—调节阀；TI01～TI04—温度；AI02～AI03—采样口。

**图 3-10 多功能特殊精馏实验装置**

**3. 流程说明**

精馏塔 1 的精馏柱为内径 $\phi$20 mm，填料层高 1.3 m，填料为 $\phi$3 mm×3 mm 玻璃弹簧填料。塔外壁镀透明金属导电膜保温，通电流使塔身加热保温，上下导电膜功率各 300 W 左右。塔釜为四口 1 000 mL 的烧瓶，其中的一个口与塔身相连，侧面的一口为测温口，用于测量塔釜液相温度，另一口作为釜液溢流/取样口，还有一口与 U 形压差计连接。塔釜配有 530 W 电加热套，加热功率连续可调。经加热沸腾后的蒸汽通过填料层到达塔顶，塔顶冷凝液体的回流采用摆动式回流比控制器操作，控制系统由塔头上摆锤、电磁铁线圈、回流比计时器组成，控制灵敏准确，回流比可调范围大。

精馏塔 2 精馏柱为内径 $\phi$20 mm，填料层高 1.3 m，填料为 $\phi$3 mm×3 mm 玻璃弹簧填料。塔外壁镀透明金属导电膜保温，通电流使塔身加热保温，上下导电膜功率分别为 160 W 左右。塔釜采用特殊设计的 500 mL 四口烧瓶，主口与塔身相连，三个侧口分别用来测温、加料、釜液取样。塔釜采用电加热棒加热，加热功率 200 W，加热功率连续可调。经加热沸腾后的蒸汽通过填料层到达塔顶，塔顶采用特殊的冷凝头，以满足不同操作方式的需要，塔顶冷凝液流入分相器后，分为两相，上层为油相富含正己烷，下层富含水，油相通过回流头流入塔，间歇操作时为了保证有足够的溢流液位，富水相在实验结束后取出。本装置可以完成分相回流，也可以完成混相回流。混相回流操作时，由摆锤式回流比控制器控制回流比，最初的釜液组成和进料组成均满足三元共沸物共沸剂的配比要求。在做分相回流时，将小于理论用量的夹带剂和待精制的乙醇一起加入到塔釜中，开始时先进行简单蒸馏，当塔顶分相器内液面高过回流头，正己烷将不断回流，将塔釜中的水带到塔顶。建议采用气相色谱分析检测塔釜、塔顶水相、塔顶油相组成。

## 3.4.4 操作步骤

减压精馏、萃取精馏、反应精馏使用塔 1 操作，恒沸精馏使用塔 2 操作。

**1. 间歇精馏操作**

① 配置一定浓度的乙醇和水的混合液，加入到塔釜中，加入料液容积不超过釜容积的 2/3，同时加入几粒陶瓷环，以防爆沸。连续精馏初次操作要在釜内加入一些被精馏物质或釜残液。开启加热前，向塔顶冷凝器通入冷却水。本装置以乙醇浓度 50%(体积)溶液为例。

② 开启总电源开关，开启仪表电源，观察各测温点指示是否正常。

③ 开启塔釜 1 加热电源开关，调节功率为 20%～50%，开始加热时可稍微调大，然后边升温边调整，当塔顶有冷凝液时，将釜加热功率调小。

注意：釜加热功率设定过低，蒸汽不易上升到塔头，釜加热过高，蒸发量大，易造成液泛。还要再次检查是否给塔头通入冷却水，此操作必须升温前进行，不能在塔顶有蒸汽出现时再通水，这样会造成塔头炸裂。

④ 塔釜液体开始沸腾时，打开上下段保温电源，调节保温功率，建议夏季保温功率为总功率的 10%～25%(可根据实验现象适当调节)，冬季可适当调大，视环境而定。

注意：保温功率不能过大，过大会过热，使加热膜受到损坏，另外，还会造成因塔壁过热而变成加热器，回流液体不但不能与上升蒸汽进行气液相平衡的物质传递，反而还会降低塔分离效率。

⑤ 升温后观察塔釜和塔顶温度变化，当塔顶出现气相并在塔头内冷凝时，全回流 5 min。

⑥ 待全回流稳定后，开启回流比控制器开关，设置回流比为 2～5。

⑦ 随着精馏的进行，乙醇不断被蒸出，塔釜内乙醇浓度逐渐降低，温度逐渐上升。待釜液温度从 78.3 ℃迅速上升时，即可认为塔釜内乙醇几乎蒸完，停止加热。

⑧ 取塔顶、塔釜液检测分析。

**2. 连续精馏操作**

① 连续精馏初次操作时，先在釜内加入质量浓度为 10%的乙醇水溶液 300 mL。

② 开启加热前，向塔顶冷凝器通入冷却水，开启塔釜 1 加热电源开关，调节功率为 20%～50%，开始加热时可稍微调大，边升温边调整，塔顶有冷凝液时，将釜加热功率调小。

③ 打开蠕动泵开关，调节加料速率为 2 mL/min，进行连续精馏，原料液用质量分数 50% 的乙醇水溶液，当塔顶出现气相并在塔头内冷凝时，进行全回流 5 min，待全回流稳定后，开启回流比为 2～5。当塔底和塔顶温度不再变化时，认为达到稳定，可取样分析并收集。

注意：蠕动泵直观调节的是转速，使用前需要进行标定，另外更换物料、蠕动泵泵头硅胶管后要先进行标定，标定后再换算成体积流量。

④ 连续精馏过程中，勿忘观察塔釜内液面高度及打开塔釜 1 溢流阀 VA19，保持进出物料平衡。

**3. 减压精馏操作**

① 先将物料倒入塔釜内，密封好瓶塞。这里以 600 mL 浓度为 50%(体积)乙醇水溶液为例，做间歇精馏。

② 在真空操作前，切记关闭 U 形压差计与塔釜 1 之间的阀门 VA10，防止 U 形压差计内水分倒流到塔釜内，打开阀门 VA16，然后开启真空泵，调节 VA18，使体系维持在一定真空度内(建议真空表表压在－0.1～－0.02 MPa 范围内)。

③ 待全回流稳定 5 min，调节回流比为 2～5 时，记录塔釜和塔顶温度，与常压精馏进行对比。

④ 真空操作塔顶取样。当真空操作系统稳定后，通过塔顶取样瓶对塔顶产品进行取样，关闭 VA11，缓慢打开 VA12 进行压力缓冲，然后打开 VA13 将样品放入样品瓶中。

⑤ 实验结束后，停止进料，如果是真空操作，停止抽真空，关闭真空泵，缓慢打开放空阀 VA18 缓冲系统压力，待塔头无蒸汽上升时再停止通冷却水。

**4. 萃取精馏操作**

① 首先向塔釜 1 内加入少许沸石，以防止釜液爆沸，然后向塔釜内装入乙二醇 120 mL，95%乙醇(本实验项目所用 95%乙醇均为体积分数)30 mL；向乙二醇原料罐加入 500 mL 乙二醇，向另一原料罐内加入 500 mL 95%的乙醇作为原料。

② 调节蠕动泵转速，使得乙二醇进料速度维持在 2.1 mL/min(转速约 9 r/min)，乙醇水溶液进料速度维持在 1.0 mL/min(转速约 4 r/min)。乙二醇进料速度不应该超过 8 mL/min(转速约 36 r/min)，乙醇水溶液进料速度不应该大于 4.0 mL/min(转速约 16 r/min)，进料太快会导致上升蒸汽太多，填料层会出现液泛现象，分离效果会变差。实验过程中如果萃取精馏效果不够理想，可调节乙二醇和乙醇进料比例为体积比 3∶1。

③ 打开塔顶冷却水，控制适当水流大小，保证冷却效果的同时尽量节约用水。打开并调节电加热套加热功率为 30%～50%，在塔釜温度达到 60 ℃时，分别开启塔身上下段保温，调节保温电流，建议夏季保温电流为总功率的 10%～25%(可根据实验现象适当调节)，冬季可适当调大，视环境而定。其中下段加热功率应该大于上段加热功率，具体参数由用户摸索。记录实验开始的时间，每隔 5 min 记录塔顶温度、塔釜温度、保温电流、塔釜加热功率一次。当塔顶开始有液体回流时，全回流 5 min 后，调节回流比为 2～5，并开始用产品罐收集塔顶流出产品，每隔 30 min 取塔顶产品用气相色谱分析组分，若塔顶乙醇含量不能达到要求，须及时调整加料速度或加热功率。

**5. 反应精馏操作**

连续反应精馏操作：

① 分别用量筒大约量取 170 mL 乙酸(99.5%质量分数)和 180 mL 无水乙醇(99.7%)分别加入到两只 250 mL 烧杯中,并在天平上用滴管加入直到乙酸为 180.0 g,无水乙醇为 150.0 g,用滴管在乙酸中加入浓硫酸 5~10 滴,然后把乙醇和乙酸一起加入到 1 000 mL 的塔釜中。

操作时,应该使乙醇摩尔数∶乙酸摩尔数为 1.03~1.05∶1.0,浓硫酸加入量为乙酸理论重量的 0.2%~0.5%(质量分数),加入量大,反应速度快。应视实验时间,调整浓硫酸加入量。

② 在乙酸原料罐加入 200 g 乙酸并滴入约 0.5 g 浓硫酸,乙醇原料罐加入 150 g 无水乙醇。

③ 打开塔顶冷却水,打开并调节电加热套功率为 30%~50%进行加热,在塔釜温度达到 60 ℃时,分别开启塔上下段保温,调节保温功率。记录实验开始的时间,每隔 5 min 记录塔顶温度、塔釜温度、保温功率、塔釜加热功率一次。开启蠕动泵,调节乙酸进料速度为 2 mL/min,乙醇进料速度为 1.98 mL/min,当塔顶开始有液体回流时,全回流 5 min 后,调节回流比为 2~5,并开始用产品罐收集塔顶流出产品,每隔 30 min 取塔顶产品用气相色谱分析组分,根据塔顶乙酸乙酯的含量及时调整加料速度或加热功率。

**6. 恒沸精馏操作**

间歇混相回流操作:

① 按三元恒沸组分加料,取 100 g 95%乙醇,夹带剂正己烷 183 g 加入 500 mL 塔釜中(此塔釜加料量下,实验时间约为 2~3 h,加料量可以根据教学课时的长短进行适当调整,塔釜加料可由实验原理部分自行计算投加量)。

② 开启塔顶冷却水、塔釜加热,调节电压给定旋钮,开始加热时可稍微调大,然后边升温边调整,当塔顶有冷凝液时,将釜加热功率调小。塔釜开始沸腾时打开塔身上下段保温加热,下段加热功率要略大于上段加热功率,但不宜超过 30 W。

注意:釜加热功率设定过低,蒸汽不易上升到塔头,釜加热过高,蒸发量大,易造成液泛。还要再次检查是否给塔头通入冷却水,此操作必须升温前进行,不能在塔顶有蒸汽出现时再通水,这样会造成塔头炸裂。

③ 一段时间后,当塔头有冷凝液产生时,打开 VA01、VA03,全回流 5~10 min,待塔顶、塔釜温度稳定之后,关闭阀门 VA01,打开 VA02、VA05、VA06、VA07,调节回流比为 2~5。每隔 5 min 记录一次塔顶、塔釜温度。

④ 当塔釜温度恒定在乙醇沸点附近时,取塔釜液进行气相色谱分析,若釜液乙醇浓度达到 99%以上,塔釜内水、正己烷基本被蒸出后,就可以停止实验,关闭塔釜加热,关闭塔身上下段加热,关闭回流比控制器,塔顶温度降至 45 ℃时,关闭冷凝水。

注意:塔釜温度升高时,塔顶冷凝量出现降低现象,塔顶温度计量不准确,须增大加热功率,保持塔顶冷凝量基本不变。

⑤ 取样。塔底取样时,打开阀门 VA15 取样,进行色谱分析,检测釜液浓度为 $x_W$。

将塔顶馏出物中的两相用分液漏斗分离,分别对水相和油相进行称重。用天平称量塔釜产品(包括釜液和取样两部分)的质量。

注意:取样过程中若阀门因温度过高不容易打开时,可以用湿毛巾包住阀门以降温,然后轻轻旋转,以免拧坏旋塞。

⑥ 分相器内液体为油水混合物，仔细观察，在分相器的下端，有分层，上层为油相(主要成分为正己烷)，下层为水相(主要成分为水)。

⑦ 当塔顶温度降到 40 ℃以下，关闭总电源、冷却水，结束实验。

## 3.4.5 注意事项

① 精馏实验中一定要先通入冷凝水，再进行塔釜加热。

② 塔体保温功率不能太大，要根据环境温度微调。

③ 真空精馏结束时，一定要打开真空缓冲罐放空阀。

④ 塔 1 每次实验前应首先检查真空缓冲罐放空阀 VA18 是否打开。

⑤ 反应系统压力突然变化，则有大泄漏点，应停车检查。

⑥ 操作中玻璃夹套内发现有雾状物出现，可能在连接处有泄漏，须拆塔检查。

⑦ 蠕动泵使用前，需要对流量系数进行标定。

## 3.4.6 数据记录与处理

间歇精馏和连续精馏实验记录见表 3-4 和表 3-5。

**表 3-4 间歇精馏原始实验数据记录**

| 时间 | 塔釜温度/℃ | 塔顶温度/℃ | 回流比 | 回流周期/s | 塔釜加热功率百分比/% | 塔身下段加热功率百分比/% | 塔身上段加热功率百分比/% |
|---|---|---|---|---|---|---|---|
| | | | | | | | |
| | | | | | | | |
| | | | | | | | |

**表 3-5 连续精馏原始实验数据记录**

| 时间 | 塔釜温度/℃ | 塔顶温度/℃ | 回流比 | 回流周期/s | 塔釜加热功率百分比/% | 塔身下段加热功率百分比/% | 塔身上段加热功率百分比/% |
|---|---|---|---|---|---|---|---|
| | | | | | | | |
| | | | | | | | |
| | | | | | | | |

## 3.4.7 思考题

① 恒沸精馏适用于什么物系？

② 恒沸精馏对夹带剂的选择有哪些要求？

③ 夹带剂的加料方式有哪些？目的是什么？

④ 恒沸精馏产物与哪些因素有关？

⑤ 用正己烷作为夹带剂制备无水乙醇，相图上可分成几个区，如何分？本实验拟在哪个区操作，为什么？

⑥ 如何计算夹带剂的加入量？

⑦ 需要采集哪些数据，才能作全塔的物料衡算？

⑧ 采用分相回流的操作方式，夹带剂用量可否减少？

⑨ 提高乙醇产品的收率，应采取什么措施？

⑩ 实验精馏塔由哪几部分组成？说明动手安装的先后次序，理由是什么？

⑪ 设计原始数据记录表。

⑫ 夹带剂最小用量说明了什么，分析为什么用量不能更小？

⑬ 根据绘制相图，对精馏过程作简要说明。

⑭ 讨论本实验过程对乙醇收率的影响。

## 3.4.8 软件操作

① 打开装置总电源及控制电源，双击一体机桌面力控软件进入装置自检界面，如图 3-11 所示，待装置自检完成后点击“进入”按钮进入如图 3-12 界面，选中单机版并点击“确认”按钮即可进入实验操作界面，如图 3-13 所示。

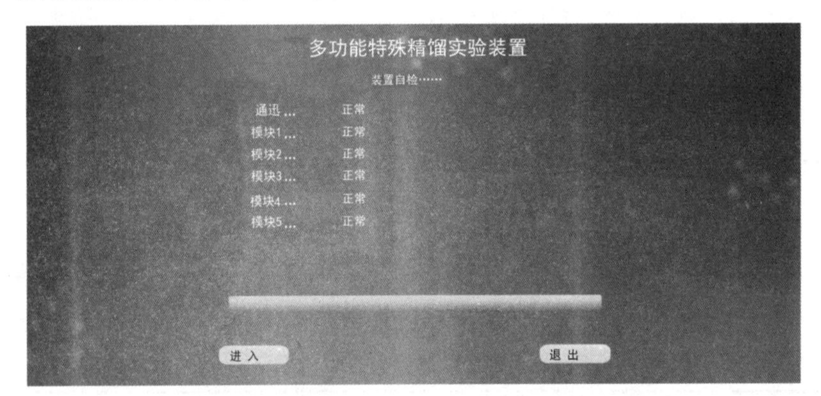


图 3-11 多功能特殊精馏实验装置开机自检界面

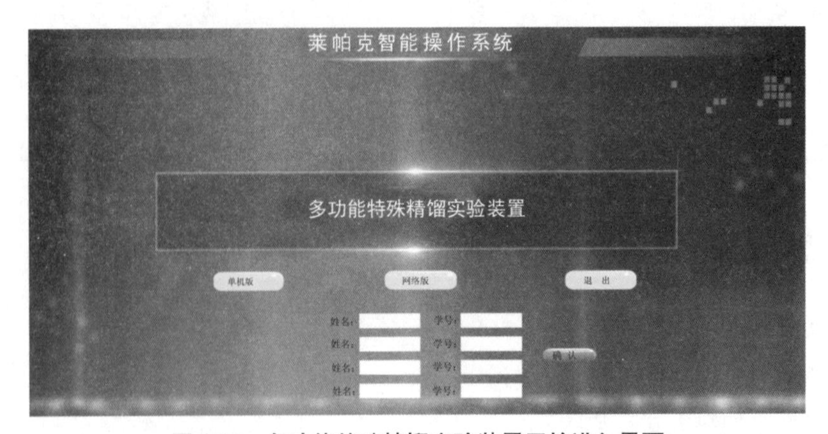


图 3-12 多功能特殊精馏实验装置开始进入界面

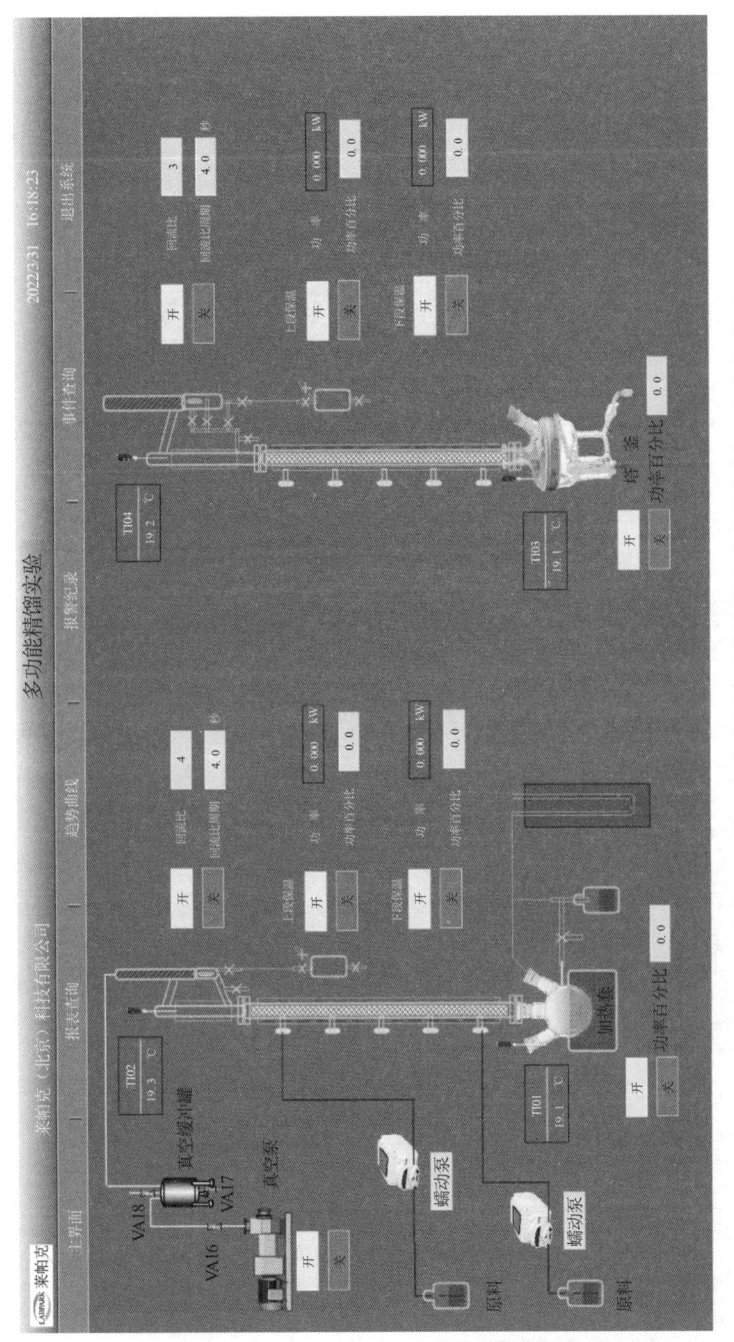


图 3-13　多功能特殊精馏实验装置实验操作界面(左边为塔 1,右边为塔 2)

② 以左边塔 1 为例进行操作说明，点击加热套加热“开”，并设置加热功率百分比，如图 3-14 所示；当塔釜液开始沸腾时，分别点击塔身下段、上段保温加热“开”，并设置加热功率百分比，如图 3-15 所示。

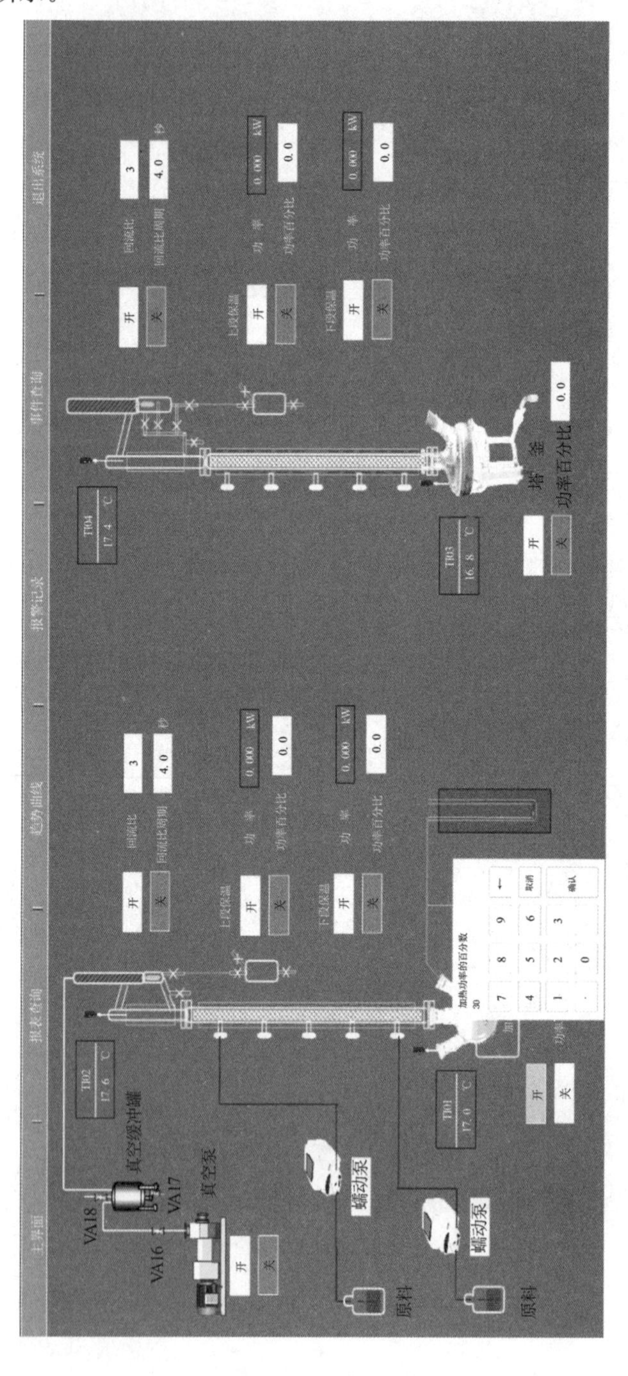


图 3-14 塔釜 1 加热开启、加热功率设置

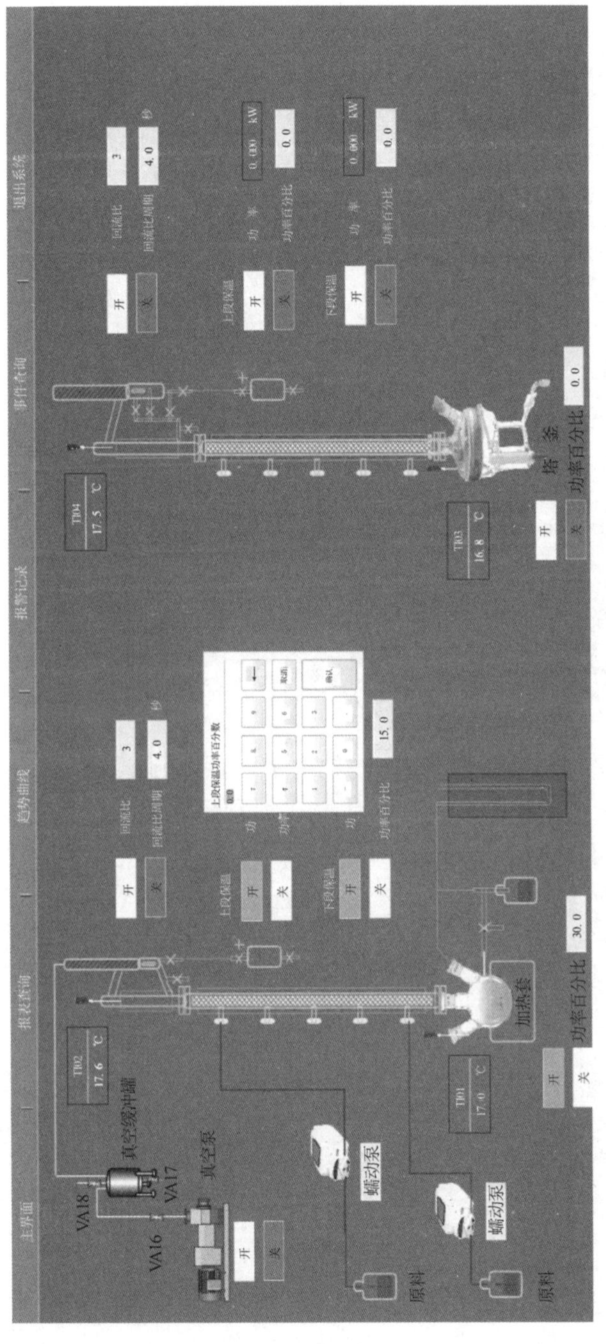


图 3-15　塔身上下段保温加热开启、加热功率设置

③ 点击“蠕动泵”，出现二级窗口，设置蠕动泵转速及对应硅胶管流量系数，点击“通”，如图 3-16 所示。

④ 点击“回流比”“回流周期”分别设置，点击回流比“开”，如图 3-17 所示。

⑤ 实验结束。依次停止蠕动泵进料、塔釜加热、塔身保温加热、回流，当塔顶温度降至 40 ℃时，关闭冷却水，点击“退出系统”，关闭计算机“控制电源”“总电源”。

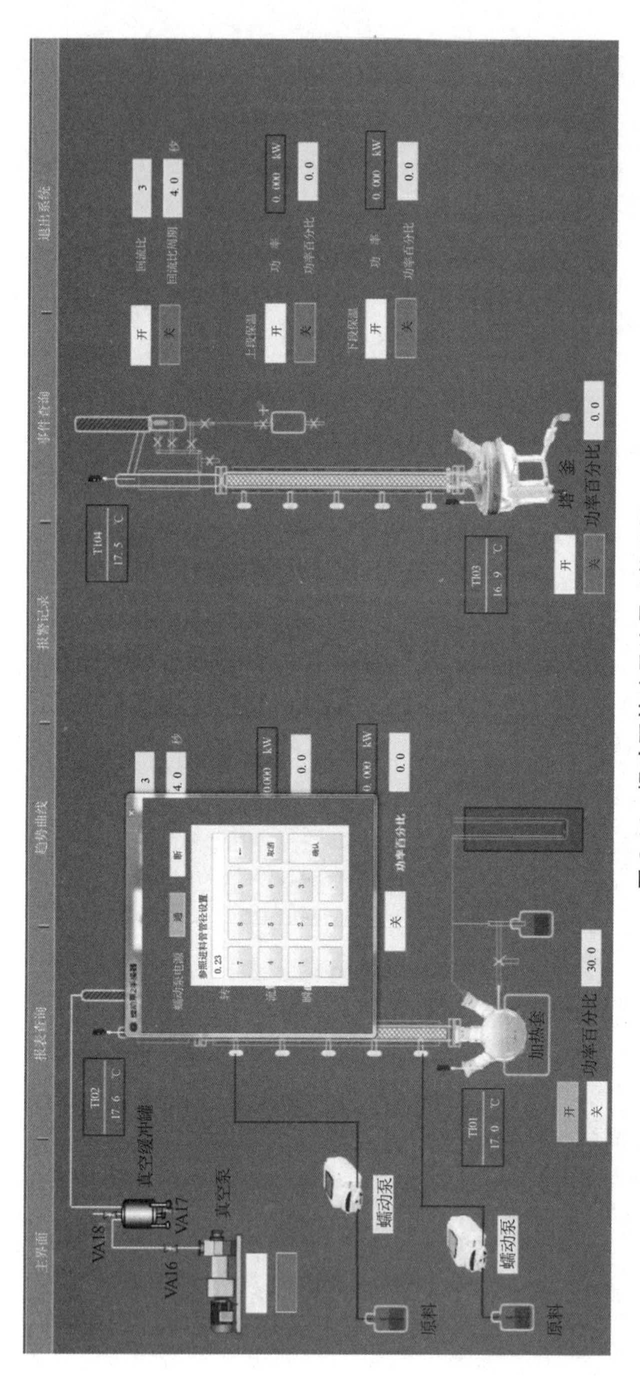


图 3-16　蠕动泵转速及流量系数设置

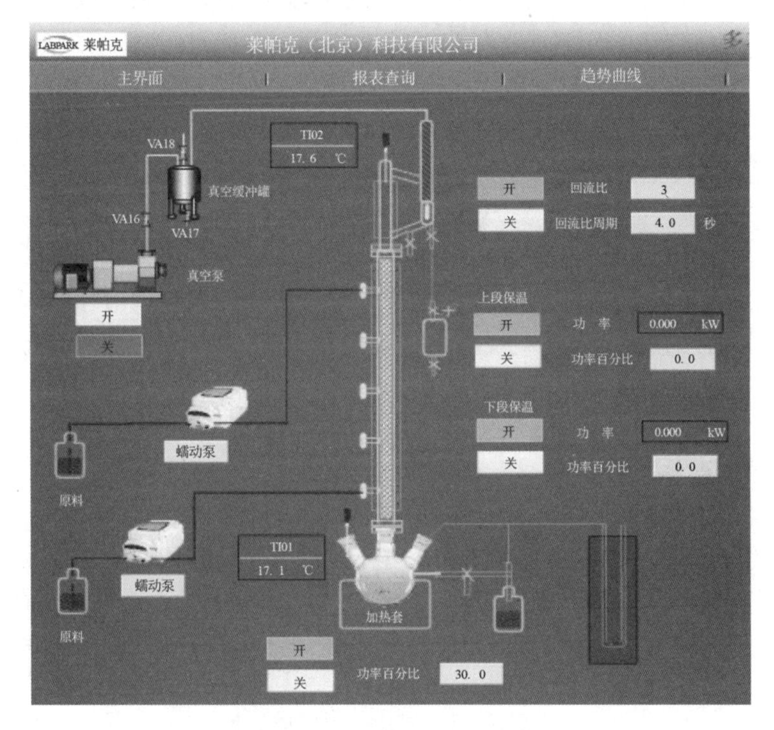


图 3-17　回流比设置及开启

# 3.5　喷雾干燥综合实验

## 3.5.1　实验目的

① 理解喷雾干燥设备结构、流程与工作原理。

② 掌握喷雾干燥操作方法，并深入了解喷雾干燥优、缺点。

③ 了解喷雾干燥产品各类形态。

## 3.5.2 实验原理

喷雾干燥作为效率较高的干燥单元，在化学工业造粒（如催化剂的生产、染料的干燥）、食品工业的饮料、奶粉制造和生物制药工业的药品干燥成粉等方面得到广泛应用。喷雾干燥的基本操作是，将拟干燥的浆料分散成雾滴，然后与热气流接触，瞬间脱水制得粉状或球状的颗粒。雾化是其中最基本的干燥条件，依靠喷嘴产生。喷嘴有压力喷嘴、转盘和双流式等类型；实验室小型喷雾干燥装置一般采用双流式喷嘴。其操作流程如下：喷嘴在塔顶垂直向下雾化，与从顶部引入热风并流接触，气流回流至塔底，携带干燥后的粉粒，流入旋风分离器，实现粉粒与气体分离。物料在喷嘴中间管向下流过，经压缩机加压的空气从喷嘴环隙通过。离开出口时，浆液被破碎成雾滴；雾滴大小与浆料湿含量、黏度、流量、喷嘴进风压力有关。因此，选用合理操作参数才会得到喷雾效果。一旦物料种类和浆料湿含量明确，通过改变进风量、喷嘴进风压力和浆进料速度，优化摸索，可得到更好的雾化效果。配制浆液与所选操作条件因喷雾干燥产品的要求不同而不同。工程必须通过做大量研究和实际操作总结优化得到。

经过理论分析和工程实践，可知经气流喷雾干燥形成的颗粒，其尺寸分布呈两头小中间大的高斯分布曲线分布。为从微观深入了解颗粒大小、形状和形貌等，可用高放大倍数的放大镜进行观察，用粒度测定仪测定粒度或用筛分法测定粒度分布。

## 3.5.3 实验流程

喷雾干燥综合实验主要设备见表 3-6，喷雾干燥综合实验装置见图 3-18。

**表 3-6 主要设备一览**

| 设备名称 | 规格 | 材 料 | 尺寸 |
|---|---|---|---|
| 喷雾干燥塔 | — | 不锈钢 | $\phi$0.45 mm×1.5 m |
| 双流式喷嘴 | — | 不锈钢 | 内径 $\phi$1.2 mm，外孔内径 2 mm，总尺寸 $\phi$22 mm×150 mm |
| 鼓风漩涡泵 | 28 $m^3/h$，最大气压 11.5 kPa，220 V，380 W，2 800 r/min | 碳钢 | 出入口 $\phi$50 mm |
| 蠕动泵 | 0.07～82 mL/min | 软管硅橡胶 | 295 mm×145 mm×160 mm |
| 无油空气压缩机 | 1 $m^3/h$ | 铝 | 300 mm×250 mm×150 mm |
| 加热炉 | 2.5 kW | 不锈钢 | $\phi$76 mm×500 mm |
| 旋风分离器 | — | 玻璃 | — |
| 温度控制仪 | FS≤0.2% | — | 76 mm×152 mm |
| 压力显示器 | 压差变送 | 不锈钢 | 76 mm×152 mm |
| 磁力搅拌器 | 812 恒温型 | 电镀盘面 | 140 mm×240 mm×100 mm |

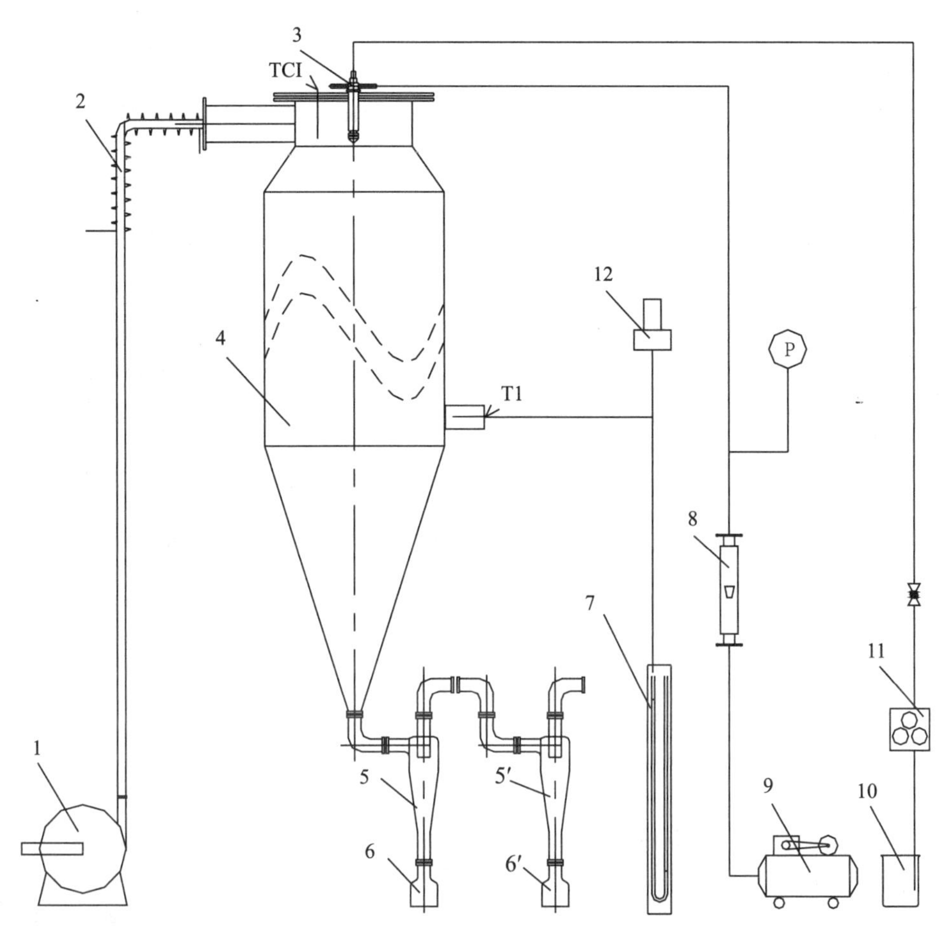


1—鼓风机；2—加热炉；3—双流式喷嘴；4—喷雾干燥塔；5、5′—旋风分离器；
6、6′—催化剂粉体收集器；7—U形压力计；8—转子流量计；9—空气压缩机；10—浆液储器；
11—蠕动泵；12—压力显示器；P—压力表；TCI—控温热电偶；T1—测温热电偶。

**图 3-18　喷雾干燥综合实验流程**

## 3.5.4　操作步骤

**1. 操作准备工作**

① 首先检查电源线路和加热装置情况，再了解加热功率与电源线路匹配度。

② 将气路、液路相连管接头连紧，逐步加大冷却水管调节阀，输入冷却水。

③ 向 500 mL 烧杯倒入蒸馏水，清洗喷嘴，再将拟喷雾干燥的液体倒进另一个烧杯，使用磁力搅拌器和磁棒搅拌。

④ 蠕动泵胶管安装完整，插到蒸馏水烧杯中；启动泵电源，打开进液阀门到一定流量值，停止加液。

**2. 物料升温**

① 按照顺序开风机电源、手动控温电源、自动控温电源、测温电源、测压电源。

② 旋转电流表旋钮使电流到一定指示值，设定拟干燥温度，定电流为 4～5 A。温度给定值为 180～220 ℃。到达设定温度后，仪表可自动控制。

③ 改变进风量使其约为 15 $m^3/h$，观察控制面板的温度上升趋势。温度升到设定温度时，开无油空气压缩机，调节喷嘴进风压力在 0.05～0.15 MPa 区间的一个值。

④ 喷雾操作：开始喷雾时，先用水做一次喷雾实验。具体步骤为：将蠕动泵的进料管引入蒸馏水烧杯内，开蠕动泵，在 5～10 mL/min 范围调节进料量固定值。调节喷嘴的进风压力，将喷头向下观察雾滴分散情况，雾滴颗粒过大，减少进液量或加大喷嘴进风压力，雾滴过细可加大进料量或降低喷嘴压力。随后开冷却喷头水阀门通水。多次实验获得比较适宜的干燥条件。记录流量、压力等各部分操作参数，将喷头插入喷雾干燥塔顶插孔，将蠕动泵进口管插入磁力搅拌器上的搅拌烧杯内。观察温度、压力变化，若观察到旋风分离器粉体的出现，则说明喷雾正常。用手轻轻拍击干燥器底部锥面，可使锥面粉体降落排出。

**3. 停车**

① 蠕动泵入口管切换到清水杯，降低进液速度清洗管路；关蠕动泵电源。

② 将加热用的电位器调回原点，关闭加热电源。

③ 保持风机吹风降温，当温度降至 60 ℃可关闭风机。

④ 取旋风分离器收集瓶，使用相关仪器测试粒度分布、形状、强度等指标。

## 3.5.5 注意事项

① 干燥过程中的干燥温度需根据物料性质确定；对热敏性物料选较低的温度，对其他不受温度影响的物料，干燥温度高些。

② 实验结束，先关闭加热开关，后停风机电源。一旦先停风机，加热丝会因高温而烧坏。

③ 清洗干燥塔，开塔顶盖，用专用毛刷清扫粘在塔内壁的物料。用清水洗刷干净喷头。

# 第四章 工程单元仿真实训

化工仿真模拟实验、实习和实训已成为化工及相关专业学生接近真实化工生产运行、模仿实际生产、开展化工实践教学、进行化工技术改进的重要方法和途径。在基于新工科和本质安全工程的教育背景下，通过再现化工生产过程中开车、正常运行、停车、危险源分析及事故处理等操作，学生能够身临其境地深入了解化工生产过程的工艺和智能控制系统的动态场景，提高对化工现场复杂问题与瞬时动态运行的判断、决策能力，根据操作结果，合理提出更优化的开停车和危险处置方案。仿真实训能促进学生对工程系统、工程创新的初步认识，潜移默化引导学生树立正确价值标准和职业操守，真正回归专业工程实践。本章主要以北京东方仿真软件技术有限公司、北京欧倍尔软件技术开发有限公司，以及三明学院、北京东方仿真软件技术有限公司联合开发的项目为实训内容。该仿真实训为实操提供在线学习教学资源。仿真的数据记录与处理、思考题等学习项目配合第二章实操过程协同开展。

## 4.1 流体流动阻力仿真实验

### 4.1.1 实验目的

① 仿真和实操是从不同角度了解管道体系的各种管件、阀门结构的操作方法。

② 学会仿真并了解孔板流量计、转子流量计、涡轮流量计、常用液位计、倒U形压差计、差压传感器、温度传感器等仪表构成、原理与使用方法。熟练调节设备仪表等参数。

③ 模拟流体流经直管和管件等阻力损失的测定方法。应用流体力学等理论解决流体输送阻力计算、离心泵操作等工程问题。

### 4.1.2 实验原理

**流体阻力测定**

在流体流动中，因自身黏性剪应力和流动涡流产生阻力而损耗一定机械能。化工生产过程阻力包括流经直管的阻力、流体运动方向改变所导致的局部阻力。

(1) 直管阻力测定

流体在水平等径直管中稳定流动时，阻力损失为

$$h_f=\frac{\Delta p_f}{\rho}=\frac{p_1-p_2}{\rho}=\lambda\frac{l}{d}\frac{u^2}{2} \tag{4-1}$$

可见，阻力可由静压力差计算得到。由利用U形管等液柱压差计测量压差数据，进而通过下列方法求出$\Delta p_f$。各个压差计的数据由压差变送器和二次仪表提供。测出流体的温度$T$，已知$d$、$u$，求出雷诺数$Re$，这样可分析出流体流过直管的摩擦系数$\lambda$与雷诺数$Re$的关系。

(2) 局部阻力测定

流体在水平等径直管中稳定流经异径管和阀门等管件时，引起的局部阻力损失有两种表示方法：当量长度法和阻力系数法。

① 当量长度法：整个管路流经管件的局部总机械能损失$\sum h_f$为

$$\sum h_f=\lambda\frac{l+\sum l_e}{d}\frac{u^2}{2} \tag{4-2}$$

② 阻力系数法：流体通过某一管件或阀门的机械能损失设定为流体在管内流动平均动能的倍数。即

$$h_f'=\frac{\Delta p_f'}{\rho}=\xi\frac{u^2}{2} \tag{4-3}$$

故

$$\xi=\frac{2\Delta p_f'}{\rho u^2}=\frac{2\Delta p'}{\rho u^2} \tag{4-4}$$

管件两侧距测压孔间的直管长度较短，与局部阻力相比，产生的摩擦损失可忽略不计。详情请见2.1的实验原理部分。

### 4.1.3 实训流程与主要设备

**1. 流体输送实训工艺流程(图4-1)**

光滑管、粗糙管均用于测定直管内流体湍流流动阻力；局部阻力管用于测定闸阀局部阻力。

**2. 装置结构尺寸(表4-1)**

**3. 实验步骤**

① 理解实验装置系统。

② 打开进水阀1，水来自带溢流装置的高位槽。

③ 打开阀2、3、4、5、6排尽管道中的空气，之后关阀5、6。

④ 管道内水静止(零流量)时，将倒U形压差计调节到测量压差正常状态。

⑤ 打开阀7、8、9、10排尽差压传感器测压导管内的气泡，然后关闭阀。打开差压传感器数据测量仪电源，记录零点数值。

⑥ 关闭阀2，打开阀6并调节流量使转子流量计的流量示值(转子最大截面处对应的刻度值)分别为2 $m^3/h$，3 $m^3/h$，4 $m^3/h$，…，10 $m^3/h$，测得每个流量(8～9个)下对应的光滑管和粗糙管阻力(压差$mmH_2O$)，分别记下倒U形压差计和差压传感器测量仪表的读数。

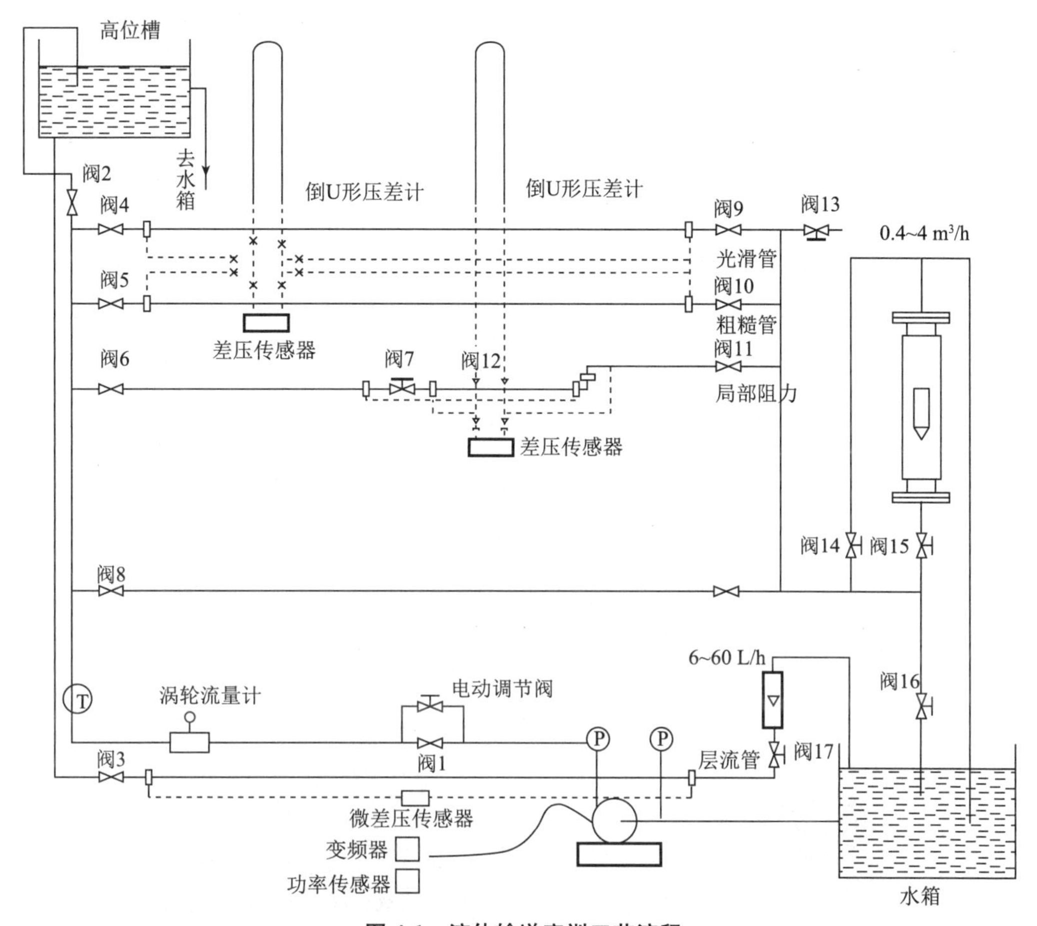


图 4-1 流体输送实训工艺流程

表 4-1 装置结构尺寸

| 名称 | 材质 | 管内径/mm | | | | 测试段长度/m |
|---|---|---|---|---|---|---|
| | | 装置号 | | | | |
| | | (1) | (2) | (3) | (4) | |
| 光滑管 | 不锈钢管 | 32.06 | 32.05 | 32.20 | 32.10 | 2.0 |
| 粗糙管 | 镀锌铁管 | 36.69 | 36.68 | 36.67 | 36.63 | |
| 局部阻力 | 不锈钢管 | 26.65 | 28.60 | 28.61 | 28.62 | / |

注意：调节好流量后，须等一段时间，待水流稳定后才能读数，测完后关闭阀 6 和阀 2，打开阀 3，测得闸阀全开时的局部阻力。（流量设定为 2 $m^3/h$、3 $m^3/h$、4 $m^3/h$，测三个点对应的压差，以求得平均的阻力系数）

⑦ 实验结束后打开系统排水阀 5，排尽水，以防锈和冬天防冻。

**4. 注意事项**

开启、关闭管道上的各阀门及倒 U 形压差计上的阀门时，一定要缓慢开关，切忌用力过猛过大，防止测量仪表因突然受压、减压而受损(如玻璃管断裂、阀门滑丝等)。

**5. 数据记录与处理**

流体流动阻力测定实验数据记录见表 4-2。

**表 4-2 流体流动阻力测定实验数据记录**

| 序号 | 流量/($m^3$/h) | 光滑管压差/m | 流量/($m^3$/h) | 粗糙管压差/m | 流量/($m^3$/h) | 闸阀(全开)阻力/m | 流量/($m^3$/h) | 弯管阻力/m |
|---|---|---|---|---|---|---|---|---|
| | | | | | | | | |
| | | | | | | | | |
| | | | | | | | | |

## 4.1.4 仿真实验运行系统

流体输送综合仿真运行 3D 界面见图 4-2，实验操作模块简介见图 4-3。

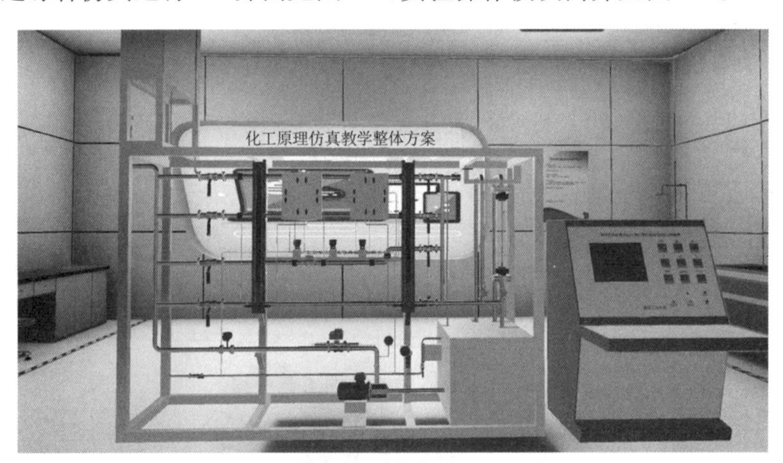


图 4-2 流体输送综合仿真运行 3D 界面

图 4-3 实验操作模块简介

**3D 场景仿真系统介绍**

**1. 移动方式**

按住“WSAD”键可控制当前角色向前后左右移动。

按住“WSAD”键的同时按住“SHIFT”可快速移动。

**2. 视野调整**

按住鼠标右键可进行视角的转动。

按住“Q”“E”键可进行镜头的远离和拉近。

按住“Z”“C”键可进行镜头的上升和下降。

点击“R”键进行镜头的还原。

**3. 操作方式**

实验中通过物体闪烁高亮，来指引学生的操作。

鼠标左键点击可以选择或移动物体。

**4. 阀门操作(调节阀、流量计阀、压力调节阀等)**

鼠标左键单击阀门旋钮，选中阀门。

鼠标悬浮在阀门上，通过滚动滚轴(顺时针或逆时针)来调节阀门开度。

左键再次单击，确认调节结束。

注意：可调阀操作要遵循以上规律，以确保调节无误。

**5. 菜单功能(图 4-4)**

**图 4-4　菜单功能**

选择练习模式之后，会出现“任务”按钮，点击后会出现任务选择的界面。“任务选择”将整个场景分成几个模块，可以自由选择关卡和任务，但需要注意的是，当选择了一个任务之后，必须完成当前任务之后，才可以再次选择，并且，每个任务只能学习一次，完成之后，不能重复选择和学习。

流体阻力测定实验里总共有 3 页数据记录的表格，分别是光滑管和粗糙管数据记录表、局部阻力和弯管阻力数据记录表、实验结果计算记录表。在实验过程中，根据提示操作，在记录数据的步骤里，当前需要记录的数据的记录按钮就会有效，可以被点击。每一个部分的实验都分别对应一个数据记录按钮，分别有文字显示，每一部分的实验依次点击按钮，依次记录数据 1～10 组。数据不能反复记录，一组只能记录一次。

翻页至第 3 页后，实验结果数据记录表需要操作者根据记录数据，选择一组进行计算，将相应的结果填入对应的输入框中，并且点击“确定”按钮，提交数据。数据可以提交多次，防止失误导致的填写错误。选择考核模式时，所有的按钮都一直有效，可以根据学习者选择不同的实验部分来记录数据，不用完全限定实验操作顺序。

点击“帮助”按钮，弹出帮助界面(图 4-5)，再次点击可以关闭帮助界面。

点击“测验”按钮，弹出思考题(实验室操作部分)界面；再次点击可以关闭思考题界面：可以在思考题界面左下方的按钮进行翻页，在最后一道题的界面上有提交按钮，作答完成后，点击“提交”按钮对思考题进行评分。流体实验将共设置 4 道思考题目。

**6. 阀门操作/查看仪表**

当控制角色移动到目标阀门或仪表附近时，鼠标悬停在该物体上，此物体会闪烁，说明

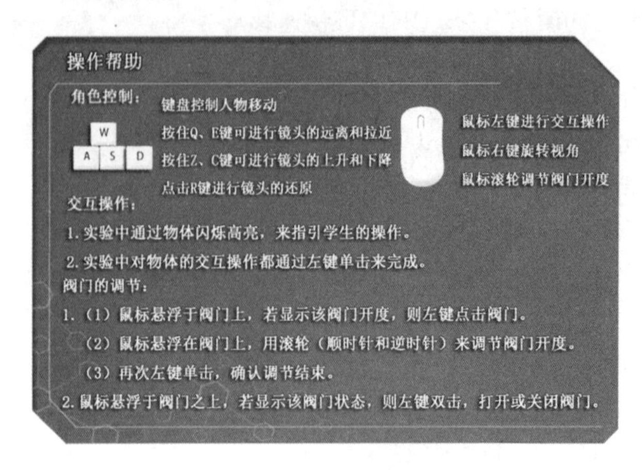


**图 4-5　帮助界面**

可以进行操作。

左键双击闪烁物体，可进入操作界面，切换到阀门/仪表近景。

在界面上有相应的设备操作面板或实时数据显示，如液位、压力。

点击界面右上角关闭标识即可关闭界面。

## 4.1.5　操作规程(练习模式)

### 1. 实验准备工作

实验操作规程和注意事项。根据任务提示(图 4-6)进行操作，进行实验原理和实验目的学习。学习完成之后，再回答思考题。

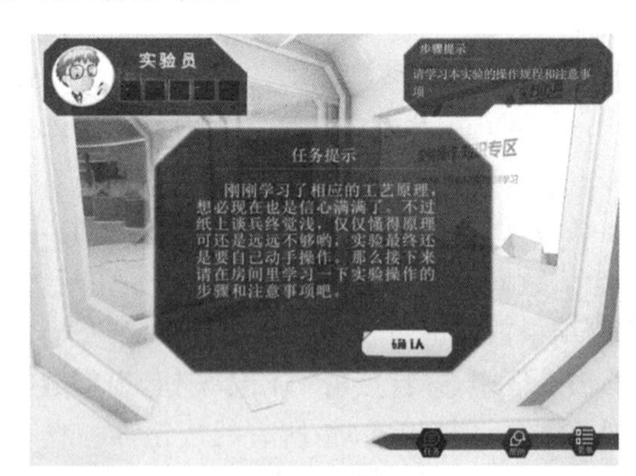


**图 4-6　任务提示**

设备展示厅展示了相关的一些设备，分别是换热器、填料塔、板式塔、离心泵、闸阀、球阀、均压环、转子流量计、孔板流量计、活接头等。可以随意点击查看对应设备的相关介绍(图 4-7)。

实验室设备搭接：根据实验要求，对实验装置的部分设备与管道进行选型，选择正确的型号或者尺寸，将实验装置搭接完整。选择正确或错误，都会有反馈提示；鼠标点击后，设备跟随鼠标移动，可以放回原位，也可以在实验装置上搭接；将设备拿起之后，可以滚动鼠标的滚轴，设备会绕中心 360°旋转，可以更加便捷和完整地看到整个设备的结构和形状(图 4-8)。

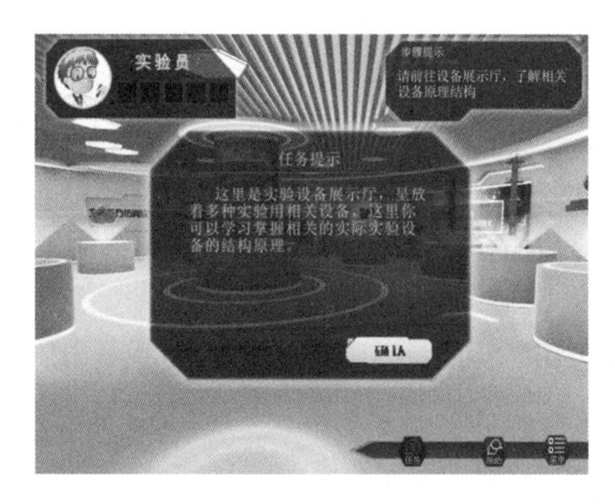


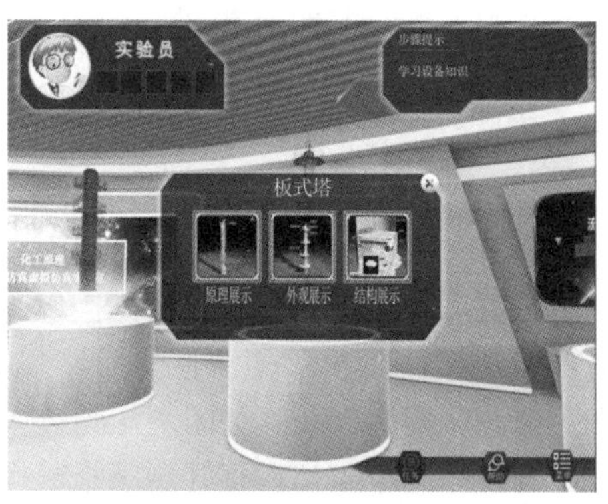


图 4-7　设备的相关介绍

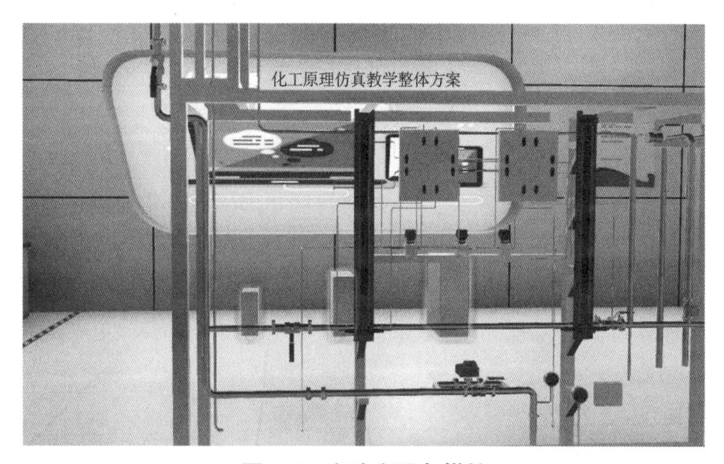


图 4-8　实验室设备搭接

**2. 阻力系数测定操作**

① 打开总电源开关，启动离心泵。

② 全开出水阀 V101，打开光滑管入口阀 V104，打开光滑管出口阀 V109。

③ 打开转子流量计前阀 V115（流量不要太大）。

④ 打开测压阀组中的连接光滑的管阀门 V121。

⑤ 打开测压阀组中的连接光滑的管阀门 V122。

⑥ 打开测压阀组中的连接差压传感器的阀门 V119。

⑦ 打开测压阀组中的连接差压传感器的阀门 V120。

⑧ 打开测压阀组中的连接倒 U 形压差计的阀门 V125。

⑨ 打开测压阀组中的连接倒 U 形压差计的阀门 V126。

⑩ 调节阀 V115 开度，使流量分别为 1.5 $m^3/h$、2 $m^3/h$、2.5 $m^3/h$、3 $m^3/h$、3.5 $m^3/h$、4 $m^3/h$、4.5 $m^3/h$、5 $m^3/h$、5.5 $m^3/h$、6 $m^3/h$，记录这十组数据的光滑管压差。

⑪ 关闭阀 V104，关闭阀 V109。

⑫ 打开阀 V105，打开阀 V110。

⑬ 关闭测压阀组中的 V121，关闭测压阀组中的 V122。

⑭ 打开测压阀组中的 V123，打开测压阀组中的 V124。

⑮ 调节阀 V115 开度，使流量分别为 1.5 $m^3/h$、2 $m^3/h$、2.5 $m^3/h$、3 $m^3/h$、3.5 $m^3/h$、4 $m^3/h$、4.5 $m^3/h$、5 $m^3/h$、5.5 $m^3/h$、6 $m^3/h$，记录这十组数据的粗糙管压差。

⑯ 关闭阀 V105，关闭阀 V110。

⑰ 打开阀 V106，打开阀 V111，全开阀 V107。

⑱ 打开测压阀组 V129，打开测压阀组 V130，打开测压阀组 V127，打开测压阀组 V128。

⑲ 打开测压阀组 V133，打开测压阀组 V134。

⑳ 调节阀 V115 开度，使流量分别为 2、3、4 $m^3/h$，记录这三组数据的局部阻力压差。

㉑ 关闭测压阀组 V129，关闭测压阀组 V130。

㉒ 打开测压阀组 V131，打开测压阀组 V132。

㉓ 调节阀 V115 开度，使流量分别为 2、3、4 $m^3/h$，记录这三组数据的弯管阻力压差。

㉔ 停止水泵的运转，关闭水泵出口阀 V101，关闭总电源开关。

㉕ 生成实验报告，界面点击“按钮生成报告”，即可自动生成 pdf 版实验报告。

### 4.1.6 操作规程(考核模式)

选择考核模式后，会直接进入实验室，跳过前面的所有学习的内容。考核模式主要是为了检验学习者对于该实验的掌握熟悉程度，进入之后，没有“任务”按钮，不会出现高亮闪烁引导和文字提示，实验装置上所有的阀门均可以随意操作，尽最大可能模拟真实实验装置，让学习者能真正掌握相应实验的操作和知识。

### 4.1.7 思考题

① 设定流体在等径水平直管中流动，压差计读数 $R$ 是什么压头之差？

② 请分析流体流过转子流量计时流量增大，其压力将会如何变化？

③ 倒 U 形管压差计使用时，关闭________，然后打开________和________两个阀门，让水进入玻璃管至平衡水位，最后关闭平衡阀门，压差计即处于待用状态。(　　)

A. 平衡阀门，进气阀门，低压侧阀门，出水活栓，高压侧阀门

B. 平衡阀门，出水活栓，进气阀门，低压侧阀门，高压侧阀门

C. 平衡阀门，出水活栓，高压侧阀门，进气阀门，低压侧阀门

D. 平衡阀门，低压侧阀门，高压侧阀门，出水活栓，进气阀门

## 4.2 离心泵串并联仿真实验

### 4.2.1 实验目的

① 通过仿真和实操等不同角度增进对离心泵的基本构造、操作方法的了解。

② 学会离心泵特性曲线的测定与表示方法的计算机仿真技术。

③ 通过模拟比较不同操作条件下离心泵性能与管路特性曲线的测定方案。

④ 采用现代仿真手段，掌握对离心泵并、串联运行工况及其特点的感性认识。通过计算技术生成单泵的工作曲线和两泵并、串联总特性曲线。

⑤ 学会涡轮流量传感器及智能流量积算仪的工作原理和使用方法。

## 4.2.2 实验原理

**1. 离心泵特性曲线**

在特定的型号和转速下，离心泵扬程 $H$、轴功率 $N$ 及效率 $\eta$ 随流量 $Q$ 而改变。实验测定的 $H$-$Q$、$N$-$Q$ 及 $\eta$-$Q$ 描述的曲线关系，为该泵特性曲线。该曲线为合理选泵和选择泵适宜操作条件的主要根据，基本原理如下。

(1) $H$ 的测定

泵入口处和出口处机械能守恒

$$H=(z_{出}-z_{入})+\frac{p_{出}-p_{入}}{\rho g}+\frac{u_{出}^2-u_{入}^2}{2g}+H_{f入-出} \tag{4-5}$$

式 $H_{f入-出}$是泵吸入口和压出口之间管路内的流体流动阻力，值小可忽略。于是式(4-5)可变为

$$H=(z_{出}-z_{入})+\frac{p_{出}-p_{入}}{\rho g}+\frac{u_{出}^2-u_{入}^2}{2g} \tag{4-6}$$

将仿真得到的$(z_{出}-z_{入})$和$(p_{出}-p_{入})$值及计算所得 $u_{入}$、$u_{出}$代入式(4-6)求得 $H$ 值。

(2) $N$ 的测定

根据原理，功率表显示的即为电动机输入功率。点击功率表可带动泵运转，其传动效率设定为 1.0，推得泵的轴功率就是电动机输出功率，通过电动机的输入功率、电动机的效率可求得泵的轴功率。

泵的轴功率 $N$=电动机输入功率(功率表显示值)×电动机效率，kW。

(3) $\eta$ 的测定

$$\eta=\frac{N_e}{N} \tag{4-7}$$

式中，$N_e$ 为泵有效功率，$N_e=\frac{HQ\rho g}{1\,000}=\frac{HQ\rho}{102}$。其中 $H$ 为泵压头，m；$Q$ 为泵流量，$m^3/s$；$\rho$ 为水密度，$kg/m^3$。$\eta$ 为泵效率；$N$ 为泵轴功率，kW。

**2. 管路特性曲线**

当离心泵安装在相应生产管路后，其实际工作压头和流量受到离心泵自身性能的影响，也受所在管路特性的制约，泵和管路二者相互依存。

管路特性曲线表示为流体流经管路，所需压头 $H$ 与流量 $Q$ 的关系。将泵特性曲线与管路特性曲线同时体现同一坐标系，则两线交点就是泵在该管路的适宜操作点。可通过改变阀门开度来改变管路特性曲线。同样，可通过调节泵转速，获得泵的不同特性曲线，从而得出管路特性曲线。

**3. 泵的并联工作**

规模化化工生产的单台泵基本难以满足生产要求，需要几台组合运行。组合方式有串

联和并联两种方式。实验利用多台性能相同泵的组合操作，基本思路是：多台泵无论怎样组合，都可以看作是一台泵，因而需要找出组合泵的特性曲线。

当用单泵不能满足工作需要的流量时，可采用两台泵（或两台以上）的并联工作方式，如图 4-9 所示。离心泵Ⅰ和泵Ⅱ并联后，在同一扬程下，其流量 $Q_{并}$ 是这两台泵的流量之和，$Q_{并}=Q_{\mathrm{I}}+Q_{\mathrm{II}}$。并联后系统特性曲线，就是在各相同扬程下，将两台泵特性曲线 $(Q\text{-}H)_{\mathrm{I}}$ 和 $(Q\text{-}H)_{\mathrm{II}}$ 上的对应的流量相加，得到并联后的各相应合成流量 $Q_{并}$，最后绘出 $(Q\text{-}H)_{并}$ 曲线如图 4-10 所示。图中两根虚线为两台泵各自的特性曲线 $(Q\text{-}H)_{\mathrm{I}}$ 和 $(Q\text{-}H)_{\mathrm{II}}$；实线为并联后的总特性曲线 $(Q\text{-}H)_{并}$，根据以上所述，在 $(Q\text{-}H)_{并}$ 曲线上任一点 $M$，其相应的流量 $Q_M$ 是对应具有相同扬程的两台泵相应流量 $Q_{\mathrm{I}}$ 和 $Q_{\mathrm{II}}$ 之和，即 $Q_M=Q_{\mathrm{I}}+Q_{\mathrm{II}}$。

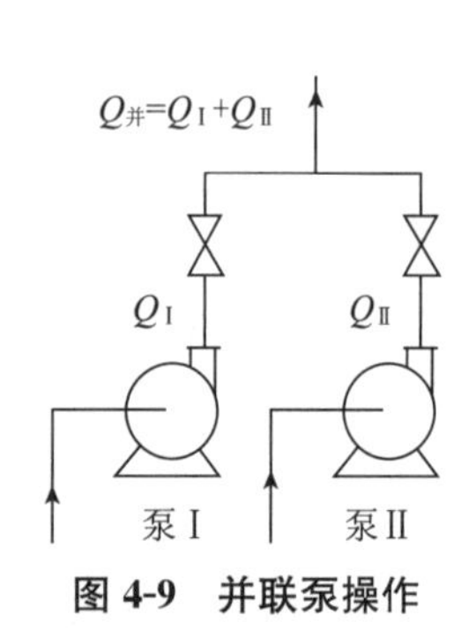


**图 4-9　并联泵操作**

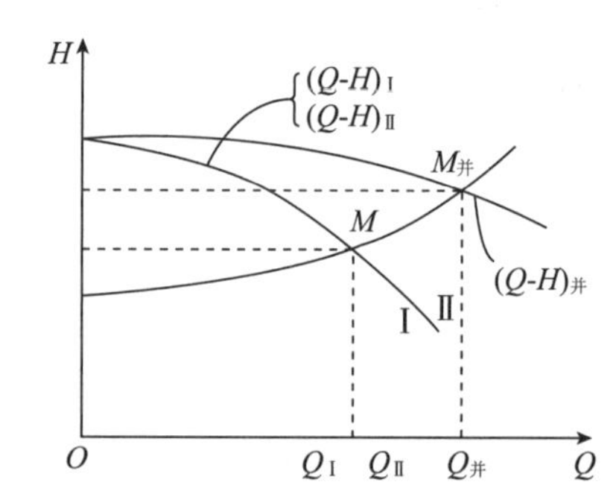


**图 4-10　性能曲线相同的两台泵并联特性曲线**

上面所述的是两台性能不同的泵并联。在工程实际中，普遍遇到的情况是用同型号、同性能的泵并联，如图 4-11 所示。$(Q\text{-}H)_{\mathrm{I}}$ 和 $(Q\text{-}H)_{\mathrm{II}}$ 特性曲线相同，在图上彼此重合，并联后的总特性曲线为 $(Q\text{-}H)_{并}$。本实验就是两台相同性能的泵并联。

进行教学实验时，可以分别测绘出单台泵Ⅰ和泵Ⅱ工作时的特性曲线 $(Q\text{-}H)_{\mathrm{I}}$ 和 $(Q\text{-}H)_{\mathrm{II}}$，把它们合为两台泵并联的总性能曲线 $(Q\text{-}H)_{并}$。再将两台泵并联运行，测出并联工况下的某些实际工作点与总性能曲线相应点比较。

**4. 泵的串联工作**

当单台泵工作不能提供所需要的压头时，可用两台泵（或两台上）的串联方式工作。离心泵串联后，通过每台泵的流量 $Q$ 是相同的，而合成压头是两台泵的压头之和。在同一流量下把两台泵对应扬程叠加起来就可得出泵串联的相应合成压头，从而可绘制出串联系统的总特性曲线，如图 4-11 所示。串联特性曲线上任一点 $M$ 的压头，对应于相同流量 $Q_M$ 的两台单泵Ⅰ和Ⅱ的压头 $H_{\mathrm{A}}$ 和 $H_{\mathrm{B}}$ 之和，即 $H_M=H_{\mathrm{A}}+H_{\mathrm{B}}$。

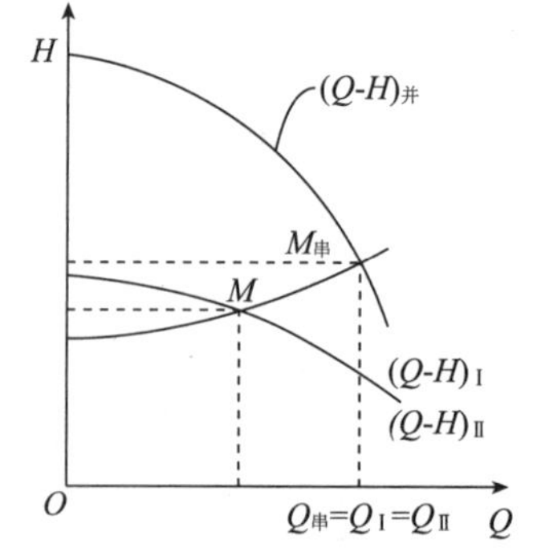


**图 4-11　两台性能相同泵的串联的特性曲线**

教学实验时，可以分别测绘出单台泵泵Ⅰ和泵Ⅱ的特性曲线 $(Q\text{-}H)_{\mathrm{I}}$ 和 $(Q\text{-}H)_{\mathrm{II}}$，并将它们合成为两台泵串联的总性能曲线 $(Q\text{-}H)_{串}$，再将两台泵串联运行，测出串联工况下的某些实际工作点与总性能曲线的相应点比较。

## 4.2.3 实训流程与主要设备

**1. 离心泵装置**

离心泵性能特性曲线测定工艺控制装置同图 4-1,离心泵性能特性曲线测定实验仪控面板见图 4-12。

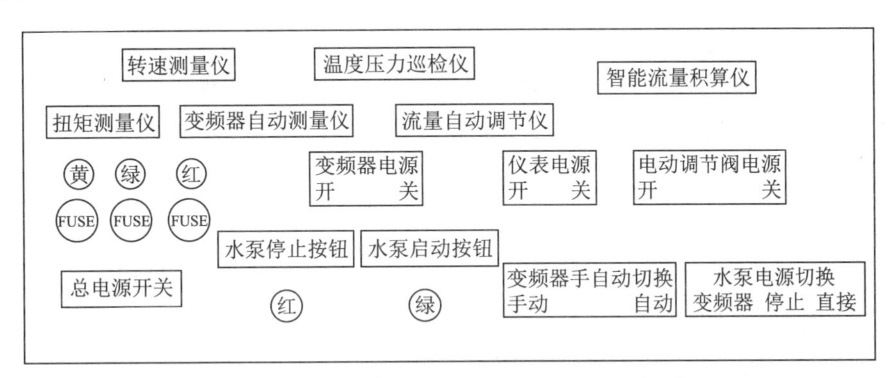


图 4-12 离心泵性能特性曲线测定实验仪控面板

**2. 实验步骤**

① 仪表上电:打开总电源开关,打开仪表电源开关;打开三相空气开关,把离心泵电源转换开关旋到直接位置,即由电源直接启动,这时离心泵停止按钮灯亮。

② 打开离心泵出口阀,打开离心泵灌水阀,对水泵进行灌水,注意在打开灌水阀时要慢慢打开,不要开得太大,否则会损坏真空表。灌好水后关闭泵的出口阀与灌水阀。

③ 检查扭矩传感器的挂绳有没有脱离水泵(如没有脱离,一定要让挂绳脱离水泵否则会拉坏扭矩传感器)。

④ 实验软件的开启:打开"离心泵性能特性曲线测定实验组态"文件,出现提示输入工程密码对话框,输入密码后,进入组态环境,按"F5"键进入软件运行环境。按提示输入班级、姓名、学号、装置号后按"确定"进入"离心泵性能特性测定实验软件"界面,点击"恒定转速下的离心泵性能特性曲线测定"按钮,进入实验界面。

⑤ 当一切准备就绪后,按下离心泵启动按钮,启动离心泵,这时离心泵启动按钮绿灯亮。启动离心泵后把出水阀开到最大,开始进行离心泵实验。

⑥ 流量调节。A. 手动调节,通过泵出口闸阀调节流量。B. 自动调节,通过图 4-14 所示仪控面板中流量自动调节仪表来调节电动调节阀的开度,以实现流量的手自动控制:a. 仪表手动调节在仪表面板上进行,按照万迅仪表说明书第 20 页的操作方式将仪表调到手动操作模式,按上下键(˄、˅)进行调节,通过输出信号的增大或减小来控制调节阀开度的增大或减小,达到调节流量的目的。b. 仪表自动调节,在"恒定转速下的离心泵性能特性曲线测定"实验界面中,单击"手动调节中"按钮,则进入自动调节状态,直接单击"设定输出"按钮,输入调节阀开度值即可自动由调节阀控制流量。

注意：自动调节实验时，关闭流量手动调节阀门，打开电动调节阀前面的阀门，打开电动调节阀电源开关，给电动调节阀上电。流量自动调节仪的使用：仪表手动调节时，在仪表手动状态下按向上键(˄)增大输出流量到最大，使调节阀开到最大。然后等流量稳定时，把扭矩传感器的挂钩挂在电机力臂上，旋转下面的圆盘，使平衡臂对准准星。等数据稳定后，按下软件的“数据采集”按钮采集数据。采集完数据，把扭矩传感器的挂钩卸下。用向下键(˅)减小流量，在不同流量下分别按下“数据采集”按钮采集数据。仪表自动调节时，在软件界面中单击“手动调节中”按钮，则进入自动调节状态(“自动调节中”)，单击“设置输出”按钮，输入100，把调节阀开到最大。等流量稳定后，把扭矩传感器的挂钩挂在电机平衡臂上，旋转下面的圆盘，使平衡臂对准准星。等数据稳定后，按下软件的“数据采集”按钮采集数据。采集完数据，把扭矩传感器的挂钩取下。改变设置输出的大小，改变流量，采集不同流量下的数据。

⑦ 实验完毕，要先把扭矩传感器的挂钩取下，让挂钩与力臂脱离，再按下仪表台上的水泵停止按钮，停止水泵的运转。关闭水泵出口阀，单击“退出实验”，回到“离心泵性能特性测定实验软件”界面，再单击“退出实验”按钮退出实验系统。

⑧ 如果要改变离心泵的转速，测定另一转速下的性能特性曲线，则可以用变频器来调节离心泵的转速。如果要测定离心泵的串联或并联的组合性能特性曲线，则可以通过管路上的阀门把两台泵组合成串联或并联。

⑨ 关闭以前打开的所有设备电源。

注意事项：实验开始时，灌泵用的进水阀门开度要小，以防进水压力过大损坏真空表。在实验开始时扭矩传感仪钩子要取下，在测数据时再装上，每测一组数据立刻取下，要测下一组数据再装上。

**3. 数据记录、处理**

流体流动阻力测定实验数据记录见表4-3，离心泵性能特性曲线数据计算结果见表4-4。

**表4-3 流体流动阻力测定实验数据记录**

| 序号 | 流量 $Q/(m^3/h)$ | P真空表/kPa | P压力表/kPa | 转速/(r/min) | 电机功率 $N_{电}/W$ |
|---|---|---|---|---|---|
| | | | | | |
| | | | | | |
| | | | | | |

**表4-4 离心泵性能特性曲线数据计算结果**

| 流量 $Q/(m^3/h)$ | 扬程 $H/m$ | 轴功率 $N/kW$ | 泵效率 $\eta/\%$ |
|---|---|---|---|
| | | | |
| | | | |
| | | | |

## 4.2.4 仿真实验运行系统

3D 场景仿真系统运行界面见图 4-13,实验操作简介界面见图 4-14。

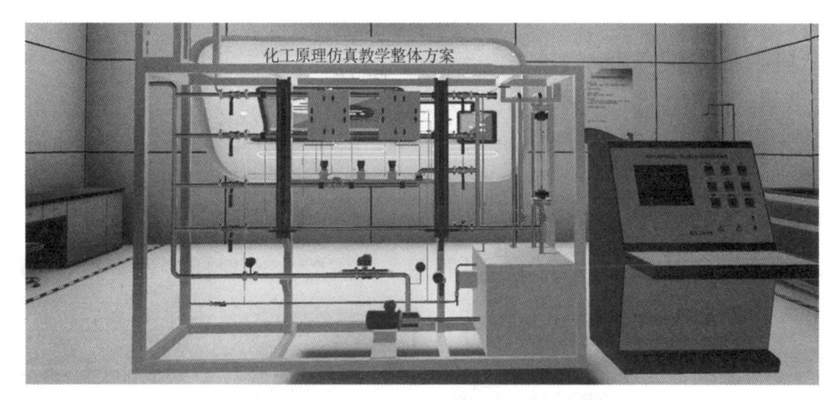


图 4-13 3D 场景仿真系统运行界面

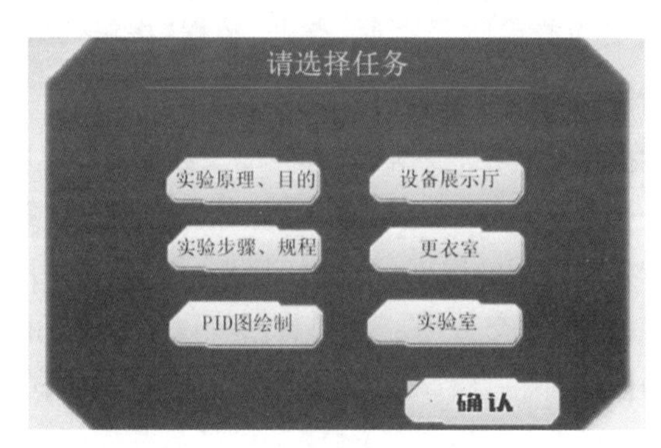


图 4-14 实验操作简介界面

**3D 场景仿真系统介绍**

**1. 移动方式**

按住“WSAD”键可控制当前角色向前后左右移动。

按住“WSAD”键的同时按住“SHIFT”键可快速移动。

**2. 视野调整**

按住鼠标右键可进行视角的转动。

按住“Q”“E”键可进行镜头的远离和拉近。

按住“Z”“C”键可进行镜头的上升和下降。

点击“R”键进行镜头的还原。

**3. 操作方式**

实验中通过物体闪烁高亮,来指引学生的操作。

鼠标左键点击可以选择或移动物体。

**4. 阀门操作(调节阀、流量计阀、压力调节阀等)**

鼠标左键单击阀门旋钮,选中阀门。

鼠标悬浮在阀门上,通过滚动滚轴(顺时针或逆时针)来调节阀门开度。

左键再次单击,确认调节结束。

注意:可调阀操作要遵循以上规律,以确保调节无误。

**5. 菜单功能(图 4-15)**

**图 4-15 菜单功能**

选择练习模式之后,会出现“任务”按钮,点击后会出现任务选择的界面。“任务选择”将整个场景分成几个模块,可以自由选择关卡和任务,但需要注意的是,当选择了一个任务之后,必须完成当前任务之后,才可以再次选择,并且,每个任务只能学习一次,完成之后,不能重复选择和学习。

“数据”按钮会在实验操作阶段出现,点击“数据”按钮,会出现“数据记录表”的界面;再次点击可以关闭当前的数据记录表的界面。

离心泵实验:在实验操作过程中,根据提示,在记录数据时,点击“记录数据”按钮,记录当前一组数据;依次点击会依次从 1～10 记录 10 组数据。翻页到第二页之后,是实验结果数据记录表,需要操作者根据记录的数据,选择一组进行计算,将相应的结果填入对应的输入框中,并且点击“确定”按钮,提交数据。提交数据可以多次,防止失误导致的填写错误。选择考核模式时,所有的按钮都一直有效,可以根据学习者的操作,自由记录数据,不限定实验操作顺序。

“帮助”按钮功能同实验 4.1。

点击“测验”按钮,弹出思考题(实验室操作部分)界面;再次点击可以关闭思考题界面:可以在思考题界面左下方的按钮进行翻页,在最后一道题的界面上有提交按钮,作答完成后,点击“提交”按钮对思考题进行评分。离心泵实验思考题分成 3 个部分,总共设置 10 道题目。

## 4.2.5 操作规程(练习模式)

**1. 实验准备工作同 4.1**

**2. 离心泵特性测定操作**

① 打开总电源开关。

② 启动离心泵。调节离心泵转速为 2 900 r/min。

③ 全开出水阀 V101。

④ 打开阀 V108。

⑤ 打开阀 V112。

⑥ 打开阀 V114。

⑦ 在仪表台上读出电机转速 $n$、流量 $Q$、水温 $T$、进口真空表读数 $p_1$ 和出口压力表读数 $p_2$，并记录。

⑧ 调节阀门 V101 减小流量，测得另一流量对应的各个数据，重复 10 组。

⑨ 停止离心泵的运转。

⑩ 关闭水泵出口阀 V101。

⑪ 关闭总电源开关。

**3. 生成实验报告**

界面点击按钮生成报告，即可自动生成 pdf 版实验报告。

## 4.2.6　操作规程(考核模式)

**1. 操作步骤同 4.1**

**2. 思考题**

① 离心泵的设计点应该取决于________。

A. 泵铭牌上的流量和扬程　　B. 泵的最大效率所对应的点

C. 泵的特性曲线　　D. 泵的特性曲线与管路特性曲线的交点

② 离心泵铭牌上标明的流量是指________。

A. 效率最高时的流量　　B. 泵的最大流量

C. 扬程最大时的流量　　D. 扬程最小时的流量

③ 当管路性能曲线描述为 $H=A+BV^2$ 时，________。

A. $A$ 只包括单位重量流体需增加的位能

B. $A$ 包括单位重量流体需增加的位能与静压能之和

C. $BV^2$ 代表管路系统的局部阻力损失

D. $BV^2$ 代表单位重量流体增加的动能

④ 离心泵最常用的调节方法是________。

A. 改变吸入管路中的阀门开度　　B. 改变压出管路中阀门的开度

C. 安置回流支路，改变循环量的大小　　D. 车削离心泵的叶轮

⑤ 离心泵调节阀的开度改变时，________。

A. 不会改变管路性能曲线　　B. 不会改变工作点

C. 不会改变泵的特性曲线　　D. 不会改变管路所需的扬程

⑥ 在测定离心泵特性曲线时，安装错误的是________。

A. 泵进口处安真空表　　B. 进口管路上安节流式流量计

C. 泵出口处安压力表　　D. 出口管路上安调节阀

⑦ 离心泵两敞口容器间输液，说法正确的是：当 $\rho$ 变化，离心泵的________。

A. $H_e$-$V$ 特性曲线发生变化，$N_a$-$V$ 线也发生变化

B. $H_e$-$V$ 特性曲线不发生变化，但 $N_a$-$V$ 特性曲线要发生变化

C. $H_e$-$V$ 特性曲线发生变化，$N_a$-$V$ 特性曲线不发生变化

D. $H_e$-$V$ 特性曲线与 $N_a$-$V$ 特性曲线都不发生变化

⑧ 一台离心泵管路系统工作，当阀门全开时，相应管路性能曲线可写为 $H=A+BV^2$ 且 $B\approx 0$（即动能增加值、阻力损失两项和与位能增加值、压能增加值两项之和相较甚小），当泵的转速增大 10%，如阀门全开，实际操作中________。

A. 扬程增大 21%，流量增大 10%　　B. 扬程大致不变，流量增大 10%以上

C. 扬程减小，流量增大 21%　　D. 流量不变，扬程增大 21%

⑨ 请分析离心泵发生气缚现象的原因，操作过程应该如何克服？

⑩ 本流程中，测定离心泵性能曲线的流量调节阀门应该是哪个阀门？

# 4.3 恒压过滤仿真实验

## 4.3.1 实验目的

① 通过仿真技术全方位了解板框过滤机的结构，掌握其操作方法。

② 学会自动测定恒压过滤操作时的过滤常数 $K$、$q_e$、$\tau_e$、压缩指数 $s$ 的方法。

③ 了解操作压力对过滤速率效果的影响，理解压力定值调节阀、滤液量自动测量仪操作原理与方法。

## 4.3.2 实验原理

过滤过程是将悬浮液送至过滤介质的一侧，在外力的作用下，液体通过介质成为滤液，介质的孔道和固体颗粒被截流形成滤饼。过滤速率取决于过滤压强差及过滤阻力。滤布和滤饼两部分形成过滤阻力。本质上流体通过固体颗粒床层的流动，滤饼厚度随着时间而增加，恒压过滤速率随着时间而不断降低。利用流体通过固定床压降的简化模型，寻求滤液量与时间关系。对不可压缩滤饼，过滤速率可表示为

$$\frac{dq}{d\tau}=\frac{K}{2(q+q_e)} \tag{4-8}$$

式中，$q_e=V_e/A$（$V_e$ 为阻力相等的滤饼层所得虚拟滤液量，$m^3$；$A$ 为过滤面积，$m^2$）；$\tau$ 为过滤时间，s；$q$ 为 $\tau$ 时间内单位面积的累计滤液量，$m^3/m^2$；$K$ 为过滤常数，$m^2/s$；

恒压过滤时，将式(4-8)微分方程积分可得

$$(q+q_e)^2=K(\tau+\tau_e) \tag{4-9}$$

式中，$K$、$q_e$、$\tau_e$ 三者总称为过滤常数。

**1. 过滤常数 $q_e$ 的测定方法**

将式(4-8)进行变换可得

$$\frac{d\tau}{dq}=\frac{2}{K}q+\frac{2}{K}q_e \tag{4-10}$$

以 $d\tau/dq$ 为纵坐标，$q$ 为横坐标，用 Origin 等软件作图，可得到直线，该线斜率为 $2/K$，截距为 $2q_e/K$。在不同的过滤时间 $\tau$ 下，设定单位过滤面积所得滤液量 $q$，由式(4-10)便可求出 $K$ 和 $q_e$。实验测定使用差分计算，可用$\frac{\Delta\tau}{\Delta q}$替换$\frac{d\tau}{dq}$，

$$\frac{\Delta\tau}{\Delta q}=\frac{2}{K}q+\frac{2}{K}q_e$$

采用计算机软件自动采集一系列时间间隔 $\Delta\tau_i$（$i$=1 、2 、3…）及对应的滤液体积 $\Delta V_i$（i=1 、2 、3…）。若在恒压过滤之前的 $\tau_1$ 时间内已通过单位过滤面积滤液 $q_1$，则在 $\tau_1$ 至 $\tau$ 及 $q_1$ 至 $q$ 范围内将(4-8)积分，整理后得

$$\frac{\tau-\tau_1}{q-q_1}=\frac{2}{K}(q-q_1)+\frac{2}{K}(q_1+q_e)$$

$\frac{\tau-\tau_1}{q-q_1}$与$(q-q_1)$函数关系为直线，可求出 $K$ 和 $q_e$。

**2. 比阻 $r$ 与压缩指数 $s$ 的求取**

考虑过滤常数 $K=\frac{2\Delta p}{r\mu\varphi}$受到过滤推动力的影响，因此，设定实验条件维持物料浓度恒定、过滤温度不变，采用不同的实验过滤压力差，通过一样的操作流程，实施过滤实验，可测出比阻 $r$ 与压差 $\Delta p$ 的关系曲线，利用计算机软件求比阻 $r$ 与压缩指数 $s$。实践证明，该实验数据具有工程实际价值，并可广泛应用到工业领域。

$$r=\frac{2\Delta p}{K\mu\varphi} \tag{4-11}$$

式中，$\mu$ 为实验条件下水的黏度，Pa・s；$\varphi$ 为实验条件下物料的体积含量；$K$ 为不同压差下的过滤常数，$m^2/s$；$\Delta p$ 为过滤压差，Pa。

改变压差，测定过滤常数 $K$，就可以推定该分离体系比阻 $r$，通过回归法，建立压差 $\Delta p$-比阻 $r$ 的关联式，可推导出 $r=r_0\Delta p^s$，该式两边取对数得

$$\lg r=s\lg(\Delta p)+\lg r_0 \tag{4-12}$$

用 Origin 等软件对 $\lg r$ 和 $\lg(\Delta p)$作图，可得到直线，该线斜率为 $s$，即压缩指数。可压缩滤饼 $s$ 为 0.2～0.8；不可压缩滤饼 $s=0$。

## 4.3.3　实训流程与主要设备

**1. 装置工艺流程图**

主要设备仪器：空压机、配料槽、压力储槽、板框过滤机和压力定值调节阀。

板框过滤机的结构尺寸：框厚度 25 mm，每个框过滤面积 0.024 $m^2$，框数 2 个。

空气压缩机规格型号：2VS-0.06/7，风量 0.06 $m^3$/min，最大气压为 0.7 MPa。

$CaCO_3$ 悬浮液在配料槽内配置成一定浓度后利用位差送入压力储槽中，用压缩空气加以搅拌使 $CaCO_3$ 不致沉降，同时利用压缩空气的压力将料浆送入板框过滤机过滤，滤液流入量筒或滤液量自动测量仪计量。

恒压过滤常数测定装置见图 4-16，恒压过滤常数测定实验仪控面板见图 4-17。

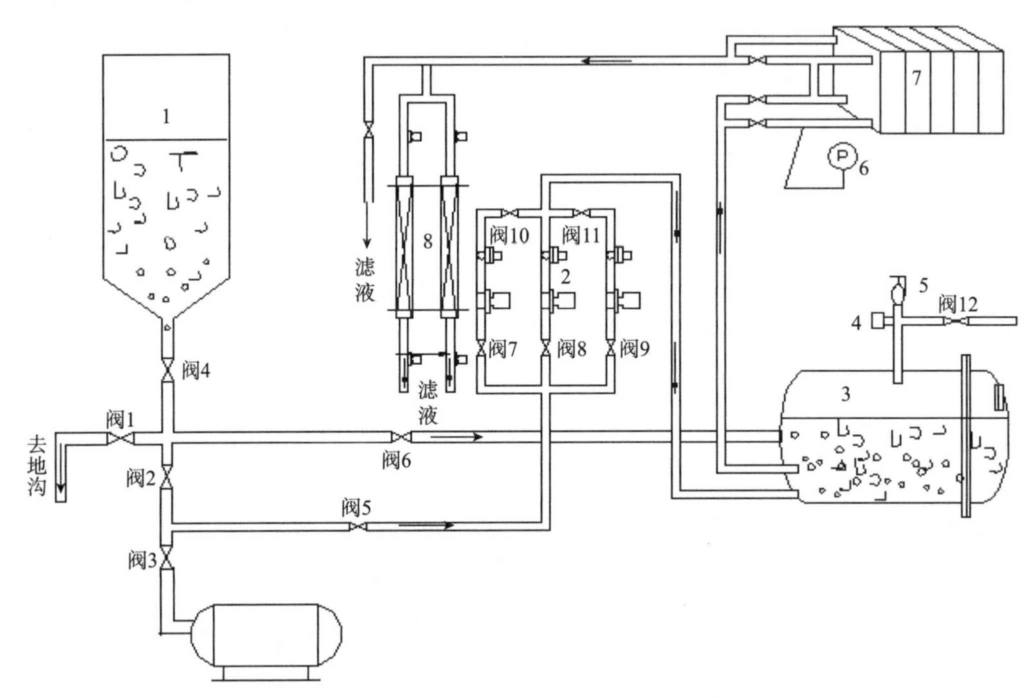


1—配料槽；2—压力定值调节阀；3—压力储槽；4—压力变送器；5—安全阀；
6—压力表；7—板框过滤机；8—滤液量自动测量仪。

**图 4-16　恒压过滤常数测定流程**

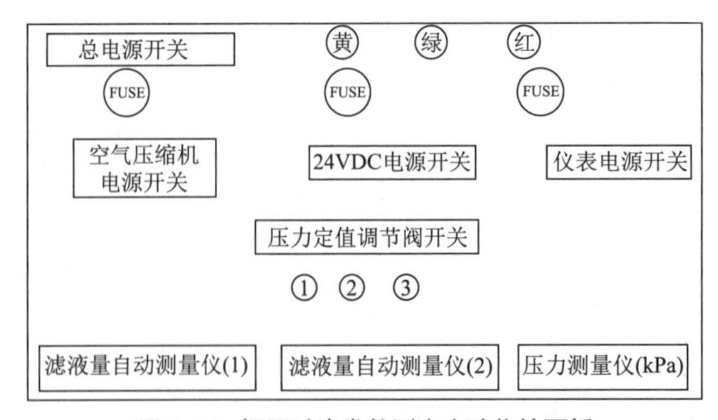


**图 4-17　恒压过滤常数测定实验仪控面板**

## 2. 实验步骤

① 配制含 $CaCO_3$ 8%～13%(质量分数)的水悬浮液。

② 仪表上电：打开总电源空气开关，打开仪表电源开关，打开 24 V 电源开关。

③ 开启空气压缩机。正确装好滤板、滤框及滤布。滤布使用前先用水浸湿。滤布要绑紧，不能起皱(用丝杆压紧时，千万不要把手压伤，先慢慢转动手轮使板框合上，然后再压紧)。

④ 打开阀 3、2、4，将压缩空气通入配料水，使 $CaCO_3$ 悬浮液搅拌均匀。

⑤ 关闭阀 2，打开压力储槽排气阀 12，打开阀 6，使料浆由配料槽流入压力储槽至 1/2～2/3 处，关闭阀 6；打开阀 5，后打开 1♯电磁阀，打开阀 7、10，开始做低压过滤实验。

⑥ 手动实验方法：每次实验应把滤液从汇集管刚流出的时刻作为开始时刻，每次 $\Delta V$ 取 800 mL 左右，记录相应的过滤时间 $\Delta\tau$。要熟练双秒表轮流读数的方法。量筒交替接液时不要流失滤液。等量筒内滤液静止后读出 $\Delta V$ 值和记录 $\Delta\tau$ 值。测量 10 个读数即可停止实验。关闭阀 7、阀 10，打开 3♯电磁阀和阀 11，重复上述操作做中等压力过滤实验。关闭阀 9、阀 11，打开 2♯电磁阀和阀 8，重复上述操作做高压力过滤实验。

⑦ 滤液量自动测量方法：打开"恒压过滤系数特性测试曲线实验 MCGS 组态"文件，出现提示输入工程密码对话框，输入密码"1121"后，进入组态环境，按"F5"键进入软件运行环境。按提示输入班级、姓名、学号、装置号后按"确定"进入"恒压过滤常数测定实验软件"界面，点击"恒压过滤常数测定实验"按钮，进入实验界面。当一切准备就绪后单击"开始按钮"开始实验，当测好所需的实验次数后单击"停止"按钮停止实验。若实验完毕则单击"退出实验"，回到"恒压过滤常数测定实验软件" 界面，再单击"退出实验"按钮退出实验系统。

⑧ 实验完毕关闭阀 8，打开阀 6、4，将压力储槽剩余的悬浮液压回配料槽，关闭阀 4、6。

⑨ 打开排气阀 12，卸除压力储槽内的压力。然后卸下滤饼，清洗滤布、滤框及滤板，关闭空气压缩机电源，关闭 24 V DC 电源，关闭仪表电源及总电源开关。

注意事项：滤饼、滤液要全部回收到配料槽。电磁阀、压力定值调节阀的顺序不能搞错。压力设定顺序为 1♯(低压)，3♯(中压)，2♯(高压)。若顺序搞错，压力定值调节阀会漏气。

**3. 数据记录、处理**

恒压过滤实验数据记录见表 4-5，恒压过滤实验数据计算结果见表 4-6。

**表 4-5　恒压过滤实验数据记录**

| 序号 | 压力 $p_1$=1.2 kg/cm$^2$ | | 压力 $p_2$=1.75 kg/cm$^2$ | | 压力 $p_3$=2.4 kg/cm$^2$ | |
|---|---|---|---|---|---|---|
| | 时间/s | 滤液量/mL | 时间/s | 滤液量/mL | 时间/s | 滤液量/mL |
| | | | | | | |
| | | | | | | |
| | | | | | | |

**表 4-6　恒压过滤实验数据计算结果**

| 压力 $p_1$=1.2 kg/cm$^2$ | 压力 $p_2$=1.75 kg/cm$^2$ | 压力 $p_3$=2.4 kg/cm$^2$ |
|---|---|---|
| 过滤常数 $K$= | 过滤常数 $K$= | 过滤常数 $K$= |
| 压缩指数 $s$= | | |

## 4.3.4 仿真实验运行系统

3D 场景仿真系统运行界面见图 4-18，实验操作简介界面见图 4-19。

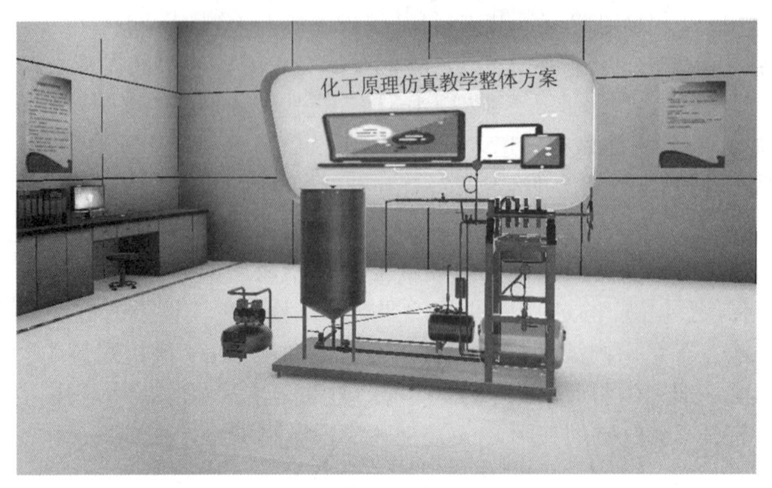


图 4-18　3D 场景仿真系统运行界面

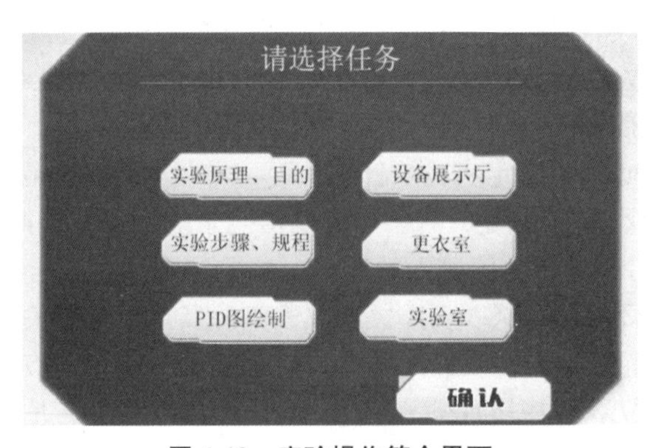


图 4-19　实验操作简介界面

**3D 场景仿真系统介绍**

① 移动方式、视野调整、操作方式、阀门操作同实验 4.1。

② 菜单功能见图 4-20。

图 4-20　菜单功能

数据"数据"按钮会在实验操作阶段出现，点击"数据"按钮，会出现"数据记录表"的界面；再次点击可以关闭当前的数据记录表的界面。

恒压过滤实验里只有 1 页数据记录表格，内容分成两部分，一部分是记录数据，另一部分是手动填写计算结果。在实验过程中，根据提示操作，在记录数据的步骤里，调节到相应的压力之下，记录数据按钮有效，可以被操作，记录完成当前压力之下的数据之后，按钮失效，需要再次调节到另外压力之下，再继续记录下一组数据。记录完成之后，提交数据按钮出现，提交数据按钮是提交手动输入数值的按钮，可以一直操作，重复输入提交，防止失误导致的填写错误。选择考核模式时，所有的按钮都一直有效，可以根据学习者的操作，自由记录数据；建议根据练习模式的顺序，低压、中压、高压这样的顺序来进行操作和记录数据。提交数据按钮一直可以被点击操作。

“帮助”按钮功能同实验 4.1。

点击“测验”按钮，弹出思考题(实验室操作部分)界面；再次点击可以关闭思考题界面：可以在思考题界面左下方的按钮进行翻页，在最后一道题的界面上有提交按钮，作答完成后，点击“提交”按钮对思考题进行评分。恒压过滤实验共设置 10 道思考题。

## 4.3.5 操作规程(练习模式)

**1. 实验准备工作同 4.1**

**2. 恒压过滤测定操作**

① 开启空气压缩机。

② 正确装好滤板、滤框及滤布。滤布使用前先用水浸湿。滤布要绑紧，不能起皱。

③ 打开压缩机出口阀 V502。

④ 打开压缩机出口阀 V501。

⑤ 打开配料槽空气进口阀 V504。

⑥ 打开阀门 V507，将压缩空气通入配料槽，使 $CaCO_3$ 悬浮液搅拌均匀；$CaCO_3$ 悬浮液搅拌均匀后，关闭配料槽空气进口阀 V504。

⑦ 打开压力料槽排气阀 V510。

⑧ 打开阀 V509，适当调节阀 V507，使料浆由配料槽流入压力储槽至 1/2～2/3 处，当料浆至压力储槽 1/2～2/3 处时，关闭阀 V509。

⑨ 关闭压力储槽排气阀 V510，打开压力储槽空气进口阀 V506，打开压力控制阀 V503，控制压力 PI502 在 0.12 MPa 左右，打开阀门 V511，开始做低压过滤实验。

⑩ 每次实验应把滤液从汇集管刚流出的时刻作为开始时刻，每次 $\Delta V$ 取 800 mL 左右，记录相应的过滤时间 $\Delta\tau$。测量 8 个读数即可停止实验。

⑪ 调节压力控制阀 V503，控制压力 PI502 在 0.18 MPa 左右，开始做中压过滤实验；每次 $\Delta V$ 取 800 mL 左右，记录相应的过滤时间 $\Delta\tau$。测量 8 个读数即可停止实验。

⑫ 调节压力控制阀 V503，控制压力 PI502 在 0.24 MPa 左右，开始做高压过滤实验每次 $\Delta V$ 取 800 mL 左右，记录相应的过滤时间 $\Delta\tau$。测量 8 个读数即可停止实验。

⑬ 实验完毕，关闭阀门 V503，关闭阀门 V511，打开阀门 V509，将压力储槽剩余的悬浮液压回配料槽。压力储槽剩余的悬浮液压回配料槽后，关闭阀门 V509，关闭阀门 V507，打开压力储槽排气阀 V510，卸除压力储槽内的压力，卸下滤饼，清洗滤布、滤框及滤板，关闭空气压缩机电源。

**3. 生成实验报告**

界面点击按钮生成报告，即可自动生成实验报告。

## 4.3.6 操作规程(考核模式)

**1. 操作步骤同 4.1**

**2. 思考题**

① 本实验中的过滤设备是________。

A. 板框过滤机　　B. 叶滤机　　C. 离心机　　D. 空压机

② 开始实验时，先要打开总电源和仪表电源开关，正确装好________。打开压力储槽，利用压力使料浆从配料槽流入压力储槽至1/2～2/3处，开始做低压过滤实验。

A. 滤布、滤框及滤板；进料阀；压缩空气

B. 滤布、滤框及滤板；排气阀；压缩空气

C. 滤布、滤框及滤板；进料阀；压缩氮气

D. 滤布、滤框及滤板；排气阀；压缩氮气

③ 实验完毕，将压力储槽剩余的悬浮液压回________。卸除________内的压力。然后卸下________，清洗________。关闭空气压缩机电源，关闭仪表电源及总电源开关。

A. 配料槽；压力储槽；滤布、滤框及滤板；滤饼

B. 压力储槽；配料槽；滤布、滤框及滤板；滤饼

C. 压力储槽；配料槽；滤饼；滤布、滤框及滤板

D. 配料槽；压力储槽；滤饼；滤布、滤框及滤板

④ 当介质阻力忽略不计，恒压过滤时，由$\tau=0$至$\tau=\tau$的平均过滤速率反比于过滤时间$\tau$的________。

A. 1次方　　B. 2次方　　C. 1.5次方　　D. 1/2次方

⑤ 当介质阻力不能忽略，恒压过滤所得滤液体积加倍时，________。

A. 过滤速率加倍　　B. 过滤速率减小，但速率仍大于原来的一半

C. 过滤速率减半　　D. 过滤速率减小且速率小于原来的一半

⑥ 过滤过程的主要推动力有哪些方面？

⑦ 请指出过滤实验空气压缩机提供压缩空气的作用是什么？

⑧ 请阐述推导过滤基本方程的最基本理论依据是什么？

⑨ 恒压过滤操作时，恒压过滤方程中滤液体积与过滤时间呈什么关系？

## 4.4　传热仿真实验(空气-水蒸气)

### 4.4.1　实验目的

① 学会改变空气-蒸汽套管换热条件，多数据分析对流传热系数测定方法，加深对其概念和影响因素的理解，线性回归分析法编程确定对流传热系数关联式。

② 通过仿真手段，采用不同传热环境和部件，掌握强化传热的理论和方法。

③ 掌握涡轮流量传感器和智能流量积算仪的工作原理和使用方法。

### 4.4.2　实验原理

普通套管换热器中，内管管内通空气或水，通过水蒸气冷凝放热加热空气或水，管内外的对流传热系数及其准数关联式的实验原理推导如下。

根据传热原理，稳定传热过程的热速率关系如下：

$$V\rho C_p(t_2-t_1)=\alpha_o A_o(T-T_w)_m=\alpha_i A_i(t_w-t)_m \tag{4-13}$$

式中，$V$ 为被加热流体体积流量，$m^3/s$；$\rho$ 为被加热流体密度，$kg/m^3$；$C_p$ 为被加热流体平均比热，J/(kg·℃)；$\alpha_o$、$\alpha_i$ 为水蒸气对内管外壁的冷凝传热系数和流体对内管内壁的对流传热系数，$W/(m^2\cdot ℃)$；$t_1$、$t_2$ 为被加热流体进、出口温度，℃；$A_o$、$A_i$ 为内管的外壁、内壁的传热面积，$m^2$；$(T-T_w)_m$ 为水蒸气与外壁间的对数平均温差，℃；$(t_w-t)_m$ 为内壁与流体间的对数平均温差，℃。

$$(T-T_w)_m=\frac{(T_1-T_{w1})-(T_2-T_{w2})}{\ln\dfrac{T_1-T_{w1}}{T_2-T_{w2}}} \tag{4-14}$$

$$(t_w-t)_m=\frac{(t_{w1}-t_1)-(t_{w2}-t_2)}{\ln\dfrac{t_{w1}-t_1}{t_{w2}-t_2}} \tag{4-15}$$

式中，$T_1$、$T_2$ 为蒸汽进、出口温度，℃；$T_{w1}$、$T_{w2}$、$t_{w1}$、$t_{w2}$ 为壁和内壁的上进、出口温度，℃。

本流程内管材料导热性能较好，$\lambda$ 值大，加上管壁厚度小，可设 $T_{w1}=t_{w1}$、$T_{w2}=t_{w2}$，即可测得该点的壁温。

**1. 水蒸气(平均)冷凝传热系数 $\alpha_o$**

由式(4-13)可得

$$\alpha_o=\frac{V\rho C_p(t_2-t_1)}{A_o(T-T_w)_m} \tag{4-16}$$

水平管外，蒸汽冷凝传热系数(膜状冷凝)，可由下列半经验公式求得。

$$\alpha_o=0.725\left(\frac{\rho^2 g\lambda^3 r}{\mu d_0\Delta t}\right)^{1/4} \tag{4-17}$$

式中，$\lambda$ 为水的导热系数，$W/(m^2\cdot ℃)$；$g$ 为重力加速度，9.81 $m/s^2$；$\rho$ 为水的密度，$kg/m^3$；$r$ 为饱和蒸汽的冷凝潜热，J/kg；$\mu$ 为水的黏度，Pa·s；$d_0$ 为内管外径，m；$\Delta t$ 为蒸汽的饱和温度 $t_s$ 和壁温 $t_w$ 之差，℃。

上式中，定性温度除冷凝潜热为蒸汽饱和温度外，其余均取液膜温度，即 $t_m=(t_s+t_w)/2$，其中 $t_w=(T_{w1}+T_{w2})/2$。

**2. 对流传热系数准数关联式的实验确定**

流体在管内作强制湍流，处于被加热状态，由式(4-13)可得流体在管内的(平均)对流传热系数 $\alpha_i$ 的计算式子，

$$\alpha_i=\frac{V\rho C_p(t_2-t_1)}{A_o(t_w-t)_m} \tag{4-18}$$

若是准数关联式，则

$$Nu_i=A\,Re_i^m\,Pr_i^n$$

式中，$Re_i=\dfrac{d_i u_i\rho_i}{\mu_i}$；$Nu_i=\dfrac{d_i\alpha_i}{\lambda_i}$；$Pr_i=\dfrac{C_{pi}\mu_i}{\lambda_i}$。

物性数据 $\lambda_i$、$C_{pi}$、$\rho_i$、$\mu_i$ 可根据定性温度 $T_m$ 查得。经过计算可知，对于管内被加热的空气，普朗特数 $Pr_i$ 变化不大，可以认为是常数，则关联式的形式简化为

$$Nu_i=A\,Re_i^m\,Pr_i^{0.4} \tag{4-19}$$

通过实验确定不同流量下的 $Re_i$ 与 $Nu_i$，然后用线性回归方法确定 $A$ 和 $m$ 的值。

## 4.4.3 实训流程与主要设备

**1. 装置工艺流程(图 4-21)**

主要设备仪器有:蒸汽发生器、LWQ-25 型涡轮流量传感器、变频器或 PS 电动调。

紫铜管规格为直径 $\phi$16 mm×1.5 mm,长度 $L$=1 010 mm;外套玻璃管规格为直径 $\phi$112 mm×6 mm,长度 $L$=1 010 mm;旋涡气泵,XGB-12 型,风量 0~90 $m^3/h$,风压 12 kPa。

水蒸气-空气体系:来自蒸汽发生器的水蒸气进入玻璃套管换热器,与来自旋涡气泵的空气进行热交换,冷凝水经管道排入地沟。冷空气经 LWQ-25 型涡轮流量传感器进入套管换热器内管(紫铜管),热交换后放空。空气流量可用阀门调节或变频器自动调节。

水蒸气 水体系:来自蒸汽发生器的水蒸气进入玻璃套管换热器,与来自高位槽的水进行热交换,冷凝水经管道排入地沟。冷水经电动调节阀和 LWQ-15 型涡轮流量传感器进入套管换热器内管(紫铜管),热交换后进入下水道。水流量可用阀门调节或电动调节阀自动调节。

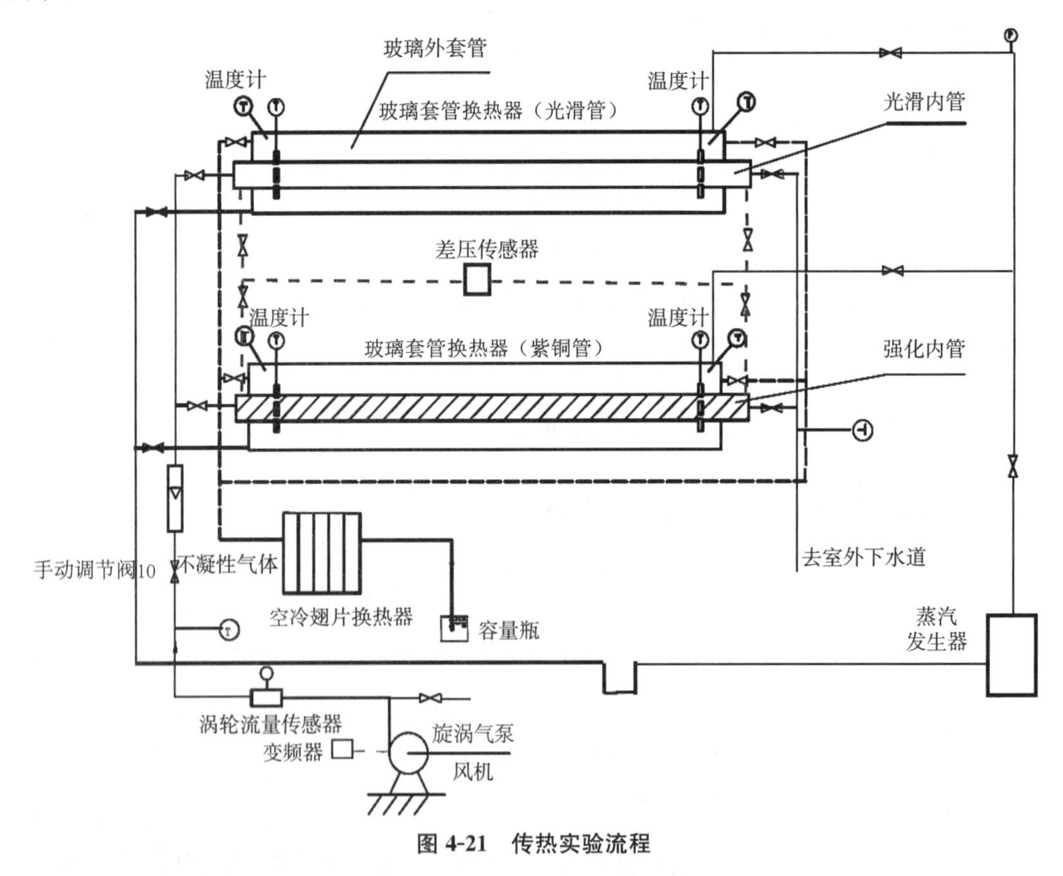


图 4-21 传热实验流程

**2. 实验步骤**

水蒸气-空气体系(自动操作):

① 检查仪表、风机、蒸汽发生器及测温点是否正常。

② 打开总电源开关、仪表电源开关(由教师启动蒸汽发生器)。

③ 开启空气风量手动调节阀 10,使之开度呈最大状态。

④ 开启变频器,启动旋涡气泵 1,并使风量最大。

⑤ 排除蒸汽管线中原积存的冷凝水:关闭系统的蒸汽总阀 6,打开蒸汽管凝结水排放阀 7。

⑥ 排净后,关闭蒸汽管凝结水排放阀 7,打开系统的蒸气调节阀 7,使蒸汽缓缓进入换热器环隙(切忌猛开,防止玻璃炸裂伤人)从而加热套管换热器,打开换热器冷凝水排放阀 9(冷凝水排放阀的开度不要开启过大,以免蒸汽泄漏),使环隙中冷凝水不断地排至地沟。

⑦ 仔细调节系统蒸气调节阀 7 的开度,使蒸气压力稳定地保持在 0.05 MPa 以下(可通过微调惰性气体排空阀使压力达到需要的值),以保证在恒压条件下操作。

⑧ 打开"对流传热系数测定实验 MCGS 组态"文件,出现提示输入工程密码对话框,输入密码"1121"后,进入组态环境,按"F5"键进入软件运行环境。按提示输入班级、姓名、学号、装置号后按"确定"进入"对流传热系数测定实验软件"界面,点击"对流传热系数测定实验"按钮,进入实验界面。当一切准备就绪后点击"开始按钮"开始实验,根据测试要求,由大到小逐渐调节变频器,控制空气的流量,合理确定 3～6 个实验点,待稳定后点击数据自动采集或分别从温度、压力巡检仪及智能流量积算仪(控制面板上)上读取各有关参数;当测好所需的实验次数后点击"停止"按钮停止实验。若实验完毕点击"退出实验",回到"对流传热系数测定实验软件"界面,再点击"退出实验"按钮退出实验系统。

⑨ 实验结束,首先关闭蒸气调节阀 7 切断设备的蒸汽来路,经一段时间后,再关闭变频器,然后关闭蒸汽发生器(由教师完成)、仪表电源开关及切断总电源。

**3. 注意事项**

① 一定要在套管换热器内管输入一定量的空气或水,方可开启蒸汽阀门,且必须在排除蒸汽管线上原先积存的凝结水后,方可把蒸汽通入套管换热器中。

② 开始通入蒸汽时,要缓慢打开蒸汽阀门,使蒸汽徐徐流入换热器中,逐渐加热,由"冷态"转变为"热态"不得少于 20 min,以防止玻璃管因突然受热、受压而爆裂。

③ 操作过程中,蒸气压力一般控制在 0.05 MPa(表压)以下,因为在此条件下压力比较容易控制。

④ 测定各参数时,必须是在稳定传热状态下,并且随时注意惰气的排空和压力表读数的调整。每组数据应重复 2～3 次,确认数据的再现性、可靠性。

**4. 数据记录、处理**

对流传热系数实验数据记录见表 4-7 和表 4-8,对流传热系数实验数据计算结果见表 4-9 和表 4-10。

**表 4-7　对流传热系数实验数据记录[空气-水蒸气体系:压力 0.05 MPa(光滑管)]**

| 序号 | 流量 $V$ /(m$^3$/h) | $t_1$/℃ | $t_2$/℃ | $T_{W11}$/℃ | $T_{W12}$/℃ | $T_{W13}$/℃ | $T_{W21}$/℃ | $T_{W22}$/℃ | $T_{W23}$/℃ | $T_1$/℃ | $T_2$/℃ |
|---|---|---|---|---|---|---|---|---|---|---|---|
| | | | | | | | | | | | |
| | | | | | | | | | | | |
| | | | | | | | | | | | |

注:$T_{W11}$、$T_{W12}$ 为空气-水蒸气体系壁面的进、出口温度;$T_{W13}$ 为空气-水蒸气体系壁面的进、出口温度的平均值;$T_{W21}$、$T_{W22}$ 为水-水蒸气体系壁面的进、出口温度;$T_{W23}$ 为水-水蒸气体系的壁面的进、出口温度的平均值。

**表 4-8　对流传热系数实验数据记录[空气-水蒸气体系:实验压力 0.05 MPa(强化管)]**

| 序号 | 流量 $V$/($m^3$/h) | $t_1$/℃ | $t_2$/℃ | $T_{W11}$/℃ | $T_{W12}$/℃ | $T_{W13}$/℃ | $T_{W21}$/℃ | $T_{W22}$/℃ | $T_{W23}$/℃ | $T_1$/℃ | $T_2$/℃ |
|---|---|---|---|---|---|---|---|---|---|---|---|
| | | | | | | | | | | | |
| | | | | | | | | | | | |
| | | | | | | | | | | | |

**表 4-9　对流传热系数实验数据计算结果[空气-水蒸气体系:实验压力 0.05 MPa(光滑管)]**

| 序号 | 冷流体流量/($m^3$/h) | $Nu$ | $Re$ | $Pr$ | $NuPr^{-0.4}$ | 管内理论值/[W/($m^2$·℃)] | 管内实验值/[W/($m^2$·℃)] | 管外理论值/[W/($m^2$·℃)] | 管外实验值/[W/($m^2$·℃)] | 总传热系数/[W/($m^2$·℃)] |
|---|---|---|---|---|---|---|---|---|---|---|
| | | | | | | | | | | |
| | | | | | | | | | | |
| | | | | | | | | | | |

**表 4-10　对流传热系数实验数据计算结果[空气-水蒸气体系:实验压力 0.05 MPa(强化管)]**

| 序号 | 冷流体流量/($m^3$/h) | $Nu$ | $Re$ | $Pr$ | $NuPr^{-0.4}$ | 管内理论值/[W/($m^2$·℃)] | 管内实验值/[W/($m^2$·℃)] | 管外理论值/[W/($m^2$·℃)] | 管外实验值/[W/($m^2$·℃)] | 总传热系数/[W/($m^2$·℃)] |
|---|---|---|---|---|---|---|---|---|---|---|
| | | | | | | | | | | |
| | | | | | | | | | | |
| | | | | | | | | | | |

## 4.4.4　仿真实验运行系统

传热实验 3D 场景仿真系统运行界面见图 4-22,实验操作简介界面见图 4-23。

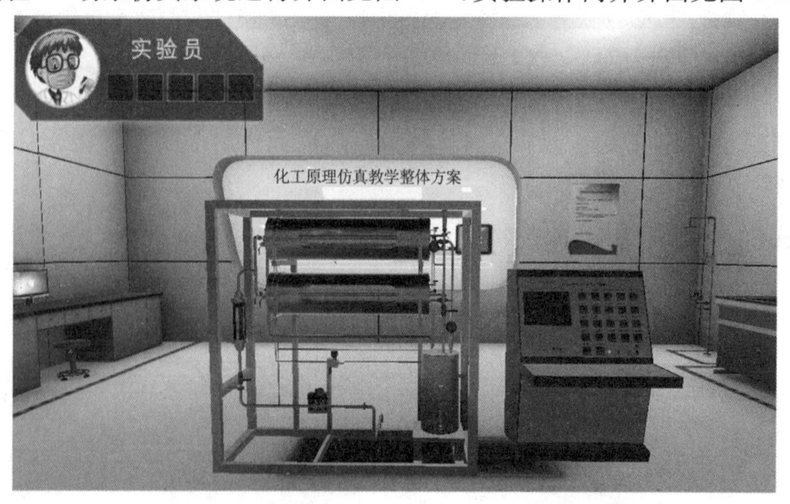


**图 4-22　传热实验 3D 场景仿真系统运行界面**

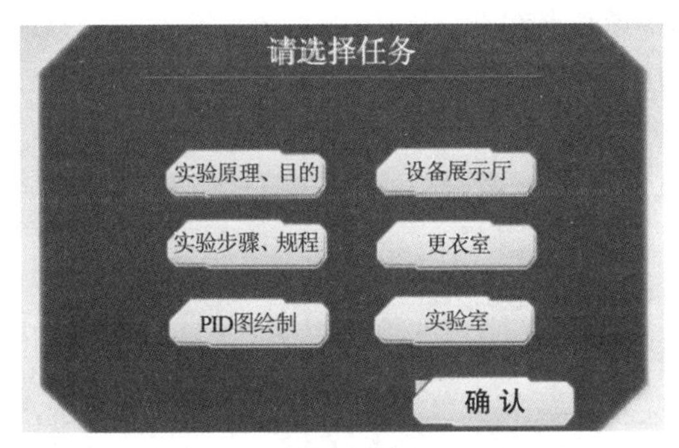


**图 4-23　实验操作简介界面**

**3D 场景仿真系统介绍**

① 移动方式、视野调整、操作方式、阀门操作同实验 4.1。

② 菜单功能见图 4-24。

**图 4-24　菜单功能**

数据"数据"按钮会在实验操作阶段出现，点击"数据"按钮，会出现"数据记录表"的界面；再次点击可以关闭当前的数据记录表的界面。

(空气-水蒸气)传热实验里总共有 3 页数据记录表格，分别是光滑管实验数据记录表、强化管实验数据记录表、实验结果计算记录表。在实验过程中，根据提示操作，在记录数据的步骤里，当前需要记录的数据记录按钮就会有效，可以被点击。每一个部分的实验的每一组数据都分别对应一个数据记录按钮，分别有文字显示，可以在记录数据的步骤里随意点击记录或者重新记录。

翻页到第 3 页之后，是实验结果数据记录表，需要操作者根据记录的数据，选择一组进行计算，将相应的结果填入对应的输入框中，并且点击"确定"按钮，提交数据。可以多次提交数据，防止失误导致的填写错误。

选择考核模式时，所有的按钮都一直有效，可以根据学习者的操作，自由记录数据，不限定实验操作顺序。

"帮助"按钮功能同实验 4.1。

测验点击"测验"按钮，弹出思考题(实验室操作部分)界面；再次点击可以关闭思考题界面；可以在思考题界面左下方的按钮进行翻页，在最后一道题的界面上有提交按钮，作答完成后，点击"提交"按钮对思考题进行评分。(空气-水蒸气)传热实验共设置 13 道思考题。

## 4.4.5　操作规程(练习模式)

**1. 实验准备工作同 4.1**

**2. 操作步骤**

① 打开总电源开关。

② 打开光滑内管连接差压传感器的阀门 V216。

③ 打开光滑内管连接差压传感器的阀门 V218。

④ 打开光滑内管空气进口阀 V208；打开光滑内管空气出口阀 V210。

⑤ 启动风机，开蒸汽发生器电源。

⑥ 打开阀 V207，调节空气流量。

⑦ 打开蒸气进口总阀 V201。

⑧ 打开光滑内管蒸汽进口阀 V202。

⑨ 打开光滑内管冷凝水排放阀 V204，使环隙中冷凝水不断地排至地沟。

⑩ 仔细调节光滑内管蒸汽进口阀 V202 开度，使蒸气压力 PI201 稳定保持在 0.05 MPa。

⑪ 由大到小逐渐调节阀 V207 开度，确定 3 个实验点，30 $m^3/h$、20 $m^3/h$ 和 10 $m^3/h$，待稳定后，分别读取各流量、温度数值。

⑫ 测定完毕，关闭光滑内管蒸汽进口阀 V202。

⑬ 关闭光滑内管冷凝水排放阀 V204。

⑭ 关闭光滑内管空气进口阀 V208。

⑮ 关闭光滑内管空气出口阀 V210。

⑯ 关闭光滑内管连接差压传感器的阀门 V216。

⑰ 关闭光滑内管连接差压传感器的阀门 V218。

⑱ 打开强化内管连接差压传感器的阀门 V217。

⑲ 打开强化内管连接差压传感器的阀门 V219。

⑳ 打开强化内管空气进口阀 V209。

㉑ 打开强化内管空气出口阀 V211。

㉒ 打开强化内管蒸汽进口阀 V203。

㉓ 打开强化内管冷凝水排放阀 V205，使环隙中冷凝水不断地排至地沟。

㉔ 仔细调节强化内管蒸汽进口阀 V203 开度，使蒸气压力 PI201 稳定保持在 0.05 MPa。

㉕ 由大到小逐渐调节阀 V207 开度，确定 3 个实验点，30 $m^3/h$、20 $m^3/h$ 和 10 $m^3/h$，待稳定后，分别读取各流量、温度数值。

㉖ 测定完毕，关闭强化内管蒸汽进口阀 V203。

㉗ 关闭强化内管冷凝水排放阀 V205。

㉘ 关闭强化内管空气进口阀 V209。

㉙ 关闭强化内管空气出口阀 V211。

㉚ 关闭强化内管连接差压传感器的阀门 V217。

㉛ 关闭光滑内管连接差压传感器的阀门 V219。

㉜ 关闭蒸气进口总阀 V201；关闭阀 V207。

㉝ 关闭蒸汽发生器电源；停风机，关闭总电源开关。

**3. 生成实验报告**

界面点击按钮生成报告，即可自动生成实验报告。

### 4.4.6　操作规程(考核模式)

**1. 操作步骤同 4.1**

**2. 思考题**

① 在传热系数 $\alpha$ 的测定实验中,使用的换热器为________换热器。

A. 套管　　B. 列管　　C. 螺旋板　　D. 板翅式

② 多层间壁传热时,各层的温度降与各相应层的热阻 ________。

A. 成正比　　B. 成反比　　C. 没关系　　D. 不确定

③ 在传热系数 $\alpha$ 的测定实验中,温度测量采用的是 ________。

A. 热电阻　　B. 热电偶　　C. 膨胀式温度计　　D. 以上都可以

④ 对流传热系数测定实验中,用________流量计测量风量。

A. 孔板流量计　　B. 涡轮流量计　　C. 转子流量计　　D. 文丘里流量计

⑤ 实验结束,首先关闭________,切断设备的蒸汽来路,经一段时间后,再关闭水手动旁路调节阀,然后关闭蒸汽发生器、仪表电源开关及切断总电源。

A. 蒸汽管凝结水排放阀　　B. 蒸汽源总阀

C. 冷凝水排放阀　　D. 以上都不对

⑥ 在一列管式加热器中,壳程为饱和水蒸气冷凝以加热管程中的空气。若空气流量增大 10%,为保证空气出口温度不变,可采用的办法是________。

A. 壳程加折流挡板,增大壳程值

B. 将原先的并流改为逆流流动以增大 $t_m$

C. 开大蒸汽进口阀门以便增大水蒸气流量

D. 开大蒸汽进口阀门以便提高加热蒸气压力

⑦ 列管换热器管程常用流速范围为:一般气体________。

A. 0.5～3 m/s　　B. 3～15 m/s　　C. 5～30 m/s　　D. 30～50 m/s

⑧ 当换热器冷热流体进出口温度一定,判断下面说法中错误的是________。

A. 逆流时,冷热流体的对数平均温差($\Delta t_m$)一定大于并流、错流或折流时的 $\Delta t_m$。

B. 采用逆流操作时可以节约热流体或(冷流体)的用量

C. 采用逆流操作可以减少所需的传热面积

D. 采用逆流操作时,传热面积增大了

⑨ 无相变强制对流 $\alpha$ 来自________。

A. 纯经验方法

B. 因次分析与实验结合半理论、半经验方法

C. 数学模型法结合因次分析法

D. 纯理论方法

⑩ 在蒸汽冷凝中,不凝气体的存在对 $\alpha$ 的影响是________。

A. $\alpha$ 值升高　　B. $\alpha$ 值大大降低

C. 对 $\alpha$ 值有一定影响　　D. 对 $\alpha$ 值无影响

⑪ 在传热系数 $\alpha$ 的测定实验中,使用的传热方式不包括________。

A. 热传导　　　B. 有相变传热　　　C. 无相变传热　　　D. 辐射

⑫ 空气-蒸汽间壁换热中采取哪些措施可提高传热速率?

⑬ 在间壁换热器中,当两流体均变温时,采用折流的目的是什么?

# 4.5 吸收仿真实验

## 4.5.1 实验目的

① 学会借助仿真手段,熟悉填料吸收塔的构成和流体力学性能。

② 通过计算机手段,分析填料吸收塔传质能力和掌握传质效率实验方法。

## 4.5.2 实验原理

**1. 气体通过填料层的压降**

基本原理同 2.6 吸收实验。

**2. 传质性能**

吸收系数是衡量吸收效率的主要指标。吸收系数主要数据来源于实验测定。同样的吸收装置流程,吸收系数会随着操作工艺与气液接触状况的改变而不同。

膜系数和总传质系数

根据双膜理论(浓度分布见图 4-25)要点,气相侧和液相侧吸收质 A 的传质速率方程可分别表达为

气膜:

$$G_A=k_G A(p_A-p_{Ai}) \tag{4-20}$$

液膜:

$$G_A=k_L A(c_{Ai}-c_A) \tag{4-21}$$

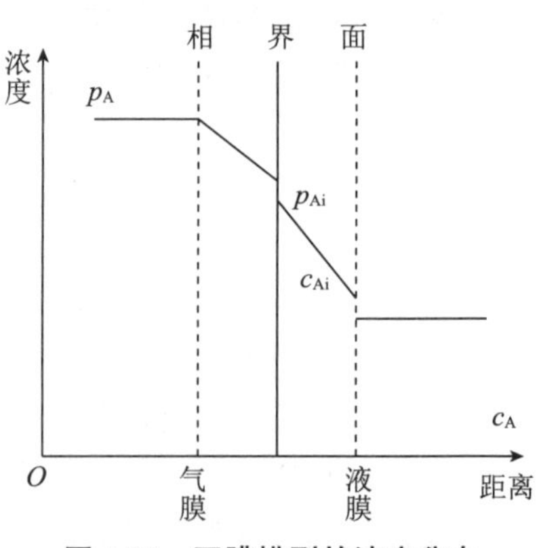


图 4-25　双膜模型的浓度分布

式中,$G_A$ 为 A 组分的传质速率,kmol/s;$A$ 为两相接触面积,$m^2$;$p_A$ 为气侧 A 组分的平均分压,Pa;$p_{Ai}$为相界面上 A 组分的平均分压,Pa;$c_A$ 为液侧 A 组分的平均浓度,$kmol/m^3$;$c_{Ai}$为相界面上 A 组分的浓度 $kmol/m^3$;$k_G$ 为以分压表达推动力的气侧传质膜系数,$kmol/(m^2 \cdot s \cdot Pa)$;$k_L$ 为以物质的量浓度表达推动力的液侧传质膜系数,m/s。

以气相分压或以液相浓度表示传质过程推动力的相际传质速率方程,可分别表达为

$$G_A=K_G A(p_A-p_A^*) \tag{4-22}$$

$$G_A=K_L A(c_A^*-c_A) \tag{4-23}$$

式中,$p_A^*$ 为液相中 A 组分的实际浓度所要求的气相平衡分压,Pa;$c_A^*$ 为气相中 A 组分的实际分压所要求的液相平衡浓度,$kmol/m^3$;$K_G$ 为以气相分压表示推动力的总传质系数,简称为“气相传质总系数”,$kmol/(m^2 \cdot s \cdot Pa)$;$K_L$ 为以气相分压表示推动力的总传质系

数，简称为“液相传质总系数”，m/s。

若气液相平衡关系遵循亨利定律 $c_A = Hp_A$，则

$$\frac{1}{K_G}=\frac{1}{k_G}+\frac{1}{Hk_L} \tag{4-24}$$

$$\frac{1}{K_L}=\frac{H}{k_G}+\frac{1}{k_L} \tag{4-25}$$

式中，$H$ 为 $CO_2$ 的溶解常数。

当气膜阻力远大于液膜阻力时，则传质速率受气膜传质速率控制，此时 $k_G=K_G$；当液膜阻力远大于气膜阻力时，则传质速率受液膜传质速率控制，此时 $K_L=k_L$。

对逆流接触填料吸收，吸收质 A 进行微分段物料计算（图 4-26）可得

$$\mathrm{d}G_A=\frac{F_L}{\rho_L}\mathrm{d}c_A \tag{4-26}$$

式中，$F_L$ 为液相摩尔流率，kmol/s；$\rho_L$ 为液相摩尔密度，kmol/m$^3$。

根据传质速率基本方程式，该微分段传质速率微分方程为

$$\mathrm{d}G_A=K_L(c_A^*-c_A)aS\mathrm{d}h \tag{4-27}$$

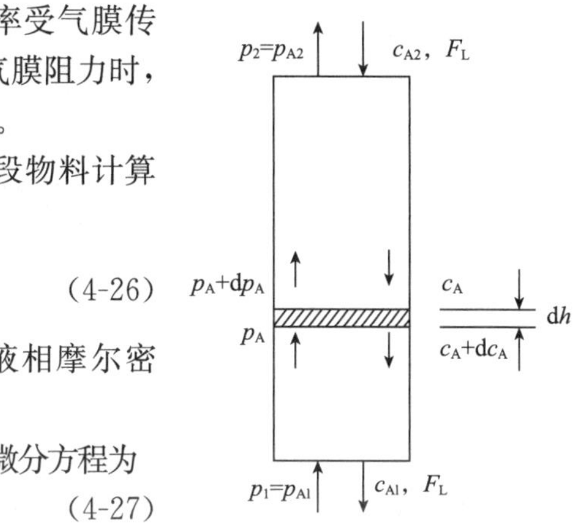

图 4-26　填料塔的物料衡算

联立式(4-26)和式(4-27)可得

$$\mathrm{d}h=\frac{F_L}{K_LaS\rho_L}\frac{\mathrm{d}c_A}{(c_A^*-c_A)} \tag{4-28}$$

式中，$a$ 为气液两相接触的比表面积，m$^2$/m$^3$；$S$ 为填料塔的横截面积，m$^2$。

设采用水吸收 $CO_2$。常温常压下 $CO_2$ 很难溶于水。则液相体积流率 $V_{sL}$ 可视定值，总传质系数 $K_La$ 整个吸收过程为定值，对式(4-28)积分，即填料层高度 $h$ 为

$$h=\frac{V_{sL}}{K_LaS}\int_{c_{A2}}^{c_{A1}}\frac{\mathrm{d}c_A}{c_A^*-c_A} \tag{4-29}$$

边界条件：当 $h=0$ 时，有 $c_A=c_{A2}$；当 $h=h$ 时，有 $c_A=c_{A1}$。

设定 $H_L=\frac{V_{sL}}{K_LaS}$，且称 $H_L$ 为液相传质单元高度；$N_L=\int_{c_{A2}}^{c_{A1}}\frac{\mathrm{d}c_A}{c_A^*-c_A}$，且称 $N_L$ 为液相传质单元数，则有

$$h=H_LN_L \tag{4-30}$$

本实验气液平衡遵循亨利定律，可用平均推动力法解析求得式(4-29)，填料层高度为

$$h=\frac{V_{sL}}{K_LaS}\frac{c_{A1}-c_{A2}}{\Delta c_{Am}} \tag{4-31}$$

$$N_L=\frac{h}{H_L}=\frac{h}{(c_{A1}-c_{A2})/\Delta c_{Am}} \tag{4-32}$$

式中，$\Delta c_{Am}$ 为液相平均推动力，即

$$\Delta c_{Am}=\frac{\Delta c_{A2}-\Delta c_{A1}}{\ln\frac{\Delta c_{A2}}{\Delta c_{A1}}}=\frac{(c_{A2}^*-c_{A2})-(c_{A1}^*-c_{A1})}{\ln\frac{(c_{A2}^*-c_{A2})}{(c_{A1}^*-c_{A1})}} \tag{4-33}$$

因为本实验采用纯水吸收 $CO_2$，则

$$c_{A1}^* = c_{A2}^* = c_A^* = Hp_A \tag{4-34}$$

$$H = \frac{\rho_w}{M_w}\frac{1}{E} \tag{4-35}$$

式中，$\rho_w$ 为水的密度，kg/m³；$M_w$ 为水的摩尔质量，kmol/kg；$E$ 为 $CO_2$ 在水中的亨利系数，Pa。

因此，式(4-30)可简化为

$$\Delta c_{Am} = c_{A1} \Big/ \left(\ln \frac{c_A^*}{c_A^* - c_{A1}}\right) \tag{4-36}$$

因本实验遵循亨利定律，气膜阻力不计，整个传质阻力集中于液膜，即属液膜控制过程，则液侧体积传质膜系数等于液相体积传质总系数，即

$$K_L a = k_L a = \frac{V_{sL}}{hS} \cdot \frac{c_{A1} - c_{A2}}{\Delta c_{Am}} \tag{4-37}$$

## 4.5.3 实训流程与主要设备

**1. 装置工艺流程图**

主要设备仪器有：① 吸收塔，高效填料塔，塔径 100 mm，塔内装有金属丝网板波纹规整填料，填料层总高度 2 000 mm。塔顶有液体初始分布器，塔中部有液体再分布器，塔底部有栅板式填料支承装置。填料塔底部有液封装置，以避免气体泄漏。② 填料规格和特性，金属丝网板波纹填料，型号 JWB-700Y，填料尺寸为 $\phi$100 mm×50 mm，比表面积 700 m²/m³。③ 转子流量计(规格见表 4-11)。④ 旋涡气泵，XGB-1011C 型，风量 0～90 m³/h，风压 14 kPa。⑤ 气相色谱仪。

**表 4-11　吸收塔流量计规格**

| 介质 | 实验条件 | | | |
|---|---|---|---|---|
| | 最大流量 | 最小刻度 | 标定介质 | 标定条件 |
| 空气 | 4 m³/h | 0.4 m³/h | 空气 | 20 ℃，1.013 3×10⁶ Pa |
| $CO_2$ | 400 L/h | 40 L/h | 空气 | 20 ℃，1.013 3×10⁶ Pa |
| 水 | 1 000 L/h | 100 L/h | 水 | 20 ℃，1.013 3×10⁶ Pa |

实验流程如图 4-27 所示。液体经转子流量计后送入填料塔塔顶再经喷淋头喷淋在填料顶层。由风机输送来的空气和由钢瓶输送来的 $CO_2$ 气体混合后，进入气体混合稳压罐，经转子流量计计量后进入塔底，与水在塔内进行逆流接触，进行质热交换，尾气从塔顶出来，本实验为低浓度气体吸收，所以热量交换可忽略，整个实验过程可看成是等温吸收过程。

**2. 实验步骤**

(1) 填料塔流体力学测定操作

① 先开动供水系统，使塔内填料润湿一遍；开动空气系统。

② 测定干填料压降。

③ 测定湿填料压降。

④ 慢慢加大气速到接近液泛，再恢复到预定气速进行测定，目的是使填料全面润湿一次。

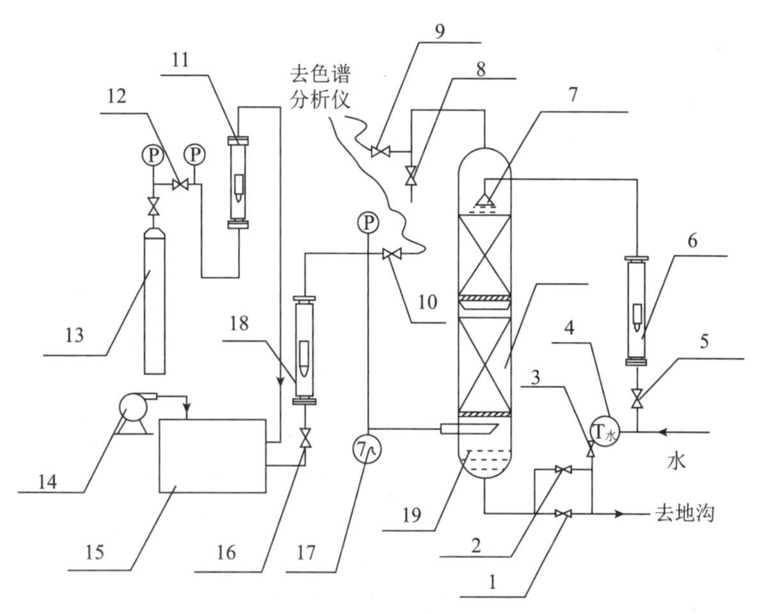


1、2—球阀；3—排气阀；4—液体温度计；5—液体调节阀；6—液体流量计；7—液体喷淋器；8—塔顶出气阀；9—塔顶气体取样阀；10—塔底气体取样阀；11—溶质气体流量计；12—钢瓶减压阀；13—钢瓶；14—风机；15—混合稳压罐；16—气体调节阀；17—气体温度计；18—混合气流量计；19—液封。

**图 4-27　吸收实验流程**

⑤ 正式测定某一喷淋量时，等各参数稳定后再读取数据。

⑥ 接近液泛时，进塔气体量应缓慢增加，密切观察填料表面气液接触状况，并注意填料层压降变化幅度。此时压降变化是一个随机变化过程，无稳定过程，因此读取数据和调节空气流量的动作要快。液泛后填料层压降在几乎不变的气速下明显上升，不可使气速过分超过泛点。

(2) 传质系数测定实验步骤

① 熟悉实验流程及弄清气相色谱仪及其配套仪器的结构、原理、使用方法及其注意事项。

② 打开仪表电源开关及风机电源开关。

③ 开启泵、塔进液总阀，让水进入填料塔润湿填料，使液体的流量达到 200 L/h 左右。

④ 塔底液封控制：仔细调节阀门 2 的开度，使塔底液位缓慢地在一段区间内变化，以免塔底液封过高溢满或过低而泄气。

⑤ 打开 $CO_2$ 钢瓶总阀，并缓慢调节钢瓶的减压阀(注意减压阀的开关方向与普通阀门的开关方向相反，顺时针为开，逆时针为关)，使其压力稳定在 0.2 MPa 左右。

⑥ 仔细调节空气流量阀至 1.5 $m^3/h$，并调节 $CO_2$ 转子流量计的流量，使其稳定在 40～400 L/h。

⑦ 仔细调节尾气放空阀的开度，直至塔中压力稳定在实验值。

⑧ 待塔操作稳定后，读取各流量计的读数及通过温度数显表、压力表读取各温度、压力，通过六通阀在线进样，利用气相色谱仪分析出塔顶、塔底气相组成。

⑨ 改变水流量值，重复步骤 ⑥、⑦、⑧。

⑩ 实验完毕，先关闭 $CO_2$ 钢瓶总阀，再关闭风机电源、仪表电源开关，清理实验仪器和实验场地。

**3. 注意事项**

① 固定好操作点后，应随时注意调整以保持各量不变。

② 在填料塔操作条件改变后，需较长的稳定时间，一定要等到稳定以后方能读取有关数据。

**4. 数据记录、处理**

吸收实验数据记录见表 4-12，吸收实验数据计算结果见表 4-13。

**表 4-12　吸收实验数据记录**

| 序号 | 气量 $V_1$/($m^3$/h) | 液体量 $V_2$/(L/h) | 塔底质量分数/% | 塔顶质量分数/% | 气温 $T_1$/℃ | 液温 $T_2$/℃ |
|---|---|---|---|---|---|---|
| | | | | | | |
| | | | | | | |
| | | | | | | |

**表 4-13　吸收实验数据计算结果**

| 序号 | $N_L$ | $K_{L}a$ /[kmol/(s·Pa)] |
|---|---|---|
| | | |
| | | |
| | | |

## 4.5.4　仿真实验运行系统

吸收 3D 场景仿真系统运行界面见图 4-28，实验操作简介界面见图 4-29。

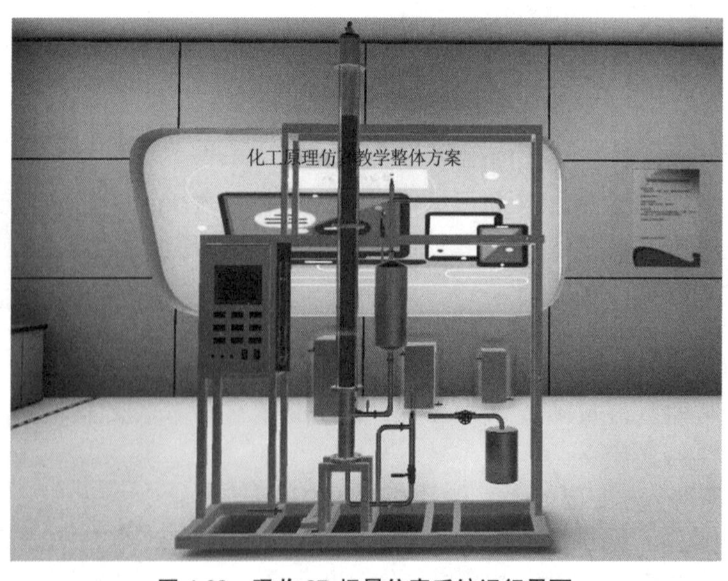


**图 4-28　吸收 3D 场景仿真系统运行界面**

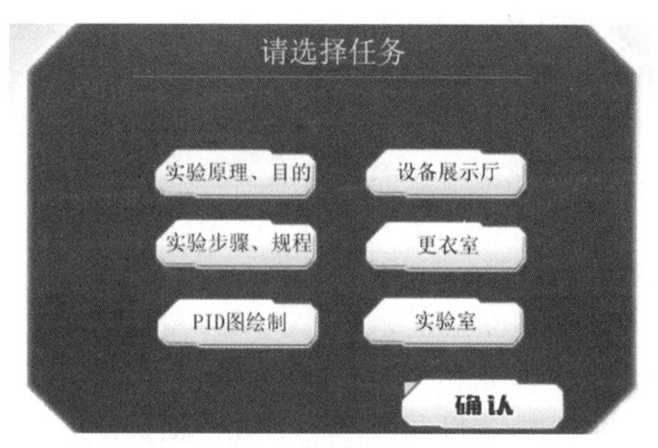


图 4-29　实验操作简介界面

**3D 场景仿真系统介绍**

① 移动方式、视野调整、操作方式、阀门操作同实验 4.1。

② 菜单功能见图 4-30。

图 4-30　菜单功能

“数据”按钮会在实验操作阶段出现，点击“数据”按钮，会出现“数据记录表”的界面；再次点击可以关闭当前的数据记录表的界面。

吸收实验里总共有 4 页数据记录表格，分别是干填料塔压降、湿填料塔压降、吸收塔传质系数测定、实验结果计算记录表。在实验过程中，根据提示操作，在记录数据的步骤里，当前需要记录的数据记录按钮就会有效，可以被点击。需要记录数据的每一组数据，分别对应一个“记录数据”按钮，可以在记录数据的步骤里随意点击或者重新记录。翻页到第 4 页之后，是实验结果数据记录表，需要操作者根据记录的数据，选择一组进行计算，将相应的结果填入对应的输入框中，并且点击“确定”按钮，提交数据。可以多次提交数据，防止失误导致的填写错误。选择考核模式时，所有的按钮都一直有效，可以根据学员的操作，自由记录数据，不限定实验操作顺序。

“帮助”按钮功能同实验 4.1。

点击“测验”按钮，弹出思考题(实验室操作部分)界面；再次点击可以关闭思考题界面：可以在思考题界面左下方的按钮进行翻页，在最后一道题的界面上有提交按钮，作答完成后，点击“提交”按钮对思考题进行评分。吸收实验将设置 5 道思考题。

## 4.5.5　操作规程(练习模式)

**1. 实验准备工作同 4.1**

**2. 操作步骤**

(1) 填料塔流体力学测定

① 打开总电源开关，启动风机。

② 调节阀 V710 使空气流量分别为 1、1.5、2、2.5、3 $m^3/h$ 时，测定干填料压降。

③ 启动水泵；调节阀 V701 使液体流量达到 200 L/h。

④ 调节阀 V710 使空气流量分别为 1、1.5、2、2.5、3 $m^3/h$ 时，测定湿填料压降。

(2) 传质系数测定

① 调节塔底阀门 V705，使塔底液位稳定在 80%。

② 打开 $CO_2$ 钢瓶出口阀 V714，压力稳定在 0.2 MPa。

③ 启动水泵；调节阀 V701 使液体流量达到 200 L/h。

④ 调节阀 V710 使空气流量在 1.5 $m^3/h$。

⑤ 调节尾气放空阀 V708，使塔压力稳定在 20 kPa。

⑥ 塔稳定后，读取各流量值、温度和压力值，利用色谱仪分析出塔顶、塔底气相组成。

⑦ 调节阀 V701 改变水流量为 500 L/h。

⑧ 调节阀 V715，使 $CO_2$ 流量稳定在 200 L/h。

⑨ 调节阀 V710 使空气流量在 2 $m^3/h$。

⑩ 调节尾气放空阀 V708，使塔压力稳定在 20 kPa。

⑪ 塔稳定后，读取各流量值、温度和压力值，利用色谱仪分析出塔顶、塔底气相组成。

⑫ 关闭 $CO_2$ 钢瓶总阀 V714。

⑬ 实验完毕，停水泵，停风机，关闭总电源开关。

**3. 生成实验报告**

界面点击按钮生成报告，即可自动生成实验报告。

## 4.5.6 操作规程(考核模式)

**1. 操作步骤同 4.1**

**2. 思考题**

① 吸收塔设计中，最大吸收率 $\eta$ 与________无关。

A. 液气比　　B. 液体入塔浓度 $x_2$　　C. 相平衡常数 $m$　　D. 吸收塔型式

② 根据双膜理论，当被吸收组分在液体中溶解度很小时，以液相浓度表示总传质系数________。

A. 大于液相传质分系数　　B. 近似等于液相传质分系数

C. 小于气相传质分系数　　D. 近似等于气相传质分系数

③ 在常压下用水逆流吸收空气中的 $CO_2$，若将用水量增加，则出塔气体中的 $CO_2$ 含量将变小，出塔液体中 $CO_2$ 浓度将________。

A. 变大　　B. 变小　　C. 不变　　D. 不确定

④ 实验室用水逆流吸收空气中的 $CO_2$，当水量和空气量一定，增加入塔气体 $CO_2$ 浓度时，则出塔气体浓度________。

A. 变大　　B. 变小　　C. 不变　　D. 不确定

⑤ 低浓度液膜控制系统逆流吸收，若其他操作条件不变，入口气量有所增加，则液相总传质单元高度 $H_L$、液相总传质单元数 $N_L$、气相总传质单元高度 $H_G$、操作线斜率将________。

A. 增加、减少、基本不变、增加　　B. 基本不变、基本不变、增加、减少

C. 基本不变、基本不变、减少、增加　　D. 增加、减少、增加、减少

# 4.6　精馏仿真实验

## 4.6.1　实验目的

① 充分利用计算机采集和控制系统具有的快速、大容量和实时处理的特点，进行精馏过程多实验方案的设计与实证，得出优化结论，熟悉实验研究路径。

② 学会识别精馏塔内出现的几种操作状态，分析这些操作状态对塔性能的影响。

③ 学习精馏塔性能参数的测量方法与动态特性，深入掌握其影响因素。

## 4.6.2　实验原理

① 在板式精馏塔中，由塔釜产生的蒸汽沿塔板逐板上升与来自塔板下降的回流液，在塔板上实现多次接触，进行传热与传质，使混合液达到一定程度的分离。

回流是精馏操作得以实现的基础。塔顶的回流量与采出量之比，称为“回流比”。回流比是精馏操作的重要参数之一，其大小影响着精馏操作的分离效果和能耗。回流比存在两种极限情况：最小回流比和全回流。若塔在最小回流比下操作，要完成分离任务，则需要有无穷多块塔板的精馏塔。当然，这不符合工业实际，所以最小回流比只是一个操作限度。若操作处于全回流时，既无任何产品采出，也无原料加入，塔顶的冷凝液全部返回塔内，这在生产中无实际意义。但是，由于此时所需理论塔板数最少，又易于达到稳定，故常在工业装置的开停车、排除故障及科学研究时使用。

实际回流比常取最小回流比的 1.2～2.0 倍。在精馏操作中，若回流系统出现故障，操作情况会急剧恶化，分离效果也会变差。

② 二元物系，如已知其气液平衡数据，则根据精馏塔的原料液组成、进料热状况，操作回流比及塔顶馏出液组成、塔底釜液组成可以求出该塔的理论板数 $N_T$。按照式(4-38)可以得到总板效率 $E_T$，其中 $N_P$ 为实际塔板数。

$$E_T=\frac{N_T}{N_P}\times 100\% \tag{4-38}$$

部分回流时，进料热状况参数的计算式为

$$q=\frac{C_{pm}(t_{BP}-t_F)+r_m}{r_m}$$

式中，$t_F$ 为进料温度，℃；$t_{BP}$ 为进料的泡点温度，℃；$C_{pm}$ 为进料液体在平均温度$(t_F+t_{BP})/2$下的比热，$C_{pm}=C_{p1}M_1x_1+C_{p2}M_2x_2$，kJ/(kmol·℃)；$r_m$ 为进料液体在其组成和泡点温度下的汽化潜热，$r_m=r_1M_1x_1+r_2M_2x_2$，kJ/kmol。

其中，$C_{p1}$、$C_{p2}$分别为纯组分 1 和组分 2 在平均温度下的比热，kJ/(kg·℃)；$r_1$、$r_2$ 分别为纯组分 1 和组分 2 在泡点温度下的汽化潜热，kJ/kg；$M_1$、$M_2$ 分别为纯组分 1 和组分 2 的质量，kg/kmol；$x_1$、$x_2$ 分别为纯组分 1 和组分 2 在进料中的分率。

## 4.6.3 实训流程与主要设备

### 1. 装置工艺流程

本实验装置为筛板塔类型(图 4-31),特征数据如下:不锈钢筛板塔塔内径 $D_{内}=\phi 66$ mm,塔板数 $N_P=16$ 块,板间距 $H_T=71$ mm;塔板孔径 $\phi 1.0$ mm,孔数 72 个,开孔率 4.5%;塔釜液体加热采用电加热,塔顶冷凝器为列管换热器;供料采用 LMI 电磁微量计量泵进料。

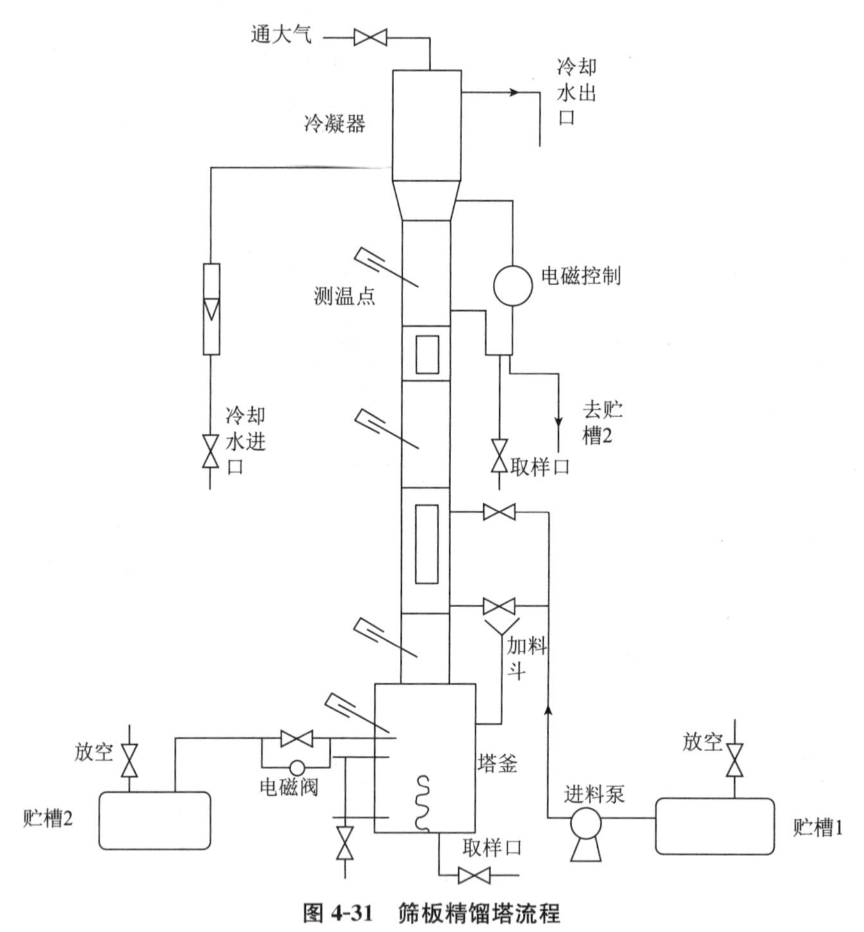


图 4-31 筛板精馏塔流程

### 2. 实验步骤

(1) 全回流

① 配制体积浓度为 16%~19%的料液加入釜中,至釜容积的 2/3 处。

② 检查各阀门位置,启动仪表电源,再启动电加热管电源,先手动(电压为 150 V)给釜中缓缓升温,10 min 后再转向自控挡(电压为 220 V),若发现液沫夹带过量时,可拨至手动挡,电压调至 150~180 V。

③ 打开冷凝器的冷却水,调至 400 L/h 左右,使其全回流。

④ 当塔顶温度、回流量和塔釜温度稳定后,分别取塔顶浓度 $x_D$ 和塔釜浓度 $x_W$,送色谱

分析。

(2) 部分回流

① 在储料罐中配制一定浓度的酒精-水溶液(约 10%～20%)。

② 待塔全回流操作稳定时,打开进料阀,开启进料泵电源,调节进料量至适当的流量。

③ 启动回流比控制电源,调节回流比 $R(R=1\sim4)$。

④ 当塔顶、塔内温度读数稳定后即可取样。

(3) 取样与分析

① 进料、塔顶、塔釜从各相应的取样口放出。

② 塔板取样用注射器从所测定的塔板中缓缓抽出,取 1 mL 左右注入事先洗净烘干的针剂瓶中,并给该瓶盖标号以免出错,各个样品尽可能同时取样。

③ 将样品进行色谱分析。

④ LMI 电磁微量计量泵的使用:打开操作面板上进料泵电源开关,打开进料阀,打开泵开关键。按向上或向下键可增大或降低速度。

**3. 注意事项**

① 塔顶放空阀一定要打开。

② 料液一定要加到设定液位 2/3 处方可打开加热管电源,否则塔釜液位过低会使电加热丝露出干烧致坏。

③ 部分回流时,进料泵电源开启前务必打开进料阀,否则会损害进料泵。

**4. 数据记录、处理**

实验数据:全回流塔顶 $x_D=$________;塔釜 $x_w=$________。

实验结果:$N_T=$________;$E_T=$________。

## 4.6.4　仿真实验运行系统

精馏 3D 场景仿真系统运行界面见图 4-32,实验操作简介界面见图 4-33。

**图 4-32　精馏 3D 场景仿真系统运行界面**

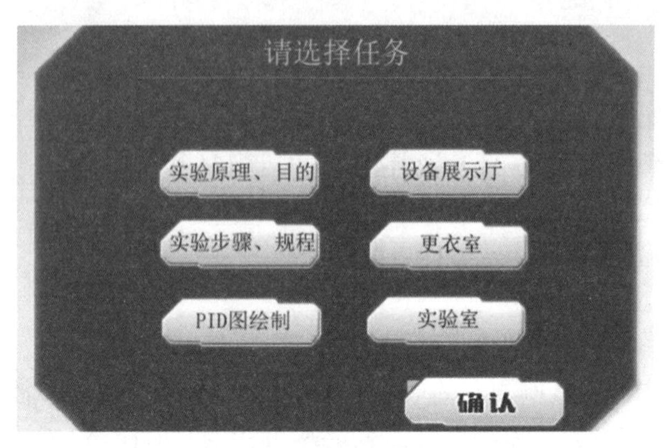


图 4-33　实验操作简介界面

**3D 场景仿真系统介绍**

① 移动方式、视野调整、操作方式、阀门操作同实验 4.1。

② 菜单功能见图 4-34。

图 4-34　菜单功能

“数据”按钮会在实验操作阶段出现，点击“数据”按钮，会出现“数据记录表”的界面；再次点击可以关闭当前的数据记录表的界面。精馏实验里只有 1 页数据记录表格，内容包括全回流数据记录、部分回流数据记录和手动输入全回流计算结果部分。在实验过程中，根据提示操作，在记录数据的步骤里，当前需要记录的数据的记录按钮就会有效，可以被点击。在此之前所有的按钮都是不可点击的。当在第一部分全回流实验操作完成之后，会提示可以记录数据，此时“记录数据 1”按钮有效，手动输入计算结果“确定”按钮有效，可以一直被点击记录。然后部分回流实验完成之后，对应的“记录数据 2”按钮有效，可以一直被点击。选择考核模式时，所有的按钮都一直有效，可以根据学员的操作，自由记录数据。

点击“测验”按钮，弹出思考题(实验室操作部分)界面；再次点击可以关闭思考题界面：可以在思考题界面左下方的按钮进行翻页，在最后一道题的界面上有提交按钮，作答完成后，点击“提交”按钮对思考题进行评分。精馏实验设置 10 道思考题。

## 4.6.5　操作规程(练习模式)

**1. 实验准备工作同 4.1**

**2. 操作步骤**

① 启动进料泵。

② 全开原料回流阀 V614，使原料充分混合均匀后，将原料回流阀开至 50%。

③ 打开直接进料阀 V613。

④ 打开放空阀 V623。

⑤ 塔釜液位达到70%左右关闭直接进料阀V613。

⑥ 停止进料泵;关闭放空阀V623。

⑦ 打开塔顶冷凝器进水阀门V612(全回流),调节冷却水流量在400 L/h左右。

⑧ 打开塔釜电加热器电源。

⑨ 调节加热器电压150 V,给塔釜缓慢加热至回流罐有液体产生后,启动回流泵。

⑩ 调节阀V606使液体全回流。

⑪ 当精馏塔稳定后,取塔顶和塔底样品分析浓度,启动进料泵(部分回流)。

⑫ 调节间接进料阀V601,使流量为4 L/h,打开阀V602向塔内加料。

⑬ 打开阀V603;打开进料加热开关,调节合适的进料温度启动采出泵。

⑭ 调节阀V606、V608,使回流比$R=3$。

⑮ 调节阀V616使塔釜产品进入塔底液回收罐中。

⑯ 待精馏塔稳定后,分别取进料、塔顶、塔釜样品测量浓度,关闭间接进料阀V601。

⑰ 停止进料加热开关,停止塔釜加热开关,停止进料泵。

⑱ 停止回流泵,停止采出泵;关闭总电源开关。

⑲ 温度恢复室温后关闭冷却水阀V612。

**3. 生成实验报告**

界面点击按钮生成报告,即可自动生成实验报告。

## 4.6.6　操作规程(考核模式)

**1. 操作过程**

选择考核模式后,会直接进入实验室,跳过前面所有学习的内容。考核模式主要是为了检验学习者对该实验掌握的熟悉程度,所以进入之后,没有“任务”按钮,也不会出现高亮闪烁引导和文字提示,实验装置上的所有的阀门都可以随意操作,尽最大可能模拟真实实验装置,让操作者能真正掌握相应实验的操作和基本知识。

**2. 思考题**

① 在精馏实际操作过程中,当上升气量过大时会引起________。

A. 液泛现象　　B. 稳定操作　　C. 漏液现象　　D. 没有明显变化

② 精馏塔引入回流,使下降的液流与上升的气流发生传质,并使上升气相中的易挥发组分浓度提高,最恰当的说法是由于 ________。

A. 液相中易挥发组分进入气相

B. 气相中难挥发组分进入液相

C. 液相中易挥发组分和难挥发组分同时进入气相,其中易挥发组分较多

D. 液相易挥发组分进入气相和气相难挥发组分进入液相现象同时发生。

③ 在连续蒸馏操作中,若$F$、$x_F$、$Q$不变,仅加大回流比时,塔顶产品浓度$x_D$________。

A. 变大　　B. 变小　　C. 不变　　D. 不确定

④ 操作中的精馏塔,若维持$F$、$Q$、$x_D$、$V'$及进料位置不变,而减小$x_F$,则有________。

A. $D$增大,$R$减小　　B. $D$不变,$R$增加

C. $D$减小,$R$增加　　D. $D$减小,$R$不变

⑤ 操作过程中，若进料量 $F$ 适当增加，进料组成、热状况 $Q$、回流比 $R$、塔顶馏出物 $D$ 均不变，则塔顶组成 $x_D$ 将________，塔釜组成 $x_W$ 将________。

A. 变大、变大　　B. 变小、变大　　C. 变小、变小　　D. 不确定

⑥ 操作时，若增大回流比，而 $F$、$x_F$、$Q$、冷凝器热负荷不变，则塔顶 $x_D$________，塔底 $x_W$________。

A. 变大、变大　　B. 变小、变小　　C. 变大、变小　　D. 不确定

⑦ 若维持操作精馏塔 $F$、$x_F$、$Q$、$D$ 不变，减少塔釜蒸发量 $V'$，则 $x_D$________、$x_W$________。

A. 变大、变小　　B. 变小、变大　　C. 变小、变小　　D. 不变

⑧ 在精馏实验中，当塔内出现液泛现象时，先反映出的参数变化是________。

A. 温度　　B. 压力　　C. 回流量　　D. 成分

⑨ 精馏段操作线方程式是描述精馏段中________。

A. 某板下降的液体浓度与下一板上升的蒸汽浓度间的关系式

B. 某板上升的蒸汽浓度与上一板下降的液体浓度之间的关系式

C. 进入某板的气体与液体的浓度之间的关系式

D. 在相邻两板间相遇的气相与液相浓度之间的关系式

⑩ 用连续精馏方法分离双组分理想混合液，原料中含易挥发组分 0.40，馏出液中含易挥发组分 0.90，以上均为摩尔分率；溶液的平均相对挥发度为 2.5，最小回流比为 2，则料液的热状况参数 $q$ 应该是多少？

# 4.7　干燥仿真实验

## 4.7.1　实验目的

① 通过仿真实验，熟悉常压洞道式（厢式）干燥器的构造和操作。

② 学会在虚拟模式下测定在恒定干燥条件（即热空气温度、湿度、流速不变，物料与气流的接触方式不变）下的湿物料干燥曲线和干燥速率曲线。

③ 熟悉该物料的临界湿含量 $X_0$ 的测定方法；学会有关测量和控制仪器的使用方法。

## 4.7.2　实验原理

单位时间被干燥物料的单位表面上除去的水分量称为“干燥速率”，即

$$u=\frac{-G_c\mathrm{d}X}{A\mathrm{d}\theta}=\frac{\mathrm{d}W}{A\mathrm{d}\theta} \tag{4-39}$$

式中，$G_c$ 为湿物料中的干物料的质量，kg；$X$ 为湿物料的干基含水量，kg(水)/kg(干料)；$A$ 为干燥面积，$m^2$；$\mathrm{d}W$ 为湿物料被干燥掉的水分，kg；$\mathrm{d}\theta$ 为干燥时间，s；$u$ 单位为 $kg/(m^2 \cdot s)$。

当湿物料和热空气接触时，温物料被预热升温并开始干燥，在恒定干燥条件下，若水分在表面的汽化速率小于或等于从物料内层向表面层迁移的速率时，物料表面仍被水分完全

润湿，干燥速率保持不变，该过程称为“等速干燥阶段”或“表面汽化控制阶段”。

当物料的含水量降至临界湿含量以下时，物料表面仅部分润湿，且物料内部水分向表层的迁移速率又低于水分在物料表面的汽化速率时，干燥速率就不断下降，该过程称为“降速干燥阶段”或“内部扩散阶段”。

## 4.7.3 实训流程与主要设备

**1. 装置流程**

主要设备仪器：风机、管道、孔板流量计、加热器、厢式干燥器(180 mm×180 mm×1 250 mm)、气流均布器、称重传感器、湿毛毡、玻璃视镜门、仪控柜、蝶阀。

空气用风机送入电加热器，经加热的空气流入干燥室，加热干燥室中的湿毛毡后，经排出管道排入大气中。随着干燥过程的进行，物料失去的水分质量由称重传感器和智能数显仪表记录下来。实验装置如图 4-35 所示。

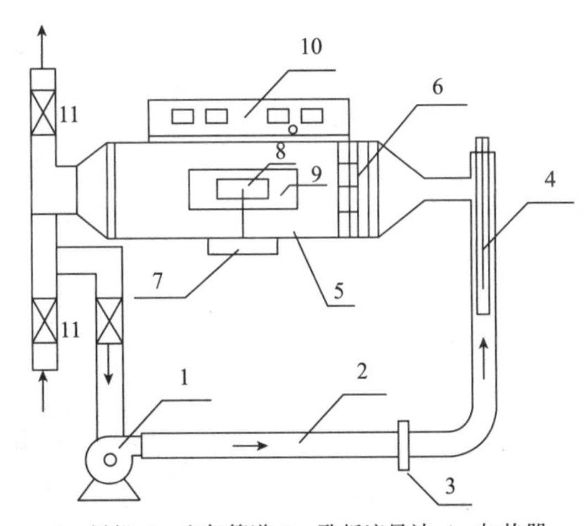


1—风机；2—空气管道；3—孔板流量计；4—加热器；5—厢式干燥器；6—气流均布器；7—称重传感器；8—湿毛毡；9—玻璃视镜门；10—仪控柜；11—蝶阀。

**图 4-35 干燥装置流程**

**2. 实验步骤**

① 开启风机。

② 打开仪控柜电源开关，加热器通电开始加热，干燥室温度(干球温度)要求恒定 70 ℃。

③ 将毛毡加入一定量的水并使其润湿均匀，注意水量不能过多或过少。

④ 当干燥室温度恒定在 70 ℃时，将湿毛毡小心地放置于称重传感器上。注意不能用力下压，称重传感器的负荷仅为 200 g，若用力下压，称重传感器会被损坏。

⑤ 记录时间和脱水量，每 1 min 记一次数据；每 5 min 记一次干球温度和湿球温度。

⑥ 待毛毡恒重时，即为实验终了时，关闭仪表电源，小心地取下毛毡。

⑦ 关闭风机，切断总电源，清扫实验现场。

**3. 注意事项**

① 必须先开风机，后开加热器，否则加热管可能会被烧坏。

② 传感器的负荷量仅为 200 g,放取毛毡时必须十分小心以免损坏称重传感器。

**4. 数据记录、处理**

实验装置:湿毛毡 1#(干燥面积 13 cm×8.5 cm×2 cm,绝干重量 18.5 g)。干燥实验数据记录见表 4-14。

表 4-14 干燥实验数据记录

| 实验时间 $\theta$/min | 失水量 $w$/g | 实验时间 $\theta$/min | 失水量 $w$/g |
|---|---|---|---|
| | | | |
| | | | |
| | | | |

## 4.7.4 仿真实验运行系统

干燥 3D 场景仿真系统运行界面见图 4-36,实验操作简介界面见图 4-37。

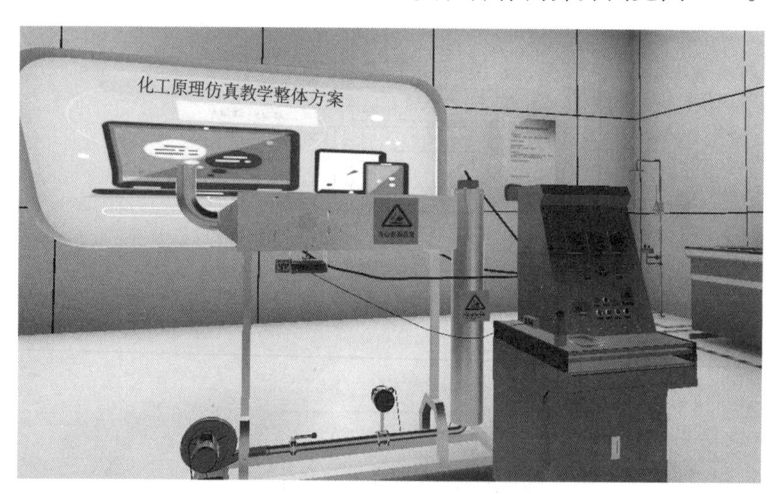


图 4-36 干燥 3D 场景仿真系统运行界面

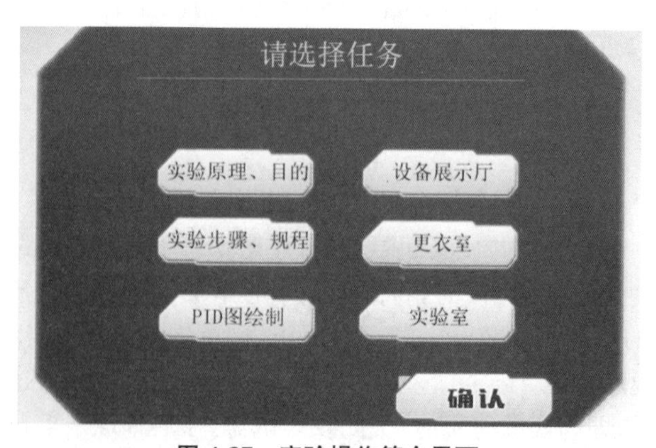


图 4-37 实验操作简介界面

**3D 场景仿真系统介绍**

① 移动方式、视野调整、操作方式、阀门操作同实验 4.1。

② 菜单功能见图 4-38。

图 4-38　菜单功能

“数据”按钮会在实验操作阶段出现，点击“数据”按钮，会出现“数据记录表”的界面；再次点击可以关闭当前的数据记录表的界面。干燥实验里有两页数据记录表格，第一页是实验数据记录，第二页是实验计算结果输入表格。在实验过程中，“记录数据”按钮无效，直到根据提示操作，在记录数据步骤时，“记录数据”按钮有效可以被点击，总共有 50 组数据需要记录，全部记录完成之后，才可以开启下一步。第二页的“提交数据”按钮是提交手动输入数值的按钮，可以一直操作，重复输入提交，防止失误导致的填写错误。选择考核模式时，所有按钮一直有效，可以根据操作，自由记录数据。“提交数据”按钮也是一直可以被点击操作。

点击“测验”按钮，弹出思考题（实验室操作部分）界面；再次点击可以关闭思考题界面：可以在思考题界面左下方的按钮进行翻页，在最后一道题的界面上有提交按钮，作答完成后，点击“提交”按钮对思考题进行评分。干燥实验将设置 6 道思考题。

## 4.7.5　操作规程（练习模式）

**1. 实验准备工作同 4.1**

**2. 操作步骤**

① 湿球温度计制作：将湿纱布裹在湿球温度计的感温球泡上，从背后向漏斗加水，加至水面与漏斗口下沿平齐。

② 打开仪控柜电源开关，打开仪表电源开关，启动风机。

③ 打开变频器开关；将风量变频调节到 63 左右。

④ 打开电加热 1 开关；打开电加热 2 开关，确认干球温度设定值恒定在 70 ℃。

⑤ 将毛毡加入一定量的水并使其润湿均匀，注意水量不能过多或过少，当干燥室温度恒定在 70 ℃时，打开玻璃视镜门。

⑥ 将湿毛毡小心地放置于称重传感器上。注意不能用力下压，称重传感器的负荷仅为 200 g，超重时称重传感器会被损坏。

⑦ 关闭玻璃视镜门；记录时间和脱水量，每 1 min 记录一次数据；每 5 min 记录一次干球温度和湿球温度。待毛毡恒重时，即为实验结束，点击“记录结束”按钮。

⑧ 关电加热器 1 开关、2 开关，打开玻璃视镜门小心地取下毛毡，关闭玻璃视镜门。

⑨ 关闭风机；关闭变频器开关，关闭仪表电源开关；切断总电源，清扫实验现场。

**3. 生成实验报告**

界面点击按钮生成报告，即可自动生成实验报告。

## 4.7.6　操作规程（考核模式）

**1. 操作过程**

选择考核模式后，会直接进入实验室，跳过前面的所有学习的内容。考核模式主要是为了检验学习者对于该实验的掌握熟悉程度，所以进入之后，没有“任务”按钮，也不会出现高亮闪烁引导和文字提示，实验装置上的所有的阀门都可以随意操作，尽最大可能模拟真实实验装置，让学员能真正掌握相应实验的操作和知识。

**2. 思考题**

① 湿空气在预热过程中不变化的参数有哪些？

② 在恒定干燥条件下，将含水20%的湿物料进行干燥，开始时干燥速率恒定，当干燥至含水5%时，干燥速率开始下降，再继续干燥至物料恒重，并测得此时物料含水量为0.05%，请计算物料的临界含水量。

③ 温度 $T_0$、湿度 $H_0$、相对湿度 $j_0$ 的湿空气，经间接蒸汽加热预热器后，空气的温度为 $T_1$，湿度为 $H_1$，相对湿度为 $j_1$，比较 $T_0$ 与 $T_1$，$H_0$ 与 $H_1$，$j_0$ 与 $j_1$ 相对大小。

④ 一定湿度 $H$ 的湿空气，随着总压的降低，露点会怎么变化，为什么？

⑤ 物料温度升高时，其平衡水分怎么变化？

⑥ 在给定的空气条件下，不同物料在恒速阶段的干燥速率会改变还是保持不变？

# 4.8 吸收-解吸工艺仿真实训

## 4.8.1 实验目的

① 借助仿真方法，开展吸收-解吸循环过程不同实验方案的设计与实证，得出优化条件，掌握吸收分离的实验研究路径。熟悉生产工艺控制方法。

② 学会识别吸收-解吸过程出现的几种操作状态，分析不同操作状态对塔性能的影响。

③ 学习吸收塔性能参数测定方法与动态特性，深入分析各类影响因素。

## 4.8.2 生产原理

吸收-解吸是石油化工生产过程中较常用的重要单元操作过程。吸收过程是利用气体混合物中各个组分在液体(吸收剂)中的溶解度不同，从而分离气体混合物。被溶解组分称溶质或吸收质，含有溶质气体称“富气”，不被溶解气体称为“贫气”或“惰性气体”。

溶解在吸收剂中的溶质和在气相中的溶质存在溶解平衡，当溶质在吸收剂中达到溶解平衡时，溶质在气相中的分压称为“该组分在该吸收剂中的饱和蒸气压”。当溶质在气相中的分压大于该组分的饱和蒸气压时，溶质就从气相溶入溶质中，称为“吸收过程”。当溶质在气相中的分压小于该组分的饱和蒸气压时，溶质就从液相逸出到气相中，称为“解吸过程”。

提高压力、降低温度有利于溶质吸收；降低压力、提高温度有利于溶质解吸。利用这一原理分离气体混合物，吸收剂可重复使用。

## 4.8.3 单元控制方案与工艺流程

吸收解吸单元复杂控制回路主要是串级回路的使用，在吸收塔、解吸塔和产品罐中都使用液位与流量串级回路。吸收系统见图4-39和图4-40，解吸系统见图4-41和图4-42。

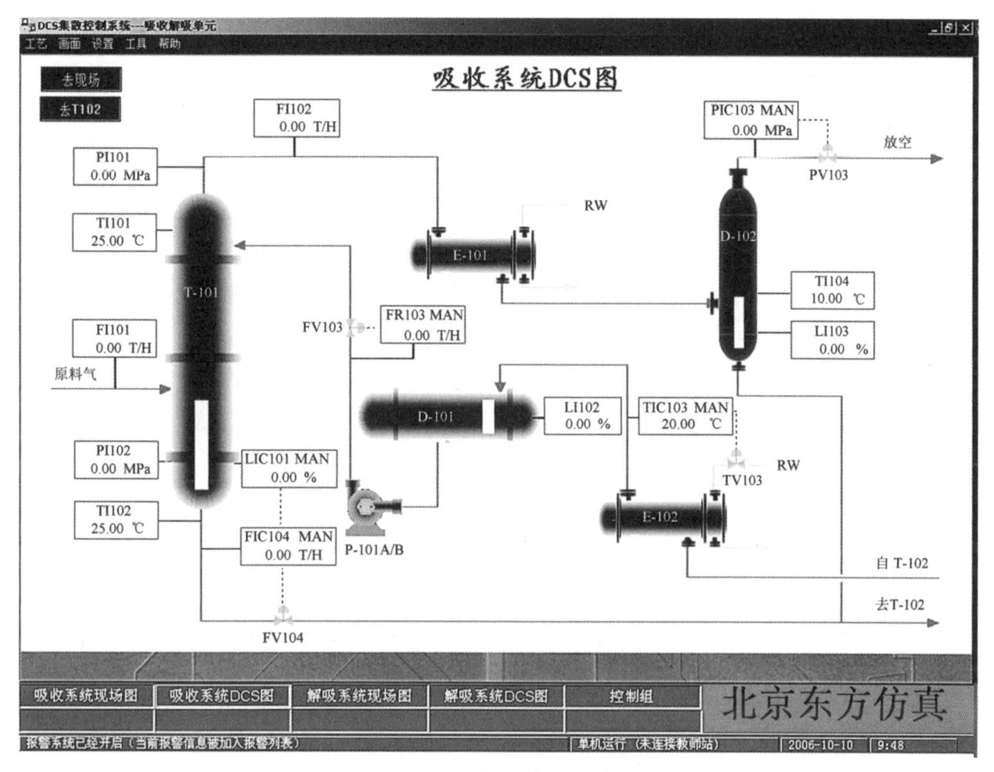


图 4-39　吸收系统 DCS 界面

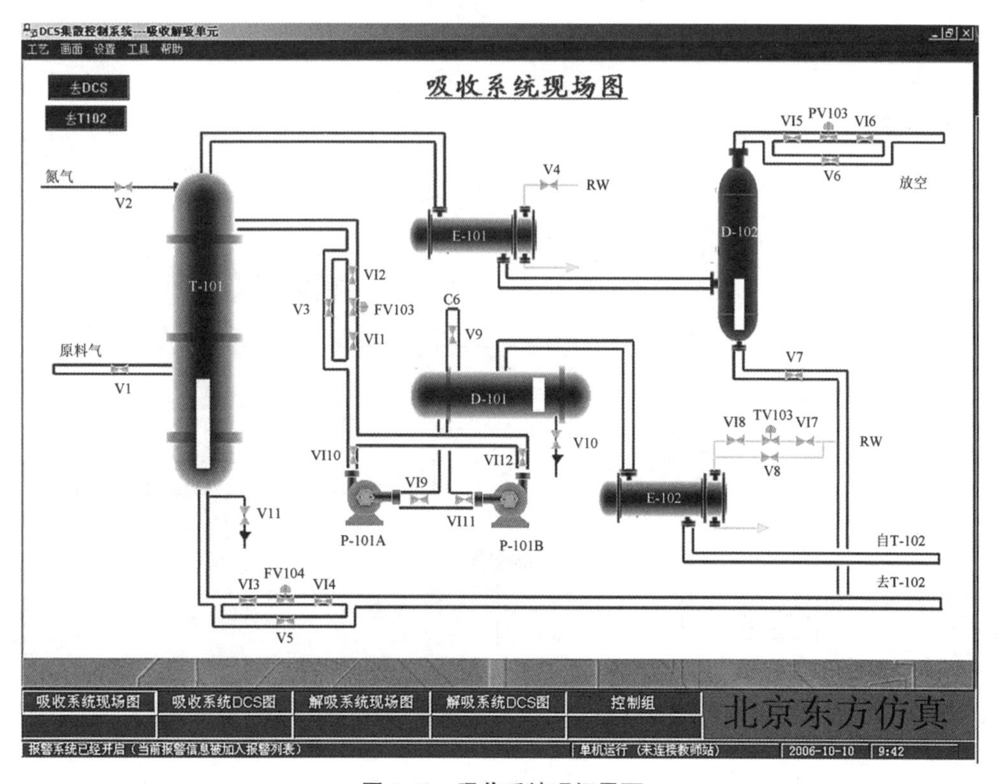


图 4-40　吸收系统现场界面

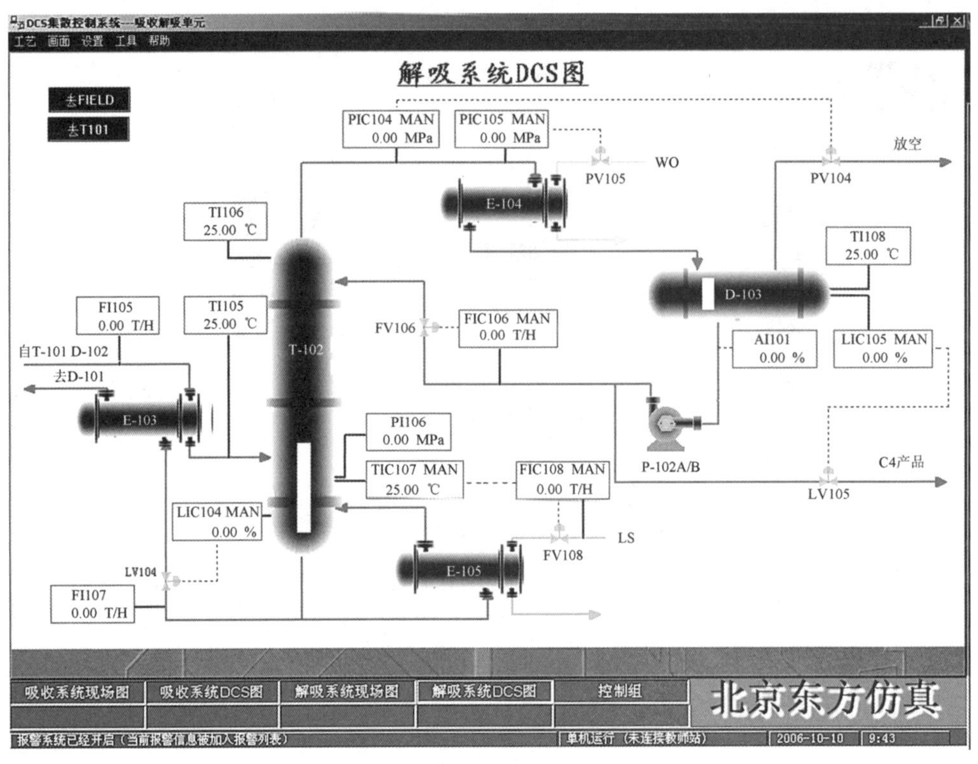


图 4-41 解吸系统 DCS 界面

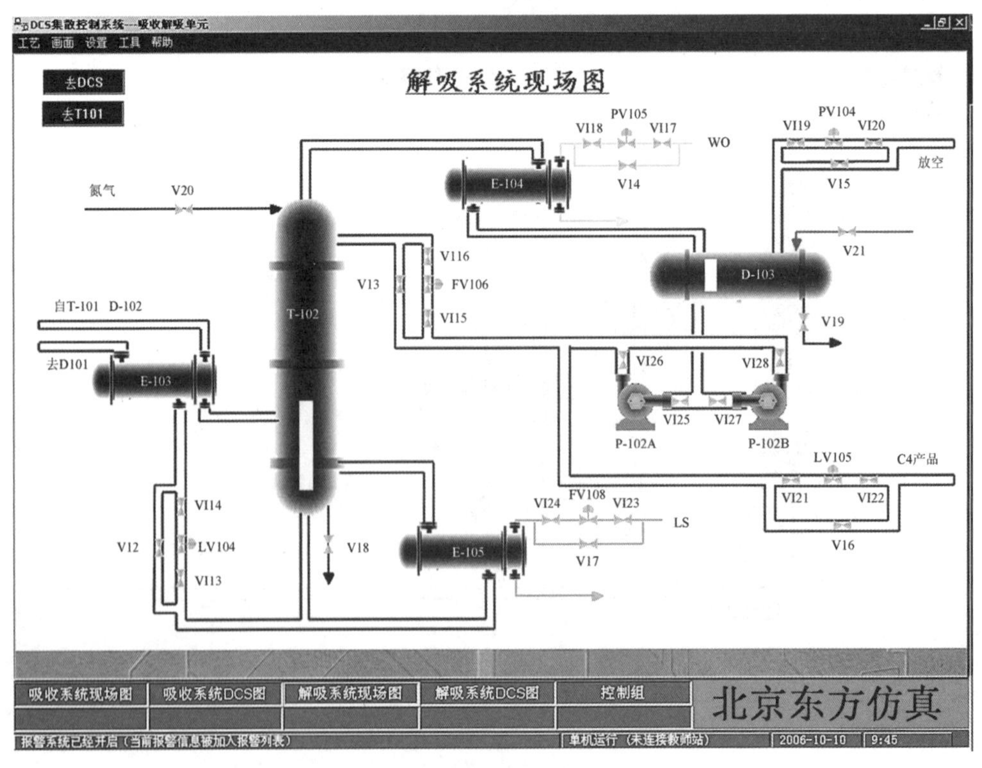


图 4-42 解吸系统现场界面

串级回路是在简单调节系统基础上发展起来的。在结构上，串级回路调节系统有两个闭合回路。主、副调节器串联，主调节器的输出为副调节器的给定值，系统通过副调节器的输出操纵调节阀动作，实现对主参数的定值调节。所以在串级回路调节系统中，主回路是定值调节系统，副回路是随动系统。例：在吸收塔 T101 中，为保证液位稳定，有一个塔釜液位与塔釜出料组成的串级回路。液位调节器的输出同时是流量调节器的给定值，即流量调节器 FIC104 的 SP 值由液位调节器 LIC101 的输出 OP 值控制，LIC101. OP 的变化使 FIC104. SP 产生相应的变化。

该实验 C16 油为吸收剂，分离气体混合物[其中 C4 占 25.13%，CO 和 $CO_2$ 占 6.26%，$N_2$ 占 64.58%，$H_2$ 占 3.5%，$O_2$ 占 0.53%(体积比)]的 C4 组分(吸收质)。

从界区外来的富气从底部进入吸收塔 T-101。界区外来的纯 C6 油吸收剂贮存于 C6 油贮罐 D-101 中，由 C6 油供给泵 P-101A/B 送入吸收塔 T-101 的顶部，C6 流量由 FRC103 控制。吸收剂 C6 油在吸收塔 T-101 中自上而下与富气逆向接触，富气中 C4 组分被溶解在 C6 油中。不溶解贫气自 T-101 顶部排出，吸收塔顶冷凝器 E-101 被－4 ℃的盐水冷却至 2 ℃进入气液分离罐 D-102。吸收 C4 组分的富油(C4 占 8.2%，C6 占 91.8%)从吸收塔底部排出，经贫富油换热器 E-103 预热至 80 ℃进解吸塔 T-102。吸收塔塔釜液位由 LIC101 和 FIC104 通过调节塔釜富油采出量串级控制。

来自吸收塔顶部的贫气在尾气分离罐 D-102 中回收冷凝的 C4、C6 后，不凝气在 D-102 压力控制器 PIC103(1.2 MPa)控制下排入放空总管进入大气。回收的冷凝液(C4、C6)与吸收塔釜排出的富油一起进入解吸塔 T-102。

预热后的富油进入解吸塔 T-102 进行解吸分离。塔顶气相出料(C4 体积占 95%)经全冷器 E-104 换热降温至 40 ℃全部冷凝进入塔顶回流罐 D-103，其中一部分冷凝液由 P-102A/B 泵打回流至解吸塔顶部，回流量 8.0 t/h，由 FIC106 控制，其他部分作为 C4 产品在液位控制(LIC105)下由 P-102A/B 泵抽出。塔釜 C6 油在液位控制(LIC104)下，经贫富油换热器 E-103 和循环油冷却器 E-102 降温至 5 ℃返回至 C6 油贮罐 D-101 再利用，返回温度由温度控制器 TIC103 通过调节 E-102 循环冷却水流量控制。

T-102 塔釜温度由 TIC107 和 FIC108 通过调节塔釜再沸器 E-105 的蒸汽流量串级控制，控制温度 102 ℃。塔顶压力由 PIC-105 通过调节解吸塔顶冷凝器 E-104 的冷却水流量控制，另有一塔顶压力保护控制器 PIC-104，在塔顶有凝气(压力高)时通过调节 D-103 放空量降压。

因为塔顶 C4 产品中含有部分 C6 油及其他 C6 油损失，所以随着生产的进行，要定期观察 C6 油贮罐 D-101 的液位，补充新鲜 C6 油。

## 4.8.4 设备及仪表一览

设备见表 4-15，仪表及量程见表 4-16。

**表 4-15 设备一览表**

| 序号 | 设备位号 | 设备名称 | 序号 | 设备位号 | 设备名称 |
|---|---|---|---|---|---|
| 1 | T-101 | 吸收塔 | 7 | D-102 | 气液分离罐 |
| 2 | D-101 | C6 油贮罐 | 8 | E-101 | 吸收塔顶冷凝器 |

续表

| 序号 | 设备位号 | 设备名称 | 序号 | 设备位号 | 设备名称 |
|---|---|---|---|---|---|
| 3 | E-102 | 循环油冷却器 | 9 | E-103 | 贫富油换热器 |
| 4 | P-101A/B | C6 油供给泵 | 10 | E-104 | 解吸塔顶冷凝器 |
| 5 | T-102 | 解吸塔 | 11 | P-102A/B | 解吸塔顶回流、塔顶产品采出泵 |
| 6 | D-103 | 解吸塔顶回流罐 | 12 | E-105 | 解吸塔釜再沸器 |

**表 4-16　仪表及量程一览表**

| 设备位号 | 说明 | 类型 | 正常值 | 量程上限 | 量程下限 | 工程单位 | 高报值 | 低报值 |
|---|---|---|---|---|---|---|---|---|
| AI101 | 回流罐 C4 组分 | AI | >95.0 | 100.0 | 0 | % | | |
| FI101 | T-101 进料 | AI | 5.0 | 10.0 | 0 | t/h | | |
| FI102 | T-101 塔顶气量 | AI | 3.8 | 6.0 | 0 | t/h | | |
| FRC103 | 吸收油流量控制 | PID | 13.50 | 20.0 | 0 | t/h | 16.0 | 4.0 |
| FIC104 | 富油流量控制 | PID | 14.70 | 20.0 | 0 | t/h | 16.0 | 4.0 |
| FI105 | T-102 进料 | AI | 14.70 | 20.0 | 0 | t/h | | |
| FIC106 | 回流量控制 | PID | 8.0 | 14.0 | 0 | t/h | 11.2 | 2.8 |
| FI107 | T-101 塔底贫油采出 | AI | 13.41 | 20.0 | 0 | t/h | | |
| FIC108 | 加热蒸汽量控制 | PID | 2.963 | 6.0 | 0 | t/h | | |
| LIC101 | 吸收塔液位控制 | PID | 50 | 100 | 0 | % | 85 | 15 |
| LI102 | D-101 液位 | AI | 60.0 | 100 | 0 | % | 85 | 15 |
| LI103 | D-102 液位 | AI | 50.0 | 100 | 0 | % | 65 | 5 |
| LIC104 | 解吸塔釜液位控制 | PID | 50 | 100 | 0 | % | 85 | 15 |
| LIC105 | 回流罐液位控制 | PID | 50 | 100 | 0 | % | 85 | 15 |
| PI101 | 吸收塔顶压力显示 | AI | 1.22 | 2.0 | 0 | MPa | 1.7 | 0.3 |
| PI102 | 吸收塔底压力显示 | AI | 1.25 | 2.0 | 0 | MPa | | |
| PIC103 | 吸收塔顶压力控制 | PID | 1.2 | 2.0 | 0 | MPa | 1.7 | 0.3 |
| PIC104 | 解吸塔顶压力控制 | PID | 0.55 | 1.0 | 0 | MPa | | |
| PIC105 | 解吸塔顶压力控制 | PID | 0.50 | 1.0 | 0 | MPa | | |
| PI106 | 解吸塔底压力显示 | AI | 0.53 | 1.0 | 0 | MPa | | |
| TI101 | 吸收塔塔顶温度 | AI | 6 | 40 | 0 | ℃ | | |
| TI102 | 吸收塔塔底温度 | AI | 40 | 100 | 0 | ℃ | | |
| TIC103 | 循环油温度控制 | PID | 5.0 | 50 | 0 | ℃ | 10.0 | 2.5 |
| TI104 | C4 回收罐温度显示 | AI | 2.0 | 40 | 0 | ℃ | | |
| TI105 | 预热后温度显示 | AI | 80.0 | 150.0 | 0 | ℃ | | |
| TI106 | 吸收塔顶温度显示 | AI | 6.0 | 50 | 0 | ℃ | | |
| TIC107 | 解吸塔釜温度控制 | PID | 102.0 | 150.0 | 0 | ℃ | | |
| TI108 | 回流罐温度显示 | AI | 40.0 | 100 | 0 | ℃ | | |

## 4.8.5　冷态开车操作规程

装置的开工状态为吸收塔、解吸塔系统均处于常温常压下，各调节阀处于手动关闭状态，各手操阀处于关闭状态，氮气置换已完毕，公用工程已具备条件，可以直接进行氮气充压。

**1. 氮气充压**

① 确认所有手阀处于关闭状态。

② 氮气充压：A. 打开氮气充压阀，给吸收塔系统充压。

B. 当吸收塔系统压力升至1.0 MPa左右时，关闭氮气充压阀。

C. 打开氮气充压阀，给解吸塔系统充压。

D. 当吸收塔系统压力升至0.5 MPa左右时，关闭氮气充压阀。

**2. 进吸收油**

(1) 确认

① 系统充压已结束。

② 所有手阀处于关闭状态。

(2) 吸收塔系统进吸收油

① 打开引油阀V9至开度50%左右，给C6油贮罐D-101充C6油至液位70%。

② 打开C6油供给泵P-101A(或B)的入口阀，启动P-101A(或B)。

③ 打开P-101A(或B)出口阀，手动打开FV103阀至30%左右，给吸收塔T-101充液至50%。充油过程中注意观察D-101液位，必要时给D-101补充新油。

(3) 解吸塔系统进吸收油

① 手动打开调节阀FV104开度至50%左右，给解吸塔T-102进吸收油至液位50%。

② 给T-102进油时注意给T-101和D-101补充新油，以保证D-101和T-101的液位均不低于50%。

**3. C6油冷循环**

(1) 确认

① 贮罐、吸收塔、解吸塔液位在50%左右。

② 吸收塔系统与解吸塔系统保持合适压差。

(2) 建立冷循环

① 手动逐渐打开调节阀LV104，向D-101倒油。

② 当向D-101倒油时，同时逐渐调整FV104，以保持T-102液位在50%左右，将LIC104设定在50%时自动。

③ T-101至T-102油循环时，手动调节FV103以保持T-101液位在50%左右，将LIC101设定在50%，投自动。

④ 手动调节FV103，使FRC103保持在13.50 t/h，投自动，冷循环10 min。

**4. 灌 C4**

打开 V21 向 D-103 灌 C4 至液位为 40%。

**5. C6 油热循环**

(1) 确认

① 冷循环过程已经结束。

② D-103 液位已建立。

(2) T-102 再沸器投用

① 设定 TIC103 于 5 ℃,投自动。

② 手动打开 PV105 至 70%。

③ 手动控制 PIC105 于 0.5 MPa,待回流稳定后再投自动。

④ 手动打开 FV108 至 50%,开始给 T-102 加热。

(3) 建立 T-102 回流

① 随着 T-102 塔釜温度 TIC107 逐渐升高,C6 油开始汽化,并在 E-104 中冷凝至回流罐 D-103。

② 当塔顶温度高于 50 ℃时,打开 P-102A/B 泵的入、出口阀 VI25/27、VI26/28,打开 FV106 的前后阀,手动打开 FV106 至合适开度,维持塔顶温度高于 51 ℃。

③ 当 TIC107 温度指示达到 102 ℃时,将 TIC107 设定在 102 ℃,投自动,TIC107 和 FIC108 投串级。

④ 热循环 10 min。

**6. 进富气**

① 确认 C6 油热循环已经建立。

② 进富气:A. 逐渐打开富气进料阀 V1,开始富气进料。

B. 随着 T-101 富气进料,塔压升高,手动调节 PIC103 使压力恒定在 1.2 MPa(表)。当富气进料达到正常值后,设定 PIC103 于 1.2 MPa(表),投自动。

C. 当吸收了 C4 的富油进入解吸塔后,塔压将逐渐升高,手动调节 PIC105,维持 PIC105 在 0.5 MPa(表),稳定后投自动。

D. T-102 温度、压力控制稳定,手动调节 FIC106 使回流量达正常值 8.0 t/h,投自动。

E. 观察 D-103 液位,液位高于 50 时,打开 LV105 的前后阀,手动调节 LIC105 维持液位在 50%,投自动。

F. 将所有操作指标逐渐调整到正常状态。

## 4.8.6 正常操作规程

**1. 正常工况操作参数**

① 吸收塔顶压力控制 PIC103 为 1.20 MPa(表)。

② 循环油温度控制 TIC103 为 5.0 ℃。

③ 解吸塔顶压力控制 PIC105 为 0.50 MPa(表)。

④ 解吸塔顶温度：51.0 ℃。

⑤ 解吸塔釜温度控制 TIC107 为 102.0 ℃。

**2. 补充新油**

因为塔顶 C4 产品中含有部分 C6 油及其他 C6 油损失，所以随着生产的进行，要定期观察 C6 油贮罐 D-101 的液位，当液位低于 30%时，打开阀 V9 补充新鲜的 C6 油。

**3. D-102 排液**

生产过程中贫气中的少量 C4 和 C6 组分积累于气液分离罐 D-102 中，定期观察 D-102 的液位，当液位高于 70%时，打开阀 V7 将凝液排放至解吸塔 T-102 中。

**4. T-102 塔压控制**

正常情况下 T-102 的压力由 PIC105 通过调节 E-104 的冷却水流量控制。生产过程中会有少量不凝气积累于回流罐 D-103 中使解吸塔系统压力升高，这时 T-102 顶部压力升高，保护控制器 PIC104 会自动控制排放不凝气，维持压力不会超高。必要可手动打开 PV104 至开度 1%～3%来调节压力。

## 4.8.7　停车操作规程

**1. 停富气进料**

① 关富气进料阀 V1，停富气进料。

② 富气进料中断，T-101 塔压降低，手动调节 PIC103，维持 T-101 压力＞1.0 MPa(表)。

③ 手动调节 PIC105 维持 T-102 塔压力在 0.20 MPa(表)左右。

④ 维持 T-101→T-102→D-101 的 C6 油循环。

**2. 停吸收塔系统**

(1) 停 C6 油进料

① 停 C6 油供给泵 P-101A/B。

② 关闭 P-101A/B 入、出口阀。

③ FRC103 置手动，关 FV103 前后阀。

④ 手动关 FV103 阀，停 T-101 油进料。此时应注意保持 T-101 的压力，压力低时可用氮气充压，否则 T-101 塔釜 C6 油无法排出。

(2) 吸收塔系统泄油

① LIC101 和 FIC104 置手动，FV104 开度保持 50%，向 T-102 泄油。

② 当 LIC101 液位降至 0%时，关闭 FV108。

③ 打开 V7 阀，将 D-102 中的凝液排至 T-102 中。

④ 当 D-102 液位指示降至 0%时，关 V7 阀。

⑤ 关 V4 阀,中断盐水停 E-101。

⑥ 手动打开 PV103,吸收塔系统泄压至常压,关闭 PV103。

**3. 停解吸塔系统**

(1) 停 C4 产品出料

富气进料中断后,将 LIC105 置手动,关阀 LV105 及其前后阀。

(2) T-102 塔降温

① TIC107 和 FIC108 置手动,关闭 E-105 蒸汽阀 FV108,停再沸器 E-105。

② 停止 T-102 加热的同时,手动关闭 PIC105 和 PIC104,保持解吸系统的压力。

(3) 停 T-102 回流

① 再沸器停用,温度下降至泡点以下后,油不再汽化,当 D-103 液位 LIC105 指示小于10%时,停回流泵 P-102A/B,关 P-102A/B 的入、出口阀。

② 手动关闭 FV106 及其前后阀,停 T-102 回流。

③ 打开 D-103 泄液阀 V19。

④ 当 D-103 液位指示下降至 0 时,关 V19 阀。

(4) T-102 泄油

① 手动置 LV104 于 50%,将 T-102 中的油倒入 D-101。

② 当 T-102 液位 LIC104 指示下降至 10%时,关 LV104。

③ 手动关闭 TV103,停 E-102。

④ 打开 T-102 泄油阀 V18,T-102 液位 LIC104 下降至 0%时,关 V18。

(5) T-102 泄压

① 手动打开 PV104 至开度 50%,开始 T-102 系统泄压。

② 当 T-102 系统压力降至常压时,关闭 PV104。

**4. 吸收油贮罐 D-101 排油**

① 若停 T-101 吸收油进料,D-101 液位必然上升,此时打开 D-101 排油阀 V10 排污油。

② 直至 T-102 中油倒空,D-101 液位下降至 0%,关 V10。

## 4.8.8 事故设置一览

**1. 冷却水中断**

(1) 主要现象

① 冷却水流量为 0。

② 入口路各阀处于常开状态。

(2) 处理方法

① 停止进料,关 V1 阀。

② 手动关 PV103,保压。

③ 手动关 FV104,停 T-102 进料。
④ 手动关 LV105,停出产品。
⑤ 手动关 FV103,停 T-101 回流。
⑥ 手动关 FV106,停 T-102 回流。
⑦ 关 LIC104 前后阀,保持液位。

**2. 加热蒸汽中断**

(1) 主要现象
① 加热蒸汽管路各阀开度正常。
② 加热蒸汽入口流量为 0。
③ 塔釜温度急剧下降。
(2) 处理方法
① 停止进料,关 V1 阀。
② 停 T-102 回流。
③ 停 D-103 产品出料。
④ 停 T-102 进料。
⑤ 关 PV103 保压。
⑥ 关 LIC104 前后阀,保持液位。

**3. 仪表中断**

(1) 主要现象
各调节阀全开或全关。
(2) 处理方法
① 打开 FRC103 旁路阀 V3。
② 打开 FIC104 旁路阀 V5。
③ 打开 PIC103 旁路阀 V6。
④ 打开 TIC103 旁路阀 V8。
⑤ 打开 LIC104 旁路阀 V12。
⑥ 打开 FIC106 旁路阀 V13。
⑦ 打开 PIC105 旁路阀 V14。
⑧ 打开 PIC104 旁路阀 V15。
⑨ 打开 LIC105 旁路阀 V16。
⑩ 打开 FIC108 旁路阀 V17。

**4. 停电**

(1) 主要现象
① 泵 P-101A/B 停。
② 泵 P-102A/B 停。

(2) 处理方法

① 打开泄液阀 V10,保持 LI102 液位在 50%。

② 打开泄液阀 V19,保持 LIC105 液位在 50%。

③ 关小加热油流量,防止塔温上升过高。

④ 停止进料,关 V1 阀。

**5. P-101A 泵坏**

(1) 主要现象

① FRC103 流量降为 0。

② 塔顶 C4 上升,温度上升,塔顶压上升。

③ 釜液位下降。

(2) 处理方法

① 停 P-101A。注意:先关泵后阀,再关泵前阀。

② 开启 P-101B,先开泵前阀,再开泵后阀。

③ 由 FRC103 调至正常值,并投自动。

**6. LIC104 调节阀卡**

(1) 主要现象

① FI107 降至 0。

② 塔釜液位上升,并可能报警。

(2) 处理方法

① 关 LIC104 前后阀 VI13、VI14。

② 开 LIC104 旁路阀 V12 至 60%左右。

③ 调整旁路阀 V12 开度,使液位保持 50%。

**7. 换热器 E-105 结垢严重**

(1) 主要现象

① 调节阀 FIC108 开度增大。

② 加热蒸汽入口流量增大。

③ 塔釜温度下降,塔顶温度也下降,塔釜 C4 组成上升。

(2) 处理方法

① 关闭富气进料阀 V1。

② 手动关闭产品出料阀 LV104。

③ 手动关闭再沸器后,清洗再沸器 E-105。

### 4.8.9 思考题

① 吸收岗位操作条件是高压、低温。为什么这样的操作条件有利于吸收?

② 请分析换热器 E-103 在本实训中的节能作用并做出合理解释。

③ 操作中若发现富油无法进入解吸塔,原因是什么?应如何调整?

④ 假设操作处于平稳状态，此时吸收塔的进料富气温度突然升高，会导致什么现象？若造成系统不稳定，吸收塔塔顶压力上升（塔顶 C4 增加），采取哪些举措调节系统能使之恢复正常？

⑤ C6 油贮罐进料阀为手操阀，是否要在此设一个调节阀，使进料操作自动化，为什么？

# 4.9 精馏系统综合仿真实训

## 4.9.1 实验目的

① 学会应用现代仿真技术，设计精馏生产系统的方案，模拟实证，深入掌握实验的研究方法与原理。

② 熟悉精馏操作系统的各类操作状态变化所产生的效果及其对塔性能的影响。

③ 学会通过生产单元回路，动态了解径流特性，掌握精馏综合控制规律。

## 4.9.2 生产原理

本流程是利用精馏方法，在脱丁烷塔中将丁烷从脱丙烷塔釜混合物中分离出来。精馏是将液体混合物部分汽化，利用其中各组分相对挥发度的不同，通过液相和气相间的质量传递来实现对混合物的分离。本装置中将脱丙烷塔釜混合物部分汽化，由于丁烷的沸点较低，且其挥发度较高，故丁烷易于从液相中汽化出来，再将汽化的蒸汽冷凝，可得到丁烷组成高于原料的混合物，经过多次汽化冷凝，即可达到分离混合物中丁烷的目的。

## 4.9.3 单元控制方案与工艺流程

精馏单元复杂控制回路主要是串级回路的使用，在精馏塔和回流罐中都使用了液位与流量串级回路。精馏塔 DCS 界面见图 4-43，精馏塔现场界面见图 4-44。

串级回路是在简单调节系统基础上发展起来的。在结构上，串级回路调节系统有两个闭合回路。主、副调节器串联，主调节器的输出为副调节器的给定值，系统通过副调节器的输出操纵调节阀动作，实现对主参数的定值调节。所以在串级回路调节系统中，主回路是定值调节系统，副回路是随动系统。

分程控制是由一只调节器的输出信号控制两只或更多的调节阀，每只调节阀在调节器输出信号的某段范围中工作。

具体实例：DA405 的塔釜液位控制 LC101 和塔釜采出量控制 FC102 构成一串级回路。FC102. SP 随 LC101. OP 的改变而变化。PIC102 为分程控制器，分别控制 PV102A 和 PV102B，当 PC102. OP 逐渐开大时，PV102A 从 0 逐渐开大到 100，而 PV102B 从 100 逐渐关小至 0。

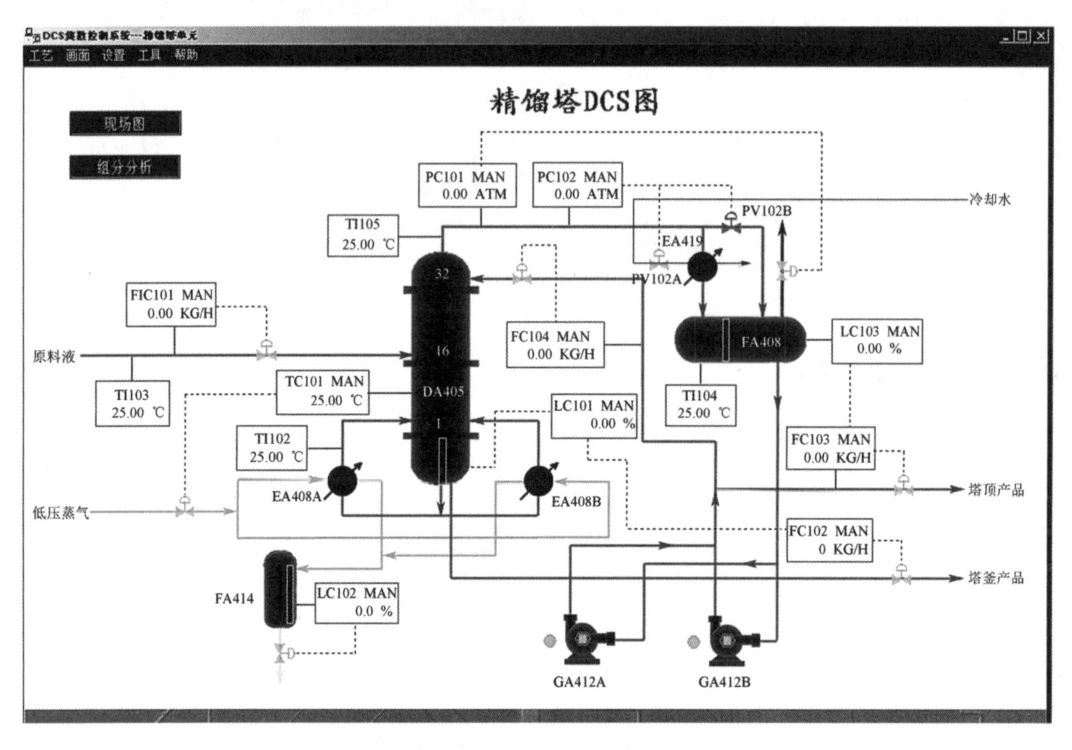


图 4-43　精馏塔 DCS 界面

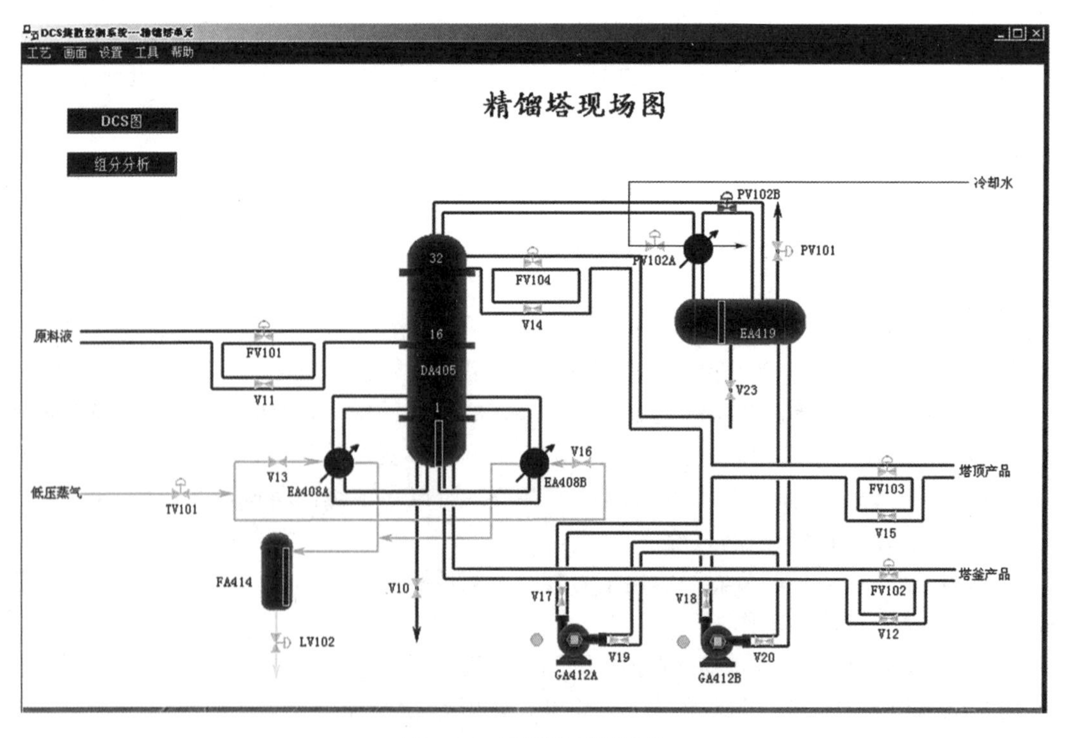


图 4-44　精馏塔现场界面

原料为 67.8 ℃脱丙烷塔的釜液(主要有 C4、C5、C6、C7 等),从脱丁烷塔(DA405)的第 16 块板进料(全塔共 32 块板),进料量由流量控制器 FIC101 控制。灵敏板温度由调节器 TC101 通过调节再沸器加热蒸汽的流量,来控制提馏段灵敏板温度,从而控制丁烷的分离质量。

脱丁烷塔塔釜液(主要为 C5 以上馏分)一部分作为产品采出,一部分经再沸器(EA408A、EA408B)部分汽化为蒸汽从塔底上升。塔釜的液位和塔釜产品采出量由 LC101 和 FC102 组成的串级控制器控制。再沸器采用低压蒸汽加热。塔釜蒸汽缓冲罐(FA414)液位由液位控制器 LC102 调节底部采出量控制。

塔顶的上升蒸汽(C4 馏分和少量 C5 馏分)经塔顶冷凝器(EA419)全部冷凝成液体,该冷凝液靠位差流入回流罐(FA408)。塔顶压力 PC102 采用分程控制:在正常的压力波动下,通过调节塔顶冷凝器的冷却水量来调节压力,当压力超高时,压力报警系统发出报警信号,PC102 调节塔顶至回流罐的排气量来控制塔顶压力调节气相出料。操作压力为 4.25 atm(表压),高压控制器 PC101 将调节回流罐的气相排放量,来控制塔内压力稳定。冷凝器以冷却水为载热体。回流罐液位由液位控制器 LC103 调节塔顶产品采出量来维持恒定。回流罐中的液体一部分作为塔顶产品送下一工序,另一部分液体由回流泵(GA412A、GA412B)送回塔顶回流,回流量由流量控制器 FC104 控制。

## 4.9.4　设备及仪表一览

设备名称见表 4-17,仪器参数见表 4-18。

**表 4-17　设备一览**

| 序号 | 设备位号 | 设备名称 | 序号 | 设备位号 | 设备名称 |
|---|---|---|---|---|---|
| 1 | DA405 | 脱丁烷塔 | 4 | GA412A、GA412B | 回流泵 |
| 2 | EA419 | 塔顶冷凝器 | 5 | EA408A、EA408B | 塔釜再沸器 |
| 3 | FA408 | 塔顶回流罐 | 6 | FA414 | 塔釜蒸汽缓冲罐 |

**表 4-18　仪表一览**

| 位号 | 说明 | 类型 | 正常值 | 量程高限 | 量程低限 | 单位 |
|---|---|---|---|---|---|---|
| FIC101 | 塔进料量控制 | PID | 14 056.0 | 28 000.0 | 0.0 | kg/h |
| FC102 | 塔釜采出量控制 | PID | 7 349.0 | 14 698.0 | 0.0 | kg/h |
| FC103 | 塔顶采出量控制 | PID | 6 707.0 | 13 414.0 | 0.0 | kg/h |
| FC104 | 塔顶回流量控制 | PID | 9 664.0 | 19 000.0 | 0.0 | kg/h |
| PC101 | 塔顶压力控制 | PID | 4.25 | 8.5 | 0.0 | atm |
| PC102 | 塔顶压力控制 | PID | 4.25 | 8.5 | 0.0 | atm |
| TC101 | 灵敏板温度控制 | PID | 89.3 | 190.0 | 0.0 | ℃ |
| LC101 | 塔釜液位控制 | PID | 50.0 | 100.0 | 0.0 | % |
| LC102 | 塔釜蒸汽缓冲罐液位控制 | PID | 50.0 | 100.0 | 0.0 | % |
| LC103 | 塔顶回流罐液位控制 | PID | 50.0 | 100.0 | 0.0 | % |

续表

| 位号 | 说明 | 类型 | 正常值 | 量程高限 | 量程低限 | 单位 |
|---|---|---|---|---|---|---|
| TI102 | 塔釜温度 | AI | 109.3 | 200.0 | 0.0 | ℃ |
| TI103 | 进料温度 | AI | 67.8 | 100.0 | 0.0 | ℃ |
| TI104 | 回流温度 | AI | 39.1 | 100.0 | 0.0 | ℃ |
| TI105 | 塔顶气温度 | AI | 46.5 | 100.0 | 0.0 | ℃ |

### 4.9.5 冷态开车操作规程

装置冷态开工状态为精馏塔单元处于常温、常压氮吹扫完毕后的氮封状态，所有阀门、机泵处于关停状态。

**1. 进料过程**

① 开 FA408 顶放空阀 PC101 排放不凝气，稍开 FIC101 调节阀(不超过 20%)，向精馏塔进料。

② 进料后，塔内温度略升，压力升高。当压力 PC101 升至 0.5 atm 时，关闭 PC101 调节阀投自动，并控制塔压不超过 4.25 atm(如果塔内压力大幅波动，改回手动调节稳定压力)。

**2. 启动再沸器**

① 当压力 PC101 升至 0.5 atm 时，打开冷凝水 PC102 调节阀至 50%；塔压基本稳定在 4.25 atm 后，可加大塔进料(FIC101 开至 50%左右)。

② 待塔釜液位 LC101 升至 20%以上时，开加热蒸汽入口阀 V13，再稍开 TC101 调节阀，给再沸器缓慢加热，并调节 TC101 阀开度使塔釜液位 LC101 维持在 40%～60%。待 FA414 液位 LC102 升至 50%时，并投自动，设定值为 50%。

**3. 建立回流**

随着塔进料增加和再沸器、冷凝器的投用，塔压会有所升高。回流罐逐渐积液。

① 塔压升高时，通过开大 PC102 的输出，改变塔顶冷凝器冷却水量和旁路量保持塔压稳定。

② 当回流罐液位 LC103 升至 20%以上时，先开回流泵 GA412A/B 的入口阀 V19，再启动泵，再开出口阀 V17，启动回流泵。

③ 通过 FC104 的阀开度控制回流量，维持回流罐液位不超高，同时逐渐关闭进料，全回流操作。

**4. 调整至正常**

① 当各项操作指标趋近正常值时，打开进料阀 FIC101。

② 逐步调整进料量 FIC101 至正常值。

③ 通过 TC101 调节再沸器加热量使灵敏板温度 TC101 达到正常值。

④ 逐步调整回流量 FC104 至正常值。

⑤ 开 FC103 和 FC102 出料，注意塔釜、回流罐液位。

⑥ 将各控制回路投自动，各参数稳定并与工艺设计值吻合后，投产品采出串级。

## 4.9.6 正常操作规程

本操作规程仅供参考,详细操作以评价系统为准。

**1. 正常工况下的工艺参数**

① 进料流量 FIC101 设为自动,设定值为 14 056 kg/h。

② 塔釜采出量 FC102 设为串级,设定值为 7 349 kg/h,LC101 设自动,设定值为 50%。

③ 塔顶采出量 FC103 设为串级,设定值为 6 707 kg/h。

④ 塔顶回流量 FC104 设为自动,设定值为 9 664 kg/h。

⑤ 塔顶压力 PC102 设为自动,设定值为 4.25 atm,PC101 设自动,设定值为 5.0 atm。

⑥ 灵敏板温度 TC101 设为自动,设定值为 89.3 ℃。

⑦ FA414 液位 LC102 设为自动,设定值为 50%。

⑧ 回流罐液位 LC103 设为自动,设定值为 50%。

**2. 主要工艺生产指标的调整方法**

① 质量调节:本系统的质量调节以提馏段灵敏板温度作为主参数,利用再沸器和加热蒸汽流量的调节系统,实现对塔的分离质量控制。

② 压力控制:在正常的压力情况下,由塔顶冷凝器的冷却水量来调节压力,当压力高于操作压力 4.25 atm(表压)时,压力报警系统发出报警信号,同时调节器 PC101 将调节回流罐的气相出料,为了保持同气相出料的相对平衡,该系统采用压力分程调节。

③ 液位调节:塔釜液位由调节塔釜的产品采出量来维持恒定;设有高低液位报警。回流罐液位由调节塔顶产品采出量来维持恒定;设有高低液位报警。

④ 流量调节:进料量和回流量都采用单回路的流量控制;再沸器加热介质流量,由灵敏板温度调节。

## 4.9.7 停车操作规程

**1. 降负荷**

① 逐步关小 FIC101 调节阀,降低进料至正常进料量的 70%。

② 在降负荷过程中,保持灵敏板温度 TC101 的稳定性和塔压 PC102 的稳定,使精馏塔分离出合格产品。

③ 在降负荷过程中,尽量通过 FC103 排出回流罐中的液体产品,至回流罐液位 LC103 在 20%左右。

④ 在降负荷过程中,尽量通过 FC102 排出塔釜产品,使 LC101 降至 30%左右。

**2. 停进料和再沸器**

在负荷降至正常的 70%,且产品已大部采出后,停进料和再沸器。

① 关 FIC101 调节阀,停精馏塔进料。

② 关 TC101 调节阀和 V13 或 V16 阀,停再沸器的加热蒸汽。

③ 关 FC102 调节阀和 FC103 调节阀,停止产品采出。

④ 打开塔釜泄液阀 V10，排不合格产品，并控制塔釜降低液位。

⑤ 手动打开 LC102 调节阀，对 FA414 泄液。

**3. 停回流**

① 停进料和再沸器后，回流罐中的液体全部通过回流泵打入塔，以降低塔内温度。

② 当回流罐液位至 0 时，关 FC104 调节阀，关泵出口阀 V17(或 V18)，停泵 GA412A(或 GA412B)，关入口阀 V19(或 V20)，停回流。

③ 开泄液阀 V10 排净塔内液体。

**4. 降压、降温**

① 打开 PC101 调节阀，将塔压降至接近常压后，关 PC101 调节阀。

② 全塔温度降至 50 ℃左右时，关塔顶冷凝器的冷却水(PC102 的输出至 0)。

## 4.9.8 事故设置一览

**1. 热蒸气压力过高**

原因：热蒸气压力过高。

现象：加热蒸汽的流量增大，塔釜温度持续上升。

处理：适当减小 TC101 的阀门开度。

**2. 热蒸气压力过低**

原因：热蒸气压力过低。

现象：加热蒸汽的流量减小，塔釜温度持续下降。

处理：适当增大 TC101 的阀门开度。

**3. 冷凝水中断**

原因：停冷凝水。

现象：塔顶温度上升，塔顶压力升高。

处理：① 开回流罐放空阀 PC101 保压。

② 手动关闭 FIC101，停止进料。

③ 手动关闭 TC101，停加热蒸汽。

④ 手动关闭 FC103 和 FC102，停止产品采出。

⑤ 开塔釜排液阀 V10，排不合格产品。

⑥ 手动打开 LC102，对 FA414 泄液。

⑦ 当回流罐液位为 0 时，关闭 FC104。

⑧ 关闭回流泵出口阀 V17/V18。

⑨ 关闭回流泵 GA412A/GA412B。

⑩ 关闭回流泵入口阀 V19/V20。

⑪ 待塔釜液位为 0 时，关闭泄液阀 V10。

⑫ 待塔顶压力降为常压后，关闭冷凝器。

**4. 停电**

原因：停电。

现象:回流泵 GA412A 停止,回流中断。

处理:① 手动开回流罐放空阀 PC101 泄压。

② 手动关进料阀 FIC101。

③ 手动关出料阀 FC102 和 FC103。

④ 手动关加热蒸汽阀 TC101。

⑤ 开塔釜排液阀 V10 和回流罐泄液阀 V23,排不合格产品。

⑥ 手动打开 LC102,对 FA414 泄液。

⑦ 当回流罐液位为 0 时,关闭 V23。

⑧ 关闭回流泵出口阀 V17/V18。

⑨ 关闭回流泵 GA412A/GA412B。

⑩ 关闭回流泵入口阀 V19/V20。

⑪ 待塔釜液位为 0 时,关闭泄液阀 V10。

⑫ 待塔顶压力降为常压后,关闭冷凝器。

**5. 回流泵故障**

原因:回流泵 GA412A 泵坏。

现象:GA412A 断电,回流中断,塔顶压力、温度上升。

处理:① 开备用泵入口阀 V20。

② 启动备用泵 GA412B。

③ 开备用泵出口阀 V18。

④ 关闭运行泵出口阀 V17。

⑤ 停运行泵 GA412A。

⑥ 关闭运行泵入口阀 V19。

**6. 回流控制阀 FC104 阀卡**

原因:回流控制阀 FC104 阀卡。

现象:回流量减小,塔顶温度上升,压力增大。

处理:打开旁路阀 V14,保持回流。

## 4.9.9　思考题

① 精馏系统的主要设备有哪些?其各自的作用是什么?

② 若本实训项目出现塔顶温度、压力超过工艺标准的情况,应采取哪些有效措施使系统趋于稳定?

③ 当高负荷的精馏系统发生较大波动时,为什么一般将系统降至低负荷稳态,再重新升至原设定高负荷状态?

④ 若观察到精馏塔灵敏板温度过高或过低,说明精馏效果是好还是不好?调节哪些变量可使之恢复正常?

⑤ 该精馏项目如何通过分程控制调节精馏塔正常操作压力?

# 4.10 四氟乙烯生产仿真综合实训

## 4.10.1 实训目的

① 理解四氟乙烯(tetrafluoroethene,TFE)生产原理与工艺控制指标。
② 熟悉四氟乙烯操作工艺流程与控制方法。
③ 掌握判断和优化四氟乙烯生产过程工艺条件参数。
④ 学会根据生产流程,完成开车、正常操作与停车等生产步骤组织实施。
⑤ 学会生产异常现象、事故的分析、判断、处理的基本方法与措施。

## 4.10.2 生产原理

四氟乙烯,无色无味,是制造聚四氟乙烯(PTFE)及其他氟塑料、氟橡胶和全氟丙烯等特种聚合物的主要单体。可用作制造新型热塑料、工程塑料、耐油耐低温橡胶、新型灭火剂和抑雾剂。聚四氟乙烯由四氟乙烯聚合而成,具有优异耐热性、耐化学性和电绝缘性能等特性,广泛应用于制造电气绝缘材料、光学材料和隔热材料等领域。

四氟乙烯的制备由二氟一氯甲烷(F22)经高温热裂解而得。采用衬铂管为裂解反应管,采用过热蒸汽为稀释剂,在 600~900 ℃温度下进行裂解,得到四氟乙烯。经冷却分离,再水洗、碱洗除去其中的氯化氢,再于−20 ℃、2.02 MPa 加压精馏,可得到含量为 99.9%以上的聚合级纯品。

二氟一氯甲烷毒性低,主要用途是用作制冷剂及气溶杀虫药发射剂。生产方法有直接法和间接法。直接法采用甲烷为原料,与氯气和氢氟酸反应制取,反应方程式如下:

$$CH_4 + Cl_2 + HF \longrightarrow CHClF_2$$

反应温度 370~470 ℃,压力 0.41~0.59 MPa,副反应生成其他氟氯甲烷、氯化氢等,经碱洗、干燥,蒸馏分离得到纯品。

间接法通过三氯甲烷为原料和氟化氢反应得到,反应式如下:

$$CHCl_3 + 2HF \longrightarrow CHClF_2 + 2HCl$$

反应以五氯化锑为催化剂,产物经碱洗、干燥蒸馏得到纯品 F22。

本生产培训仿真综合实训包括反应工段、HCl 分离吸收及尾气处理工段、水洗中和工段、F22 精馏工段、TFE 合成工段。使用原料 HF 和氯仿 $CHCl_3$ 反应生成 F22,再经过水碱洗、精馏、合成等工序提纯,最后合成得到 TFE 产品。

## 4.10.3 工艺流程

**1. 反应工段(图 4-45)**

原料 HF 从 HF 贮槽输送到 HF 给料槽 V0102A/B,根据反应状况及生产任务,由 HF

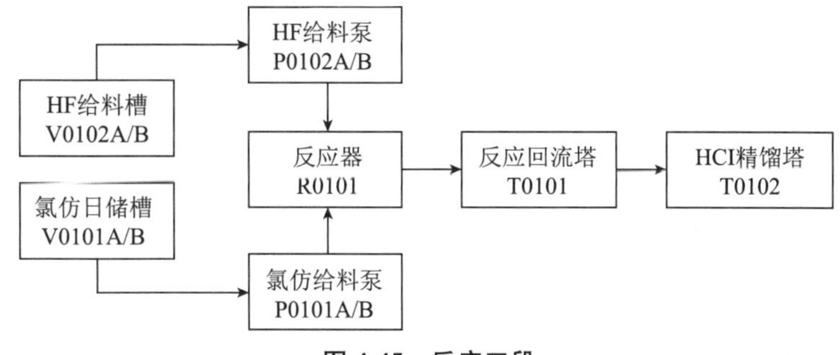


图 4-45 反应工段

给料泵 P0102A/B 向反应器定量加入 HF。

原料氯仿自 $CHCl_3$ 贮槽、$CHCl_3$ 给料泵 P0101A/B、$CHCl_3$ 经 1＃套管加热器 E0101 进入反应器，$CHCl_3$ 的加入量由反应器内物料液位进行自动控制与调节，或按 HF∶$CHCl_3$＝1∶3 参照液位进行调节。

反应生成物以气相形式进入反应回流塔 T0101，反应气经反应回流塔、回流塔冷凝器 E0102 分离，重组分（未反应的 $CHCl_3$，部分 HF 及夹带的触媒等）返回反应器，轻组分[F22、HCl 及少量 HF（作为 HF/F22 恒沸物组成）]则进入 HCl 精馏塔 T0102。

**2. HCl 分离吸收及尾气处理工段（图 4-46）**

接收回流塔冷凝器 E0102 的物料（含大量主产物 F22，副产物 HCl 及少量的 HF），从 HCl 精馏塔 T0102 中部进料，运用低温干法分离，采用 F22 直接蒸发制冷的 HCl 精馏塔冷凝器 E0103 低温冷凝回流，在 HCl 精馏塔 T0102 中，使副产物 HCl 与 F22 及少量 HF 得到分离，从 HCl 精馏塔 T0102 塔釜出料的有机物料 F22（含微量 HF、HCl）则送至水洗单元进行预净化，而 HCl 由 HCl 精馏塔 T0102 塔顶经 2＃套管加热器 E0105 加热至常温后进入 1＃、2＃膜吸塔 T0104A/B。用来自本岗位水洗塔 T0105 的洗涤水吸收 HCl 气体，将其制成合格的副产盐酸，并送往盐酸罐区。未被洗涤水吸收的少量 HCl 和其他不凝气体进入水洗塔，用新鲜水再次洗涤，使 HCl 被水吸收。再次洗涤后的其他不凝气体进入碱洗塔，用稀碱液中和洗涤，以彻底除去 HCl 等酸性气体，确保不凝气体不带酸性，保护禁烧系统不因酸性气体的腐蚀而损坏。

吸收 HCl 气体等酸性气体的废碱液，当降到规定的浓度后排至污水处理装置进行处理。

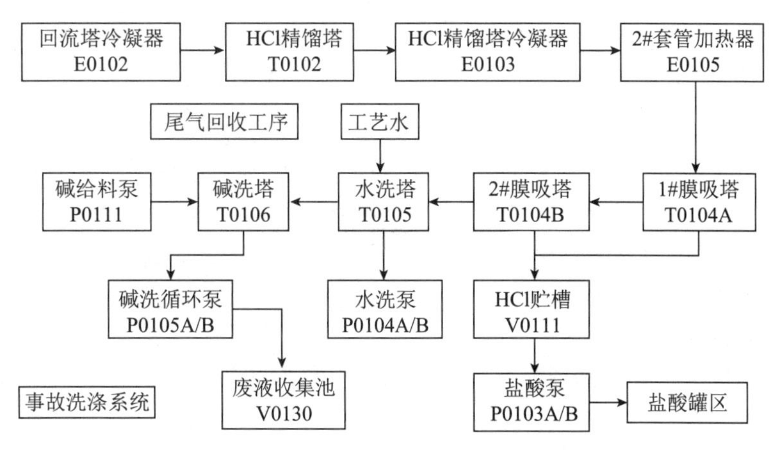


图 4-46 HCl 分离吸收及尾气处理工段

**3. 水洗中和工段(图 4-47)**

(1) 配碱单元

按规定将配制好的弱碱溶液打至碱给料槽 V0116 中,再通过碱给料泵 P0111A/B 打至碱分离器中或连续向混合泵补碱。

(2) 水碱洗单元

从 HCl 精馏塔 T0102 塔釜出料的有机物料经过冷却器 E0106 用 5 ℃水冷媒冷却至常温后,从有水酸塔 T0107 上部进入有水酸塔,进有水酸塔给水泵 P0106A/B 的工艺水从水洗塔下部进入,进行逆流接触,应用萃取分离原理,将粗产品(有机物)中大部分 HF、HCl 等酸性物质吸收到水相,利用二相密度差使有机相与水相分层,酸性物质的水含 HF 约 12%,从水洗塔顶部排至 HF 水溶液日贮槽 V0113。

有机相从水洗塔底出料,与碱给料泵 P0111A/B、碱冷却器 E0108A/B 来的碱液混合后进入混合泵 P0108A/B,经混合泵加压后进入碱分离器 V0117 中,该过程中酸和碱发生中和反应,进一步除去粗产品中微量的酸性物质。

碱液由碱分离器顶部排出。一部分循环使用,经碱冷却器 E0108A/B 冷却后至混合泵进口混合,再由混合泵返回碱分离器;另一部分碱液输送至本装置废水池。

经碱中和分离后的有机物从碱分离器下部向上引出,从凝聚器 V0118A/B 上部进入,经滞留进入倾析器 V0119,少量的水分由倾析器 V0119 顶部定期排到收集桶中,定期倒入本装置的废水池中,而有机物由倾析器 V0119 底部出料进入 F22 精馏单元。

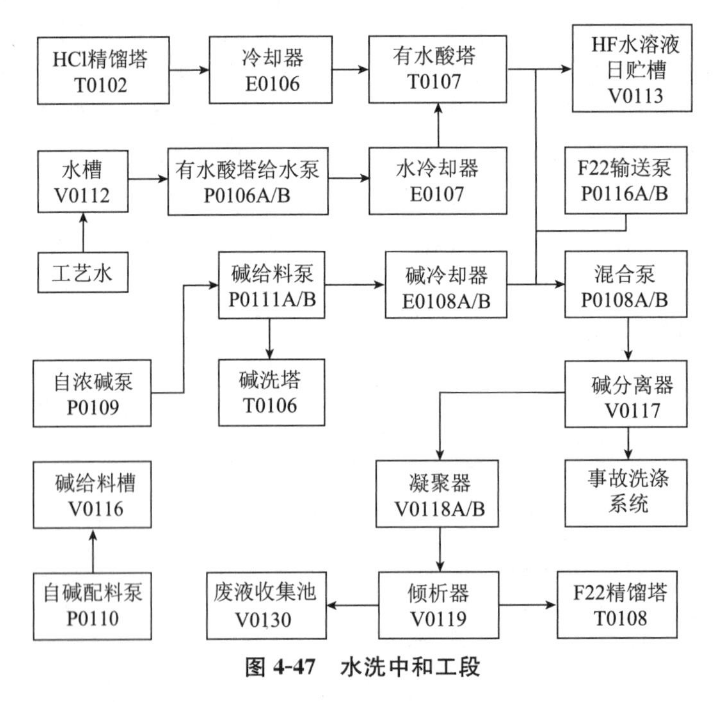


图 4-47　水洗中和工段

**4. F22 精馏工段(图 4-48)**

(1) F22 精馏单元

经水碱洗过的 F22 粗产品依靠系统压差从釜液倾析器 V0122 底部出料进入 F22 精馏塔 T0108,从 F22 精馏塔 T0108 塔底进料(根据需要也可从塔釜进料),运用精馏原理,汽液充分接触,塔顶排出的 F22 经 F22 精馏塔冷凝器 E0109 冷凝成液体,经 F22 精馏塔回流槽 V0120

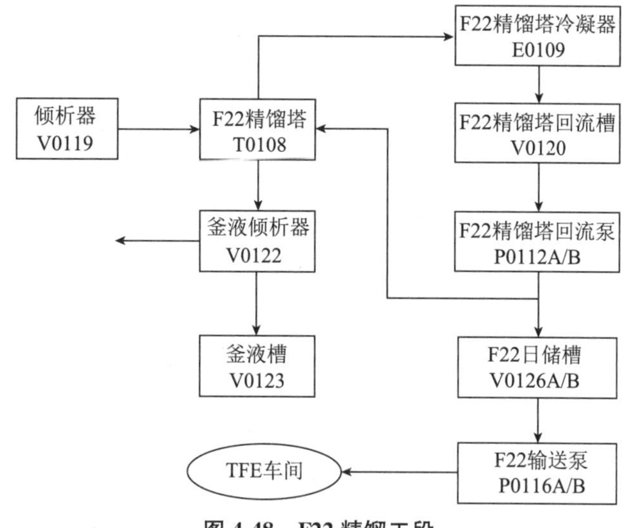


**图 4-48 F22 精馏工段**

通过 F22 精馏塔回流泵 P0112A/B 增压,一部分作为产品进入 F22 日储槽 V0126A/B,一部分作为回流液从 F22 精馏塔 T0108 塔顶进入。F22 精馏塔 T0108 塔釜浓缩的高沸有机物及大量水分排入釜液倾析器 V0122,经静止分层后,水分从釜液倾析器顶直接排入废液收集池 V0130,槽底有机物排入釜液槽 V0123,经 F22 精馏塔塔釜泵 P0113A/B 定期送至回收塔进一步回收有机物。

(2) 成品罐区单元

F22 日储槽 V0126A/B 接受 F22 精馏系统的 F22 产品,通过 F22 输送泵 P0116A/B 增压,其中大部分 F22 经流量计 FIQ1017 计量后送到罐区岗位,一部分根据泵出口压力调节回流返回 F22 日储槽 V0126A/B。若 F22 产品温度较高时,则需现场临时接皮管用工艺水喷淋槽降温。进入 F22 日储槽 V0126A/B 的产品出现酸度或水分超标后,则通过 F22 输送泵 P0116A/B 打至混合泵前重新净化精馏。

**5. TFE 合成工段(图 4-49)**

TFE 的生产过程是将合格的 R22 导入 TFE 裂解反应器进行充分裂解反应,生成合格的四氟乙烯单体,然后将合格的四氟乙烯单体在相关助剂作用下,以水为聚合介质,在一定的温度、压力和搅拌速度下,得到比较稳定、浓度在 20%以上的白色聚四氟乙烯分散乳液。本装置采用卧式不锈钢聚合反应釜对四氟乙烯单体进行分散聚合。

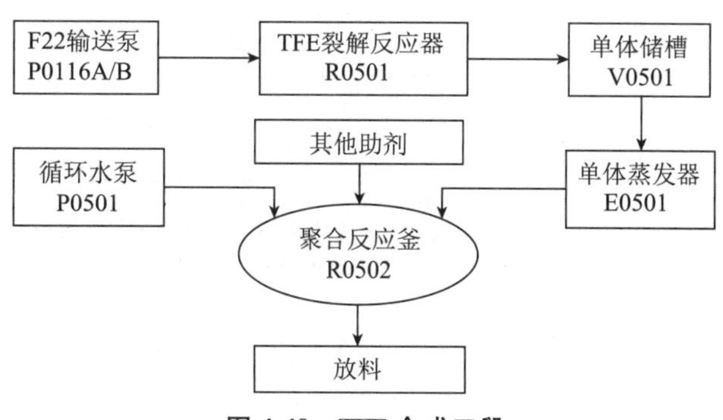


**图 4-49 TFE 合成工段**

## 4.10.4 设备列表

仪器参数见表4-19～表4-25。

**表 4-19 反应工段**

| 序号 | 设备位号 | 设备名称 | 技术规格 | 数量 | 材质 |
|---|---|---|---|---|---|
| 1 | V0101A/B | 氯仿日储槽 | $D$=4 000 mm,$H$=8 104 mm,$V$=93 $m^3$ | 2 | Q345R |
| 2 | V0102A/B | HF 给料槽 | $D$=2 600 mm,$H$=6 750 mm,$V$=32.6 $m^3$ | 2 | Q245R |
| 3 | E0101 | 1＃套管加热器 | $D$=57/89 mm,$H$=3 500 mm,$F$=2.5 $m^2$ | 1 | 碳钢 |
| 4 | R0101 | 反应器 | $D$=1 800/2 000 mm,$H$=9 655 mm,$V$=22 $m^3$ | 1 | 316L/Q345R |
| 5 | T0101 | 反应回流塔 | $D$=1 000 mm,$H$=20 260 mm,$V$=14.8 $m^3$ | 1 | 316L |
| 6 | E0102 | 回流塔冷凝器 | $D$=800 mm,$H$=4 435 mm,$F$=134 $m^2$ | 1 | 不锈钢/碳钢 |
| 7 | P0101A/B | 氯仿给料泵 | — | 2 | — |
| 8 | P0102A/B | HF 给料泵 | — | 2 | — |
| 9 | V0108 | 1＃ F22 分离罐 | — | 1 | — |

**表 4-20 HCl 分离吸收及尾气处理工段**

| 序号 | 设备位号 | 设备名称 | 技术规格 | 数量 | 材质 |
|---|---|---|---|---|---|
| 1 | T0102 | HCl 精馏塔 | $D$=1 000 mm,$H$=33 985 mm,$V$=24.5 $m^3$ | 1 | 不锈钢 |
| 2 | E0103 | HCl 精馏塔冷凝器 | $D$=800 mm,$H$=4 439 mm,$F$=134 $m^2$ | 1 | 不锈钢/碳钢 |
| 3 | E0104 | HCl 精馏塔再沸器 | $D$=500 mm,$H$=3 022 mm,$V$=19 $m^3$ | 1 | 不锈钢 |
| 4 | E0105 | 2＃套管加热器 | $D$=108/159 mm,$H$=2 000 mm,$F$=5.2 $m^2$ | 1 | 碳钢 |
| 5 | T0104A | 1＃膜吸塔 | $D$=900 mm,$H$=4 614 mm,$F$=120 $m^2$ | 1 | 石墨 |
| 6 | T0104B | 2＃膜吸塔 | $D$=700 mm,$H$=4 771 mm,$F$=80 $m^2$ | 1 | 石墨 |
| 7 | V0111 | 盐酸贮槽 | $D$=2 200 mm,$H$=6 398 mm,$V$=20.6 $m^3$ | 1 | 钢衬 PE |
| 8 | T0105 | 水洗塔 | $D$=325/1 000 mm,$H$=12 600 mm,$V$=2.33 $m^3$ | 1 | 钢衬 PE |
| 9 | T0106 | 碱洗塔 | $D$=325/1 000 mm,$H$=12 600 mm,$V$=2.33 $m^3$ | 1 | 钢衬 PE |
| 10 | V0110 | 2＃ F22 分离罐 | — | 1 | — |
| 11 | P0103A/B | 盐酸泵 | — | 2 | — |
| 12 | P0104A/B | 水洗泵 | — | 2 | — |
| 13 | P0105A/B | 碱洗循环泵 | — | 2 | — |

**表 4-21 水洗中和工段**

| 序号 | 设备位号 | 设备名称 | 技术规格 | 数量 | 材质 |
|---|---|---|---|---|---|
| 1 | E0106 | 冷却器 | $D$=57/89 mm,$H$=5 500 mm,$F$=7.7 $m^2$ | 1 | 不锈钢 |
| 2 | V0112 | 水槽 | $D$=1 400 mm,$H$=3 943 mm,$V$=4.7 $m^3$ | 1 | 碳钢 |
| 3 | E0107 | 水冷却器 | $D$=273 mm,$H$=2 651 mm,$F$=4 $m^2$ | 1 | 碳钢 |

续表

| 序号 | 设备位号 | 设备名称 | 技术规格 | 数量 | 材质 |
| --- | --- | --- | --- | --- | --- |
| 4 | T0107 | 有水酸塔 | $D$=416 mm，$H$=12 539 mm，$F$=1.57 $m^3$ | 1 | CS/PTFE |
| 5 | E0108A/B | 碱冷却器 | $D$=273 mm，$H$=2 178.5 mm，$F$=5.7 $m^2$ | 1 | 碳钢 |
| 6 | V0116 | 碱给料槽 | $D$=1 800 mm，$H$=3 861 mm，$V$=7.44 $m^3$ | 1 | 碳钢 |
| 7 | V0117 | 碱分离器 | $D$=1 400 mm，$H$=5 193 mm，$V$=6.95 $m^3$ | 1 | 碳钢 |
| 8 | V0118A/B | 凝聚器 | $D$=273 mm，$H$=1 443 mm，$V$=0.04 $m^3$ | 2 | 碳钢 |
| 9 | V0119 | 倾析器 | $D$=1 200 mm，$H$=3 208 mm，$V$=2.54 $m^3$ | 1 | 碳钢 |
| 10 | P0106A/B | 有水酸塔给水泵 | — | 2 | — |
| 11 | P0108A/B | 混合泵 | — | 2 | — |
| 12 | P0111A/B | 碱给料泵 | — | 2 | — |

**表 4-22　F22 精馏工段**

| 序号 | 设备位号 | 设备名称 | 技术规格 | 数量 | 材质 |
| --- | --- | --- | --- | --- | --- |
| 1 | T0108 | F22 精馏塔 | $D$=1 000 mm，$H$=32 678 mm，$V$=23.7 $m^3$ | 1 | 不锈钢 |
| 2 | E0109 | F22 精馏塔冷凝器 | $D$=700 mm，$H$=4 216 mm，$F$=100 $m^2$ | 1 | 碳钢 |
| 3 | E0110 | F22 精馏塔再沸器 | $D$=500 mm，$H$=1 490 mm，$F$=19 $m^2$ | 1 | 碳钢 |
| 4 | D0102A/B | F22 产品干燥器 | $D$=600 mm，$H$=3 135 mm，$V$=0.64 $m^3$ | 2 | 碳钢 |
| 5 | D0101 | F21 产品干燥器 | $D$=600 mm，$H$=2 668 mm，$V$=0.64 $m^3$ | 1 | 碳钢 |
| 6 | V0126A/B | F22 日储槽 | $D$=3 500 mm，$H$=8 906 mm，$V$=79 $m^3$ | 1 | 碳钢 |
| 7 | V0120 | F22 精馏塔回流槽 | — | 1 | — |
| 8 | V0121 | 3#F22 分离罐 | — | 1 | — |
| 9 | V0122 | 釜液倾析器 | — | 1 | — |
| 10 | V0123 | 釜液槽 | — | 1 | — |
| 11 | E0113 | F22 产品槽放空冷凝器 | — | 1 | — |
| 12 | P0112A/B | F22 精馏塔回流泵 | — | 2 | — |
| 13 | P0113A/B | F22 精馏塔塔釜泵 | — | 2 | — |
| 14 | P0116A/B | F22 输送泵 | — | 2 | — |

**表 4-23　TFE 合成工段**

| 序号 | 设备位号 | 设备名称 | 技术规格 | 数量 | 材质 |
| --- | --- | --- | --- | --- | --- |
| 1 | R0501 | TFE 裂解反应器 | $D$=500 mm，$H$=2 220 mm | 1 | 不锈钢 |
| 2 | E0501 | 单体蒸发器 | $\phi$1 500 mm×1 000 mm | 1 | 不锈钢 |
| 3 | V0501 | 单体储槽 | $D$=600 mm，$H$=4 000 mm，$F$ =1.1 $m^2$ | 1 | 不锈钢 |
| 4 | R0502 | 聚合釜 | $D$=1 200 mm，$H$=3 000 mm，$V$=3.8 $m^3$ | 1 | 不锈钢 |
| 5 | P0501 | 循环水泵 | $H$=15 m，$P$=20 kW | 1 | 碳钢 |

表 4-24 现场阀门

| 序号 | 阀门位号 | 阀门说明 | 备注 |
|---|---|---|---|
| 1 | VD1001 | 氯仿日储槽 V0101A 底部出料阀 | 反应工段 |
| 2 | VD1002 | 氯仿日储槽 V0101B 底部出料阀 | 反应工段 |
| 3 | VD1003 | 氯仿日储槽 V0101A 上部回流阀 | 反应工段 |
| 4 | VD1004 | 氯仿日储槽 V0101B 上部回流阀 | 反应工段 |
| 5 | VA1001 | 氯仿日储槽 V0101A 现场进料阀 | 反应工段 |
| 6 | VA1002 | 氯仿日储槽 V0101B 现场进料阀 | 反应工段 |
| 7 | VA1003 | 氯仿日储槽 V0101A 现场排净阀 | 反应工段 |
| 8 | VA1004 | 氯仿日储槽 V0101B 现场排净阀 | 反应工段 |
| 9 | VA1005 | HF 给料槽 V0102A 现场进料阀 | 反应工段 |
| 10 | VA1006 | HF 给料槽 V0102B 现场进料阀 | 反应工段 |
| 11 | VA1007 | HF 给料槽 V0102A 压缩空气进料阀 | 反应工段 |
| 12 | VA1008 | HF 给料槽 V0102B 压缩空气进料阀 | 反应工段 |
| 13 | VA1011 | 反应器 R0101 工艺水现场进料阀 | 反应工段 |
| 14 | VA1012 | 反应器 R0101 工艺水现场出料阀 | 反应工段 |
| 15 | VA1013 | 1# F22 分离罐 V0108 冷媒气相出口切断阀 | 反应工段 |
| 16 | VA1014 | 2# F22 分离罐 V0110 冷媒气相出口切断阀 | HCl 分离吸收及尾气处理工段 |
| 17 | VA1015 | HCl 精馏塔 T0102 底部排净阀 | HCl 分离吸收及尾气处理工段 |
| 18 | VA2001 | 2#套管加热器 E0105 蒸汽现场阀 | HCl 分离吸收及尾气处理工段 |
| 19 | VA2002 | 1#膜吸塔 T0104A 循环水上水现场阀 | HCl 分离吸收及尾气处理工段 |
| 20 | VA2003 | 2#膜吸塔 T0104B 循环水上水现场阀 | HCl 分离吸收及尾气处理工段 |
| 21 | VA2004 | 盐酸贮槽 V0111 底部排净阀 | HCl 分离吸收及尾气处理工段 |
| 22 | VA2005 | 水洗塔 T0105 至碱洗塔 T0106 气相现场阀 | HCl 分离吸收及尾气处理工段 |
| 23 | VD2001 | 1#膜吸塔至盐酸贮槽现场切断阀 | HCl 分离吸收及尾气处理工段 |
| 24 | VD2002 | 1#膜吸塔循环水回水现场切断阀 | HCl 分离吸收及尾气处理工段 |
| 25 | VD2003 | 2#膜吸塔循环水回水现场切断阀 | HCl 分离吸收及尾气处理工段 |
| 26 | VD2004 | 2#膜吸塔至盐酸贮槽现场切断阀 | HCl 分离吸收及尾气处理工段 |
| 27 | VD2005 | 盐酸贮槽 V0111 盐酸回流阀 | HCl 分离吸收及尾气处理工段 |
| 28 | VD2006 | 盐酸贮槽 V0111 盐酸回流阀 | HCl 分离吸收及尾气处理工段 |
| 29 | VD2007 | 碱洗循环泵至废液收集池现场切断阀 | HCl 分离吸收及尾气处理工段 |
| 30 | VD2008 | 碱洗循环泵至事故洗涤系统现场切断阀 | HCl 分离吸收及尾气处理工段 |
| 31 | VD3001 | 有机物进冷却器 E0106 开关阀 | 水洗工段 |
| 32 | VD3002 | 冷冻水出冷却器 E0106 开关阀 | 水洗工段 |
| 33 | VD3003 | 水槽底部出口开关阀 | 水洗工段 |
| 34 | VD3004 | 工艺水进有水酸塔开关阀 | 水洗工段 |
| 35 | VD3005 | 冷冻水出水冷却器 E0107 开关阀 | 水洗工段 |
| 36 | VD3006 | 有水酸塔有机物出口开关阀 | 水洗工段 |

续表

| 序号 | 阀门位号 | 阀门说明 | 备注 |
| --- | --- | --- | --- |
| 37 | VD3007 | 自碱冷却器至混合泵开关阀 | 水洗工段 |
| 38 | VA3001 | 水槽进水阀 | 水洗工段 |
| 39 | VA3002 | 有水酸塔排液阀 | 水洗工段 |
| 40 | VA3003 | 水冷却器 E0107 排水阀 | 水洗工段 |
| 41 | VA3004 | 水冷却器 E0107 冷冻水上水阀 | 水洗工段 |
| 42 | VD3008 | 碱给料槽进料开关阀 | 中和工段 |
| 43 | VD3009 | 碱分离器水相出口开关阀 | 中和工段 |
| 44 | VD3010 | 倾析器出口开关阀 | 中和工段 |
| 45 | VD3011 | 碱给料泵至碱洗塔开关阀 | 中和工段 |
| 46 | VD3013 | 碱冷却器 A 进口开关阀 | 中和工段 |
| 47 | VD3014 | 碱冷却器 B 进口开关阀 | 中和工段 |
| 48 | VD3015 | 碱冷却器 A 冷冻水出口开关阀 | 中和工段 |
| 49 | VD3016 | 碱冷却器 B 冷冻水出口开关阀 | 中和工段 |
| 50 | VD3017 | 碱冷却器 A 出口开关阀 | 中和工段 |
| 51 | VD3018 | 碱冷却器 B 出口开关阀 | 中和工段 |
| 52 | VD3020 | 凝聚器 A 进口开关阀 | 中和工段 |
| 53 | VD3021 | 凝聚器 B 进口开关阀 | 中和工段 |
| 54 | VD3022 | 凝聚器 A 出口开关阀 | 中和工段 |
| 55 | VD3023 | 凝聚器 B 出口开关阀 | 中和工段 |
| 56 | VD3024 | 碱给料槽出口开关阀 | 中和工段 |
| 57 | VA3005 | 碱冷却器 A 冷冻水进水阀 | 中和工段 |
| 58 | VA3006 | 碱冷却器 B 冷冻水进水阀 | 中和工段 |
| 59 | VA3007 | 浓碱槽出口阀 | 中和工段 |
| 60 | VA3008 | 碱给料泵至碱分离器阀 | 中和工段 |
| 61 | VA3009 | 碱配料槽出口阀 | 中和工段 |
| 62 | VA3010 | 碱分离器进口阀 | 中和工段 |
| 63 | VA3011 | 碱分离器有机物出口阀 | 中和工段 |
| 64 | VA3012 | 碱分离器至碱冷却器阀 | 中和工段 |
| 65 | VA3013 | 碱给料泵至碱冷却器阀 | 中和工段 |
| 66 | VA3014 | 碱给料泵至碱给料槽回流阀 | 中和工段 |
| 67 | VA3015 | 碱给料槽底部排液阀 | 中和工段 |
| 68 | VA3016 | 碱分离器底部排液阀 | 中和工段 |
| 69 | VA3017 | 倾析器至废液收集池阀 | 中和工段 |
| 70 | VD4001 | 进 F22 精馏塔开关阀 | F22 精馏工段 |
| 71 | VD4002 | 精馏塔再沸器疏水器前阀 | F22 精馏工段 |
| 72 | VD4003 | 精馏塔再沸器疏水器后阀 | F22 精馏工段 |

续表

| 序号 | 阀门位号 | 阀门说明 | 备注 |
|---|---|---|---|
| 73 | VD4004 | F22 精馏塔釜液槽排液阀 | F22 精馏工段 |
| 74 | VD4008 | 3＃F22 分离罐冷媒回水开关阀 | F22 精馏工段 |
| 75 | VD4009 | F22 精馏塔回流槽底部出口开关阀 | F22 精馏工段 |
| 76 | VA4002 | 再沸器疏水器旁路阀 | F22 精馏工段 |
| 77 | VA4004 | 釜液倾析器排液阀 | F22 精馏工段 |
| 78 | VA4005 | 釜液倾析器至废液收集池阀 | F22 精馏工段 |
| 79 | VA4006 | 釜液槽放空阀 | F22 精馏工段 |
| 80 | VA4007 | 回流槽放空阀 | F22 精馏工段 |
| 81 | VD4010 | F22 产品槽冷却器进口阀 | 成品罐区单元 |
| 82 | VD4011 | F22 产品槽冷却器回流进口阀 | 成品罐区单元 |
| 83 | VD4012 | F22 产品槽冷却器冷冻水回水阀 | 成品罐区单元 |
| 84 | VD4013 | F22 日储槽 A 进料阀 | 成品罐区单元 |
| 85 | VD4014 | F22 日储槽 B 进料阀 | 成品罐区单元 |
| 86 | VD4015 | F22 日储槽 A 出料阀 | 成品罐区单元 |
| 87 | VD4016 | F22 日储槽 B 出料阀 | 成品罐区单元 |
| 88 | VD4017 | 输送泵至罐装开关阀 | 成品罐区单元 |
| 89 | VD4018 | 输送泵至混合泵开关阀 | 成品罐区单元 |
| 90 | VD4019 | 输送泵至干燥器开关阀 | 成品罐区单元 |
| 91 | VD4020 | 干燥器 D0102A 进口阀 | 成品罐区单元 |
| 92 | VD4021 | 干燥器 D0102B 进口阀 | 成品罐区单元 |
| 93 | VD4022 | 干燥器 D0102A 出口阀 | 成品罐区单元 |
| 94 | VD4023 | 干燥器 D0102B 出口阀 | 成品罐区单元 |
| 95 | VA4008 | 产品冷凝器冷冻水上水阀 | 成品罐区单元 |
| 96 | VA4009 | 干燥器至 F22 日储槽 A 阀门 | 成品罐区单元 |
| 97 | VA4010 | 干燥器至 F22 日储槽 B 阀门 | 成品罐区单元 |
| 98 | VA4011 | F22 日储槽 A 放空阀 | 成品罐区单元 |
| 99 | VA4012 | F22 日储槽 B 放空阀 | 成品罐区单元 |

**表 4-25　仪表一览**

| 序号 | 仪表号 | 说明 | 单位 | 正常数据 | 量程 |
|---|---|---|---|---|---|
| 1 | PISA1001A/B | 氯仿日储槽工作压力 | MPa | 0.15 | 0～2.5 |
| 2 | LIA1001A/B | 氯仿日储槽液位 | % | 50 | 0～100 |
| 3 | PICA1002 | 氯仿给料泵泵后压力 | MPa | 2.1～2.8 | 0～4.0 |
| 4 | FICQ1001 | 氯仿给料泵泵后流量 | t/h | 4.5 | 0～10 |
| 5 | PISA1003A/B | HF 给料槽工作压力 | MPa | 0.18 | 0～2.5 |
| 6 | LIA1002A/B | HF 给料槽液位 | % | 8～70 | 0～100 |

续表

| 序号 | 仪表号 | 说明 | 单位 | 正常数据 | 量程 |
|---|---|---|---|---|---|
| 7 | WIA1001A/B | HF 给料槽质量 | t | 3～20.5 | 0～25 |
| 8 | PIA1004 | HF 给料泵泵后压力 | MPa | 1.8～2.0 | 0～4.0 |
| 9 | FIQ1002 | HF 给料泵泵后流量 | t/h | 0.8～1.5 | 0～30 |
| 10 | TICA1001 | 1#套管加热器温度 | ℃ | 65 | 0～100 |
| 11 | PIA1005 | 反应器工作压力 | MPa | 1.7 | 0～2.5 |
| 12 | TIA1002A/F | 反应器温度 | ℃ | 68 | 0～150 |
| 13 | WIA1002 | 反应釜重量 | t | 21 | 0～50 |
| 14 | LICA1003 | 反应器液位 | % | 70 | 0～100 |
| 15 | FIC1004 | 1.2 MPa 蒸汽流量 | t/h | 1 800 | 0～2 000 |
| 16 | PICA1006 | 反应器回流塔工作压力 | MPa | 1.65 | 0～2.5 |
| 17 | TI1005 | 反应器回流塔冷凝器液相回流温度 | ℃ | 15 | －50～50 |
| 18 | PDI1004 | 反应器回流塔压差 | MPa | 0.002 | 0～100 |
| 19 | TI1003_1 | 反应器回流塔顶部 1 温度 | ℃ | 20～30 | 0～100 |
| 20 | TI1003_2 | 反应器回流塔顶部 2 温度 | ℃ | 20～31 | 0～100 |
| 21 | TI1003_1 | 反应器回流塔顶部 3 温度 | ℃ | 20～32 | 0～100 |
| 22 | TI1003_4 | 反应器回流塔中段 1 温度 | ℃ | 28 | 0～100 |
| 23 | TI1003_5 | 反应器回流塔中段 2 温度 | ℃ | 30 | 0～100 |
| 24 | TI1003_6 | 反应器回流塔塔釜温度 | ℃ | 45 | 0～100 |
| 25 | TI1004 | 反应器回流塔底部出口温度 | ℃ | 50 | 0～100 |
| 26 | LICA1004 | 1#F22 分离罐液位 | % | 30 | 0～100 |
| 27 | FICA1006 | 0.55 MPa 蒸汽流量 | t/h | 500 | 0～1 500 |
| 28 | PICA1008 | HCl 精馏塔塔顶压力 | MPa | 1.58 | 0～2.5 |
| 29 | TI1006_1 | HCl 精馏塔塔顶温度 1 | ℃ | －14 | －50～50 |
| 30 | TIA1007 | HCl 精馏塔塔釜温度 | ℃ | 40 | －50～50 |
| 31 | LICA1005 | HCl 精馏塔塔釜液位 | % | 50 | 0～100 |
| 32 | PIA1009 | HCl 精馏塔塔釜压力 | MPa | 1.6 | 0～2.5 |
| 33 | TI1006_2 | HCl 精馏塔塔顶温度 2 | ℃ | －13 | －50～50 |
| 34 | TI1006_3 | HCl 精馏塔塔顶温度 3 | ℃ | －13 | －50～50 |
| 35 | TI1006_4 | HCl 精馏塔塔中温度 1 | ℃ | －5 | －50～50 |
| 36 | TICA1006_5 | HCl 精馏塔塔中温度 2 | ℃ | 5(0) | －50～50 |
| 37 | TI1006_6 | HCl 精馏塔塔中温度 3 | ℃ | 5 | －50～50 |
| 38 | PDI1001 | HCl 精馏塔压差 | KPa | 20 | 0～50 |
| 39 | TI1008 | HCl 精馏塔冷凝器出口温度 | ℃ | －15 | －50～50 |
| 40 | LICA1007 | 2#F22 分离罐液位 | % | 30 | 0～100 |
| 41 | TI1010 | 2#套管加热器出口温度 | ℃ | 25 | 0～100 |
| 42 | PICA1011 | 2#套管加热器出口压力 | MPa | 0.035 | 0～0.8 |

续表

| 序号 | 仪表号 | 说明 | 单位 | 正常数据 | 量程 |
|---|---|---|---|---|---|
| 43 | TIA1023 | 1#膜吸塔液相出口温度 | ℃ | 42 | 0～100 |
| 44 | TIA1024 | 1#膜吸塔气相出口温度 | ℃ | 26.4 | 0～100 |
| 45 | FIC1018 | 1#膜吸塔盐酸进口流量 | $m^3/h$ | 5 | 0～20 |
| 46 | TIA1025 | 2#膜吸塔气相出口温度 | ℃ | 32.2 | 0～100 |
| 47 | TIA1026 | 2#膜吸塔液相出口温度 | ℃ | 38 | 0～100 |
| 48 | LICA1020 | 盐酸贮槽液位 | % | 60 | 0～100 |
| 49 | TI1028 | 水洗塔塔釜温度 | ℃ | 35 | 0～100 |
| 50 | LICA1021 | 水洗塔塔釜液位 | % | 60 | 0～100 |
| 51 | FIC1019 | 水洗塔工艺水流量 | $m^3/h$ | 3 | 0～20 |
| 52 | FIC1020 | 水洗泵回流流量 | $m^3/h$ | 5 | 0～30 |
| 53 | TI1030 | 碱洗塔塔釜温度 | ℃ | 35 | 0～100 |
| 54 | LICA1022 | 碱洗塔塔釜液位 | % | 60 | 0～100 |
| 55 | FIC1021 | 碱洗塔循环泵回流流量 | $m^3/h$ | 5 | 0～20 |
| 56 | FIC1022 | 碱洗塔碱给料泵流量 | $m^3/h$ | 2 | 0～20 |
| 57 | TICA1001 | 出冷却器 E0106 有机物料温度控制 | ℃ | 22～28 | 0～100 |
| 58 | LICA1005 | HCl 精馏塔塔釜液位控制 | % | 50 | 0～100 |
| 59 | LICA1008 | 有水酸塔液位控制 | % | 50 | 0～100 |
| 60 | PICA1013 | 有水酸塔顶部压力控制 | MPa | 1.1 | 0～2.5 |
| 61 | PICA1014 | 给水泵出口压力控制 | MPa | 1.7 | 0～2.5 |
| 62 | LICA1009 | 碱分离器液位控制 | % | 50 | 0～100 |
| 63 | PICA1019 | 碱分离器压力控制 | MPa | 1.45 | 0～2.5 |
| 64 | LI1023 | 水槽液位 | % | 50 | 0～100 |
| 65 | LI1024 | 碱给料槽液位 | % | 50 | 0～100 |
| 66 | PIA1012 | 有机物进有水酸塔压力 | MPa | 1.2 | 0～2.5 |
| 67 | PIA1015 | 水相进有水酸塔压力 | MPa | 1.27 | 0～2.5 |
| 68 | PIA1016 | 碱液到混合泵压力 | MPa | 1.34 | 0～2.5 |
| 69 | PIA1017 | 混合泵出口压力 | MPa | 1.7 | 0～2.5 |
| 70 | FI1008 | 水相进有水酸塔流量 | $m^3/h$ | 483 | 0～2 000 |
| 71 | TIA1030 | 有水酸塔顶部水相出口温度 | ℃ | 31 | 0～100 |
| 72 | TIA1031 | 有水酸塔底部有机物出口温度 | ℃ | 31 | 0～100 |
| 73 | PIA1018 | 碱冷却器出口压力 | MPa | 1.34 | 0～2.5 |
| 74 | PIA1020 | 碱给料泵出口压力 | MPa | 1.7 | 0～2.5 |
| 75 | PG1020 | 碱分离器压力 | MPa | 1.45 | 0～2.5 |
| 76 | PG1022 | 倾析器压力 | MPa | 1.45 | 0～2.5 |
| 77 | TG1003 | 碱冷却器出口温度 | ℃ | 20 | 0～100 |
| 78 | TG1004 | 碱冷却器冷冻水回水温度 | ℃ | 10 | 0～50 |

续表

| 序号 | 仪表号 | 说明 | 单位 | 正常数据 | 量程 |
|---|---|---|---|---|---|
| 79 | FIC1009 | F22 精馏塔进料流量控制 | kg/h | 2 141 | 0～5 000 |
| 80 | FIC1010 | F22 精馏塔回流流量控制 | kg/h | 3 000 | 0～5 000 |
| 81 | FIC1011 | F22 产品流量控制 | kg/h | 1 000 | 0～5 000 |
| 82 | FIC1012 | 再沸器蒸汽流量控制 | kg/h | 500 | 0～1 000 |
| 83 | PICA1021 | F22 精馏塔塔顶压力控制 | MPa | 1.2 | 0～2.5 |
| 84 | LICA1010 | F22 精馏塔塔釜液位控制 | % | 50 | 0～100 |
| 85 | TICA1014 | F22 精馏塔塔釜温度控制 | ℃ | 50 | 0～100 |
| 86 | LICA1012 | 3＃F22 分离罐液位控制 | % | 50 | 0～100 |
| 87 | LIA1011 | 回流槽液位 | % | 50 | 0～100 |
| 88 | LIA1013 | 釜液槽液位 | % | 50 | 0～100 |
| 89 | PIA1023 | 回流泵后压力 | MPa | 2.2 | 0～2.5 |
| 90 | PIA1024 | 3＃F22 分离罐压力 | MPa | 0.3 | 0～2.5 |
| 91 | PDI1002 | F22 精馏塔压差 | MPa | 0.05 | 0～0.1 |
| 92 | TI1012 | F22 精馏塔塔顶出气温度 | ℃ | 38 | −50～100 |
| 93 | TI1013-1 | F22 精馏塔塔顶温度 | ℃ | 38 | −50～100 |
| 94 | TI1013-2 | F22 精馏塔塔中温度 | ℃ | 44 | −50～100 |
| 95 | TI1015 | F22 精馏塔塔釜温度 | ℃ | 50 | −50～100 |
| 96 | TI1016 | F22 精馏塔冷凝器后温度 | ℃ | 33 | −50～100 |
| 97 | TI1017 | F22 冷媒上水温度 | ℃ | −35 | −50～100 |
| 98 | LIA1017A | F22 日储槽 A 液位 | % | 50 | 0～100 |
| 99 | LIA1017B | F22 日储槽 B 液位 | % | 50 | 0～100 |
| 100 | FIQ1017 | 输送泵至罐装的流量累计 | $m^3$ |  | 0～5 000 |
| 101 | PICA1029 | 输送泵后压力控制 | MPa | 1.7 | 0～2.5 |
| 102 | PIA1022 | F22 精馏塔塔釜压力 | MPa | 1.25 | 0～2.5 |

## 4.10.5 复杂控制系统

串级控制：

① TICA1002 与 FIC1004：

TICA1002 主控，FIC1004 副控，控制反应器 R0101 反应温度。

② TICA1006_5 与 FICA1006：

TICA1006_5 主控，FICA1006 副控，控制 HCl 精馏塔 T0102 塔中温度。

③ LICA1009 与 FIC1009：

LICA1009 主控，FIC1009 副控，控制碱分离器 V0117 液位。

## 4.10.6 冷态开车

投料系统现场示意见图 4-50,投料系统中控示意见图 4-51。

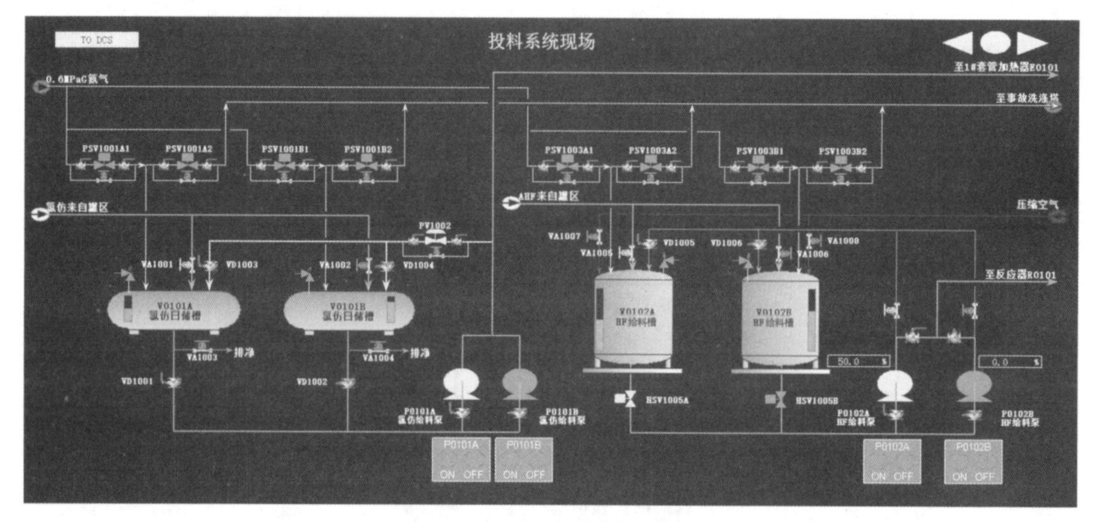


图 4-50 投料系统现场示意

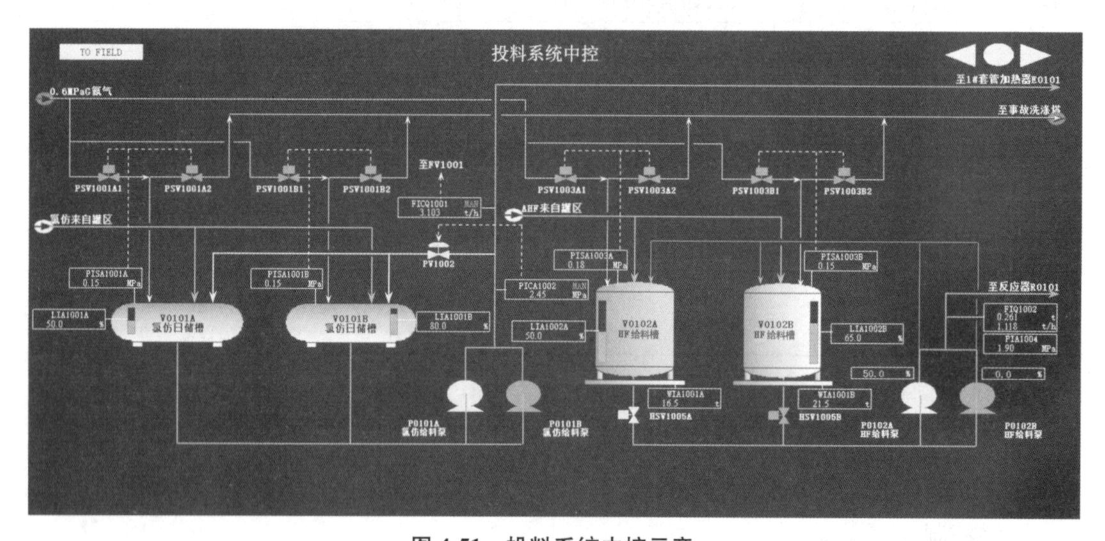


图 4-51 投料系统中控示意

**1. 系统投运前准备**

① 系统必须吹扫、试压、查漏合格,阀门开关等确认正确(含仪表系统),DCS 及仪表调试合格,需要干燥单元必须测定露点合格(≤−32 ℃)。

② $SbCl_5$ 制备充足,取样分析合格,要求锑含量≥90%。

③ 各相关单元运行设备检查正常。

④ 各公用工程系统如水、电、气、汽等供应正常。

⑤ 系统保温、保冷工作完成,并检查合格。

⑥ 各仪表阀门由仪表工作人员检查完好，并处于正确的开、关完好状态，各调节阀 PID 参数基本正常。

⑦ 原料供应正常，并符合本装置指标要求。

⑧ 水碱洗、冷冻、中央排气洗涤系统等辅助单元均投入正常循环运行；现场清理完毕。

**2. 反应岗位开车**

开车前准备工作：

① 检查本单元所有阀门、设备、仪表系统、公用工程系统等处于完好状态，确认各岗位已做好开车准备，反应器 R0101 称重仪、液位计、温度计等仪表已调校好。

② 装置内所有调节阀均已调校，并且确认调节阀现场开度与 DCS 显示开度相符，将调节阀打至手动状态，且处于全关状态。

③ 检查反应器 R0101 中已装入合格的 $SbCl_5$，并且向反应器 R0101 加氯仿调节至液位约 70%（$SbCl_5$浓度 85%）。

④ 检查确认冷冻水、冷媒、0.5 MPa 蒸汽、1.2 MPa 蒸汽供应正常，氯仿给料泵 P0101A/B 大循环运行正常，HF 给料泵 P0102 大循环运行正常。

⑤ 检查应关、应开阀门。

⑥ 1.2 MPa 蒸汽系统应关、应开阀门：

A. 应关阀门：蒸汽进料调节阀及旁路阀，反应器 R0101 夹套的工艺水进、出口阀，放空阀。打开调节阀导淋阀、反应器夹套排放阀，排放完管道、反应器夹套内冷凝水后关闭。

B. 应开阀门：反应器 R0101 夹套冷凝水出口疏水器前切断阀，调节阀前、后切断阀，蒸汽管路上压力表根阀，疏水器前切断阀。

⑦ −35 ℃冷媒系统应关、应开阀门：

A. 应关阀门：冷凝器 E0102 冷媒进料调节阀及旁路阀、导淋阀，气相出料管上的放空阀，冷凝器 E0102 壳程排净阀。

B. 应开阀门：冷媒进料调节阀的前、后切断阀，液位计根阀，冷媒气相出口管上切断阀，安全阀前根阀，压力表根阀，冷凝器 E0102 冷媒进料切断阀；DCS 人员打开冷媒调节阀，进入 1＃F22 分离罐 V0108，现场操作人员打开气相出料管上放空阀，排除冷凝器中不凝气，待 1＃F22 分离罐冷媒液位达到 30%时，关闭调节阀及放空阀。

⑧ HF 进料应关、应开阀门：

A. 应关阀门：HF 给料泵 P0102A/B 出口至反应器的切断阀，流量计旁路阀，反应器 R0101 的 HF 进料切断阀，管路上排净阀。

B. 应开阀门：流量计前、后切断阀，管路上压力表根阀。

⑨ 氯仿进料应关、应开阀门：

A. 应关阀门：氯仿给料泵 P0101A/B 出口至反应器的切断阀，流量计旁路阀，氯仿进料、回流调节阀及旁路阀，反应器 R0101 顶氯仿进料切断阀，氯仿管路去加氯管线的反冲洗阀及管路上所有放空阀、排净阀。

B. 应开阀门：流量计前、后切断阀，氯仿进料、回流调节阀的前、后切断阀。

⑩ 反应器 R0101 至回流塔 T0101 进料应关、应开阀门：

A. 应关阀门：管路上所有导淋阀、取样阀，反应器 R0101 上所有加氯切断阀，回流流量计旁路阀，回流塔冷凝器 E0102 出料调节阀及旁路阀、导淋阀，反应器 R0101 上所有取样阀，反应器底部催化剂进料切断阀，冷凝器 E0101 管程排放阀，回流塔 T0101 塔顶至事故洗涤切断阀(二道)，反应器 R0101 顶部安全阀旁路阀(二道)。

B. 应开阀门：反应器 R0101 上安全阀前根阀，管路上所有压力表前根阀，回流流量计 1 前、后切断阀，回流塔冷凝器出料调节阀的前后阀。

**3. 氯仿给料**

(1) 收料及准备

① 首次或检修后使用时，检查氯仿日储槽 V0101A/B 已清理干净备用，露点检测合格；检查槽上所有法兰、阀门、管道、仪表、压力调节系统、照明系统处于良好备用状态。

② 检查应开、应关阀门：

A. 应开阀门：液位计根部阀，压力表根部阀，安全阀根部阀。

B. 应关阀门：氯仿日贮槽 V0101A/B 排放阀，氯仿进入氯仿日贮槽 V0101A/B 上的进料阀门，氯仿日贮槽 V0101A/B 的出料阀，氯仿日贮槽 V0101A/B 上放空阀。

③ 联系送料单位，F22 装置准备接收氯仿及收料体积数。

④ 开氯仿日贮槽 V0101A/B 的进料阀，联系送料单位岗位人员打开氯仿送料阀，氯仿日贮槽 V0101A/B 开始进料。

⑤ 从 DCS 上观察氯仿日贮槽液位，巡回人员注意氯仿槽现场液位，当液位达 80%时，通知送料单位停止送料。并现场关注液位变化，防止未及时停送而造成液位过高。

⑥ 送料单位停止送料后，关闭氯仿日贮槽 V0101A/B 进料阀。

(2) 氯仿自身循环

① 氯仿给料泵 P0101A/B 在向反应器 R0101 输送物料前，必须先启动运行大循环正常后，方可向反应器 R0101 输入物料。

② 检查氯仿给料泵 P0101A/B，氯仿日储槽 V0101A/B 给料系统，处于良好备用状态，氯仿日储槽 V0101A/B 槽中氯仿储备充足。

③ 检查各管道、阀门、仪表、安全防爆系统、照明系统，处于良好备用状态。

A. 确定用氯仿给料泵 P0101A/B。

B. 检查应关、应开阀门(以 A 槽、A 泵为例)：

a. 应关阀门：氯仿日储槽 V0101B 出料阀，氯仿给料泵 P0101B 进、出口阀，氯仿日储槽 V0101B 回流阀，氯仿给料泵 P0101A/B 出口处 HF 泵 P112A/B 进口的反冲洗阀，氯仿给料泵 P0101A 出口阀，氯仿给料泵 P0101A/B 出口去 1＃套管加热器 E0101 的阀门，流量计旁路阀，回流调节阀 PV1002 及旁路阀，所有排净阀、放空阀。

b. 应开阀门：泵出口压力表根部阀，氯仿日储槽 V0101A 上回流阀、切断阀，氯仿日储槽 V0101A 出料阀，氯仿给料泵 P0101A 进口阀，氯仿给料泵 P0101A 出口回流阀，回流调节阀 PV1002 前后切断阀，氯仿日储槽 V0101A/B 液位计根阀。

④ 启动氯仿给料泵 P0101A，打开氯仿给料泵 P0101A 出口阀及回流调节阀 PV1002，则氯仿开始在氯仿给料泵 P0101A、氯仿日贮槽 V0101A 之间大循环，调节出口压力在 1.9 MPa 左右。

⑤ 检查泵进、出口压力，电机运行情况，系统泄漏情况，待氯仿给料泵 P0101A 大循环运行正常后，随时准备送料至反应器，或去 HF 给料泵 P0102A/B 进口管反冲洗 HF 管线。

(3) 氯仿给料泵 P0101A 给料（循环切换至给料）

① 检查氯仿给料泵 P0101A/B 去反应器 R0101 系统的管道、阀门、法兰、仪表、安全防爆系统、照明系统正常良好。

② 检查应关，应开阀门（以开 P0101A 为例）：

A. 应关阀门：氯仿给料泵 P0101A 出口去 1＃套管加热器 E0101 的切断阀，流量计 FICQ1001 旁路阀，去加氯管线阀门，调节阀旁路阀，反应器 R0101 的氯仿进料阀，该管路上排放阀，蒸汽调节阀 TV0106 及其旁路阀，氯仿给料泵 P0101B 进、出口阀。

B. 应开阀门：流量计前、后切断阀，调节阀前、后切断阀，压力表根阀。

罐区和反应人员同时到位（至少二人），打开氯仿给料泵 P0101A/B 出口去 1＃套管加热器 E0101 的切断阀，慢慢调节氯仿给料泵 P0101 出口回流至氯仿日储槽 V0101A/B 的调节阀，待氯仿给料泵 P0101A/B 出口压力大于反应器 R0101 的压力后，联系 DCS 打开 FV1001 调节阀，现场人员确认氯仿给料泵 P0101A/B 出口压力大于反应器压力后打开反应器 R0101 的氯仿进料阀，使氯仿输入反应器，并注意氯仿进料管温度，一旦有异常及时关闭反应器氯仿进料阀，防止反应器内物料倒入氯仿管。

(4) 正常操作

① DCS 人员根据生产负荷及时通过 FV1001 调节阀控制，稳定反应器 R0101 液位。

② 在反应器温度调节余量偏紧时，可适当经 TV1001 调节阀提高进反应器 R0101 的氯仿温度。

③ 每小时按巡回检查路线检查，注意泵出口压力及流量，发现异常情况及时汇报并处理。

**4. HF 给料**

(1) 收料

① 首次或检修后使用时，检查并确认 HF 给料槽 V0102A/B 已清理干净备用，露点检测合格。

② 检查并确认 HF 给料槽 V0102A/B 上所有法兰、阀门、仪表、安全防爆系统、照明系统、管道均处于良好备用状态。

③ 检查应关、应开阀门（以 V0102A 为例）：

A. 应关阀门：罐区来 HF 给料槽 V0102A/B 的进料切断阀，回流管上进 HF 给料槽的切断阀，HF 给料槽安全阀旁路，调节阀旁路，底部出料电磁阀 HV1005A/B，所有排放阀。

B. 应开阀门：压力表根阀，安全阀前切断阀。检查 HF 给料槽 V0102A 的压力应低于 0.25 MPa；联系罐区岗位，询问装置准备进 HF 及所需体积数，并问清原料质量，做好记录；在罐区岗位同意本岗位收料后，打开 HF 给料槽 V0102A 从罐区来的 HF 进料切断阀，通知罐区开始向装置送 HF；利用 DCS 注意观察 HF 给料槽的液位，当液位达到 75%时，通知罐区停止送料，并继续关注液位变化情况，防止液位过高，若未及时停送，重新联系罐区岗位停送 HF；待罐区停送后，关 HF 给料槽 V0102A 进料切断阀；待液位稳定后，统计 HF 受料体积，核实罐区岗位送料量，若发现异常误差，应及时汇报相关人员处理。

(2) HF 泵大循环

① HF 给料泵 P0102A/B 在向反应釜 R0101 输入物料前必须先试运行，大循环运行正常后，方可向反应釜送料。

② 检查 P0102HF 给料泵、HF 给料槽 V0102A/B 给料系统处于良好备用状态，HF 给料槽物料储备充足。

③ 检查并确认各管道、阀门、仪表、安全防爆系统、照明系统等处于良好备用状态；确定用 HF 给料泵 P0102A 或 P0102B。

④ 检查应关、应开阀门(以 A 为例)：

A. 应关阀门：HF 给料槽 V0102B 出料电磁阀 HV1005B，HF 给料槽 V0102B 出料管氯仿反冲洗切断阀，氢氟酸泵 A 出口去反应釜的切断阀，氢氟酸泵 B 进口阀、出口去 HF 给料槽的回流切断阀，HF 给料槽 B 上回流阀，所有设备管道上排净阀、放空阀，HF 给料槽去事故洗涤的切断阀，HF 给料槽的进料阀，HF 泵出口管至事故洗涤的泄压阀。

B. 应开阀门：HF 给料泵 P0102A 压力表根部阀，HF 给料槽 A 液位计根部阀、上回流阀，HF 给料槽 A 出料电磁阀前、后切断阀，HF 给料泵 A 泵进口阀、出口回流阀。

⑤ 调节 HF 给料泵行程至 30%左右，打开电磁阀 HV1005A，启动 P0102A 给料泵，则 HF 开始在 HF 给料泵 P0102A 与 HF 给料槽 V0102A 之间大循环。

⑥ 检查泵出口压力，电机运行情况，系统泄漏情况，确认油路系统运行正常，待 HF 给料泵 P0102A 大循环正常后，停泵，该泵再次运行后具备向反应器送料的条件。

⑦ HF 给料泵 P0102A/B 循环切换至给料，检查 HF 给料泵 P0102A/B 去反应器 R0101 系统的管道、阀门、法兰、仪表、安全、照明系统正常良好；检查应关、应开阀门(以 P0102A 泵为例)：

A. 应关阀门：HF 给料泵 P0102A 出口去反应器 R0101 的第一道切断阀，反应器 R0101 的 HF 进料阀，质量流量计旁路阀，泵进出口至反应器 R0101 管路上的所有排放阀，HF 给料泵 P0102B 进口阀、出口阀。

B. 应开阀门：流量计 FIQ1002 前、后切断阀，压力表根部阀。

⑧ 罐区和反应巡回人员同时到位(二人以上配合)，打开 HF 给料泵 P0102A 泵出口去反应器 R0101 的切断阀(二道)，慢慢关闭 HF 给料泵 P0102A 出口回流阀，待泵出口压力大于反应器的压力后，反应岗位人员及时打开反应器 R0101 的 HF 进料切断阀，使 HF 输入

到反应器。

(3) 正常操作方法

① 根据装置生产负荷，观察 HF 流量变化情况，现场操作人员及时调整 HF 给料泵 P0102A/B 的行程或 DCS 人员调整 HF 给料泵 P0102A/B 的频率，保持 HF 泵氯仿的配比稳定。

② 每小时按巡回检查路线检查，注意泵出口压力及流量情况，发现异常情况及时倒泵处理和汇报。

(4) P0102A/B 的切换(以 A 切换至 B 为例)

① 当泵运行期到达或泵发现故障时，需进行泵切换操作维护检修。

② 根据"HF 泵大循环"操作步骤将 HF 给料泵 P0102B 启动，进行大循环直至运行正常。

③ 罐区人员二人到位，打开 HF 给料泵 P0102A/B 出口去反应器 R0101 的切断阀(二道)，慢慢关闭 HF 给料泵 P0102B 回流阀；检查 HF 给料泵 P0102B，若出口压力大于反应器压力，按 HF 给料泵 P0102A 停车按钮，关 HF 给料泵 P0102A 出口去反应器 R0101 切断阀(二道)。

④ 打开 HF 给料泵 P0102A 出口处 HF 给料槽 V0102A/B 的回流阀，将泵进、出口管中物料泄至 HF 给料槽 V0102A/B 中，卸压至零；关 HF 给料泵 P0102A 进口阀，做好置换交出措施，进行维护、检修。

## 4.10.7 R22 反应系统

R22 反应系统现场示意见图 4-52，R22 反应系统中控示意见图 4-53。

**1. 开车步骤**

① 开车确认书经审批同意后，由调度通知装置系统开车；DCS 人员打开反应器 R0101 的蒸汽调节阀，将反应器缓慢升温至 80 ℃。

② 罐区和反应巡回人员配合(二人以上)检查氯仿给料泵 P0101A/B 运行正常，由循环状态切换至给料状态，慢慢调节氯仿给料泵 P0101A/B 出口回流至氯仿日储槽 V0101A/B 的回流调节阀，待氯仿给料泵 P0101A/B 出口压力大于反应器 R0101 压力后，打开氯仿给料泵 P0101A/B 出口至反应器 R0101 的阀门，联系 DCS 人员打开氯仿进料调节阀，氯仿加热蒸汽调节阀，现场人员确认氯仿给料泵 P0101A/B 出口压力大于反应器 R0101 压力后打开反应器上氯仿进料切断阀，同时注意氯仿进料管的温度，防止反应器内物料倒流入氯仿进料管。DCS 人员注意氯仿给料泵 P0101A/B 的出口压力，及时调节调节阀，控制泵出口压力在 2.0～2.95 MPa。如果氯仿给料泵 P0101A/B 出口压力低于反应器 R0101 压力，现场操作人员立即关闭反应器 R0101 氯仿进料切断阀、DCS 人员关闭 HV1001。

③ 罐区和反应巡回人员配合(二人以上)检查 HF 给料泵 P0102A/B 运行正常，由循环

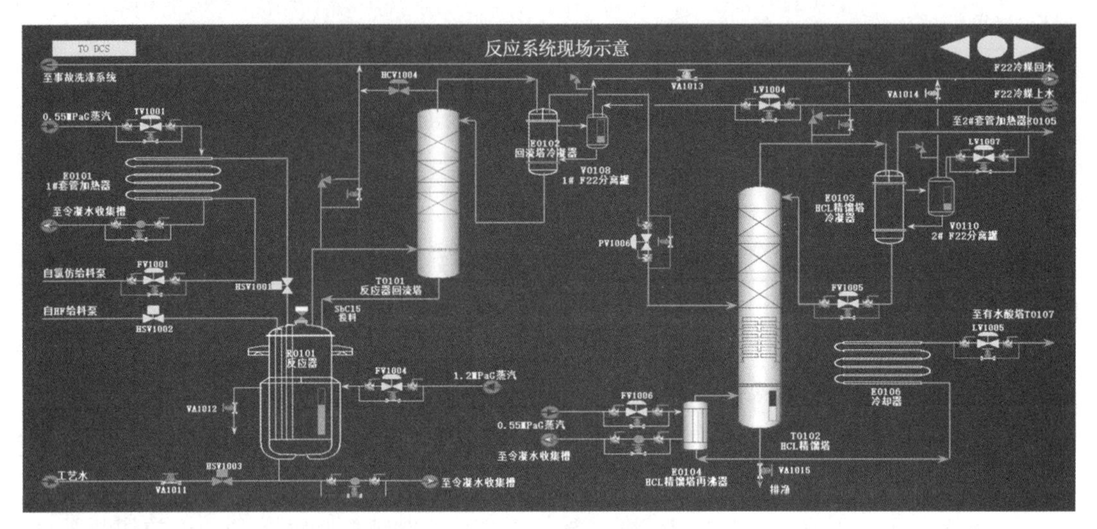


图 4-52　R22 反应系统现场示意

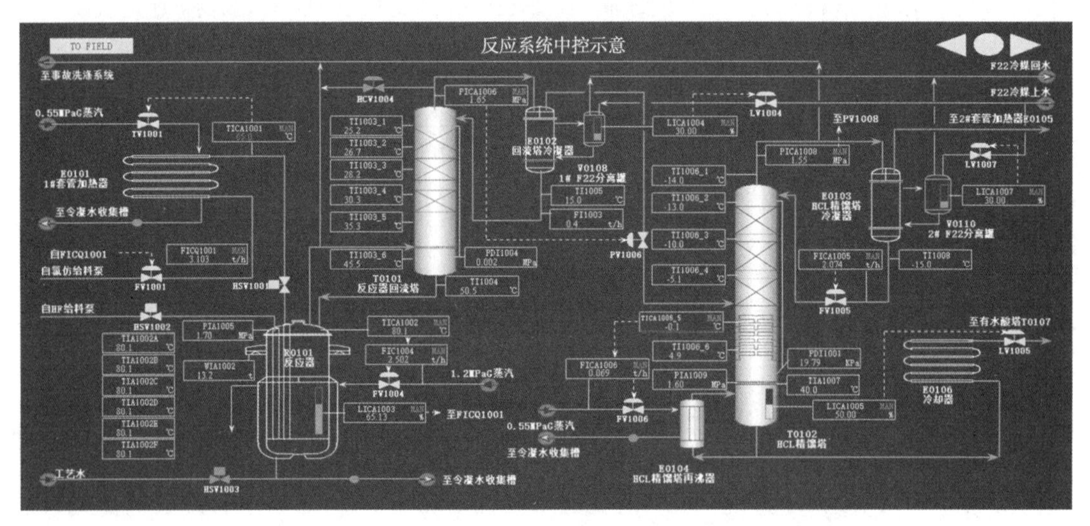


图 4-53　R22 反应系统中控示意

状态切换至给料状态，当 HF 给料泵 P0102A/B 出口压力大于反应器 R0101 压力时，开 HF 给料泵 P0102A/B 出口至反应器 R0101 的阀门及反应器 R0101 的 HF 进料阀，现场操作人员调整 HF 给料泵 P0102A/B 行程至 40%左右，HF 开始进反应器 R0101 进行反应。

④ 控制好反应器 R0101 的温度在(80±10)℃，待反应回流塔 T0101 的压力上升至 0.8 MPa 时，DCS 人员慢慢打开回流塔冷凝器 E0102 的冷媒进料调节阀，将冷媒引入回流塔冷凝器 E0102，使反应回流塔 T0101 开始有回流；等反应回流塔 T0101 的压力上升至 1.35 MPa 时，DCS 手动打开反应回流塔 T0101 的出料压力调节阀，确认能正常出料后，缓缓将物料送至 HCl 精馏单元。

⑤ 当反应系统压力达 1.75 MPa 时，DCS 人员将出料调节阀 PV1006 打至自动状态，当各控制的指标达到控制范围内时，其余调节阀均由手动打至自动状态。

**2. 正常操作**

① 根据反应器 R0101 的液位、反应温度、反应回流塔 T0101 压差判断 HF、氯仿进料配比情况，及时调整氯仿给料泵 P0101A/B、HF 给料泵 P0102A/B 的行程与物料配比匹配，根据生产情况慢慢将行程调节至所需要求。

② 每小时按岗位巡回检查线路巡回检查一次，察看设备运行是否正常，就地指示的温度、压力、流量等参数是否正常，阀门管道有无泄漏，泵的运行情况如声音、进、出口压力、电流指示等是否正常，调节阀是否正常工作。

## 4.10.8　HCl 回收岗位开车

盐酸吸收现场示意见图 4-54，盐酸吸收中控示意见图 4-55。

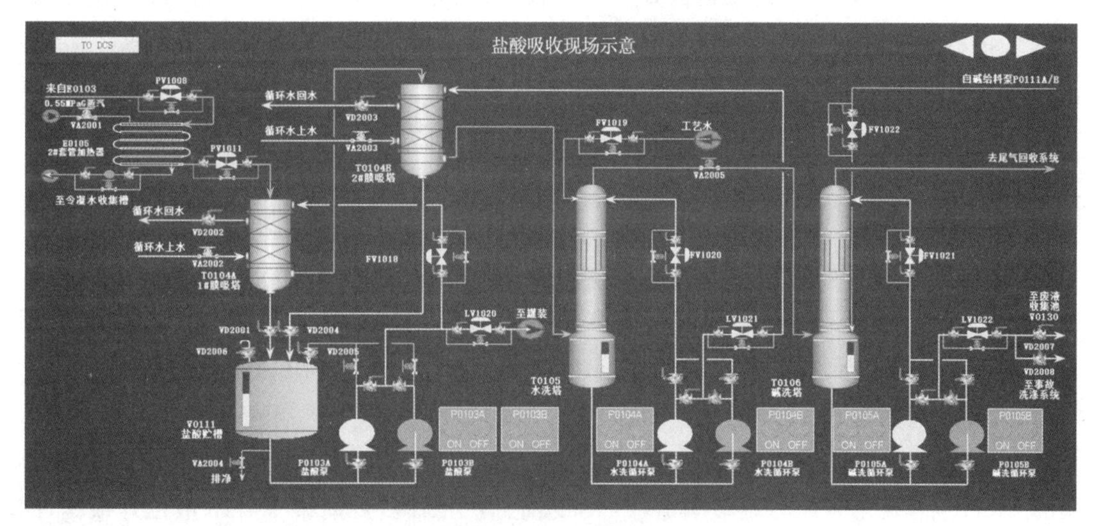


图 4-54　盐酸吸收现场示意

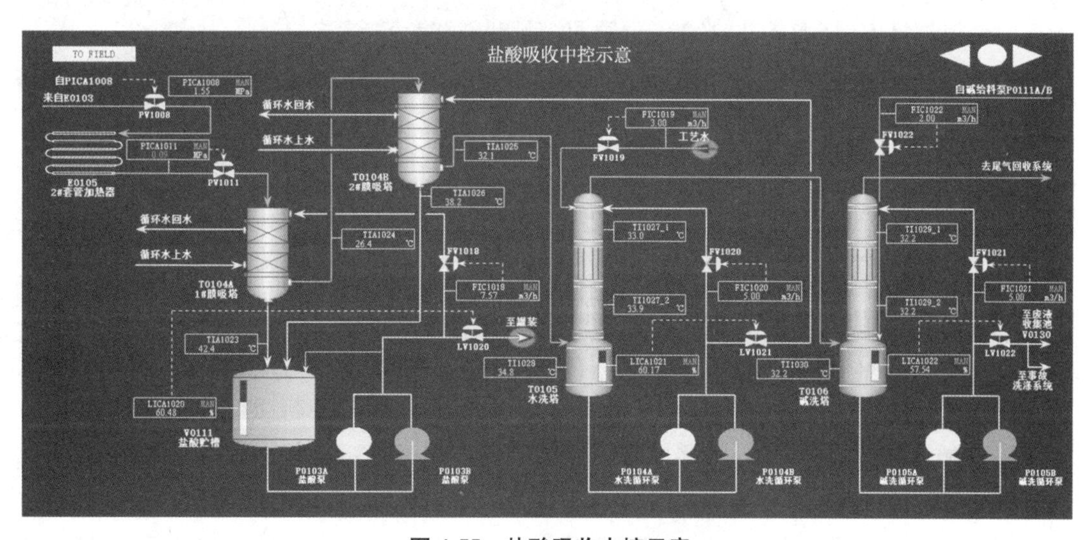


图 4-55　盐酸吸收中控示意

**1. 开车前准备工作**

① 检查并确认本系统所有的阀门、仪表、安全防爆系统、照明系统、设备及公用工程处于正常良好状态;检查应关、应开阀门。

② 0.55 MPa 蒸汽系统应关、应开阀门:

A. 应关阀门:HCl 精馏塔再沸器 E0104 蒸汽调节阀 FV1006 及旁路阀,HCl 精馏塔再沸器 E0104 冷凝水疏水器旁路、放空阀,HCl 精馏塔再沸器 E0104 上蒸汽放空阀、放净阀,打开 2#套管加热器 E0105 的疏水器前排净阀,排净冷凝水后关闭。

B. 应开阀门:HCl 精馏塔再沸器 E0104 蒸汽调节阀 FV1006 前后切断阀,2#套管加热器 E0105 的蒸汽进口阀及疏水器前切断阀。

③ HCl 精馏塔冷凝器 E0103 冷媒系统应关、应开阀门:

A. 应关阀门:HCl 精馏塔冷凝器 E0103 冷媒进料调节阀 LV1007 及旁路阀、导淋阀,HCl 精馏塔冷凝器 E0103 壳程排净阀,HCl 精馏塔冷凝器 E0103 出料管上放空阀。

B. 应开阀门:HCl 精馏塔冷凝器 E0103 冷媒进料调节阀 LV1007 前、后切断阀,HCl 精馏塔冷凝器 E0103 冷媒气相出口管上切断阀,HCl 精馏塔回流槽 V0109 液位计根阀,HCl 塔冷凝器 E0103 出料管上安全阀根阀,压力表根阀。

④ 物料系统应关、应开阀门:

A. 应关阀门:HCl 精馏塔 T0102 顶出料至 2#套管加热器 E0105 的近路阀(物料不进 E0103,HCl 精馏塔 T0102 塔顶压力调节阀 PV1008 及旁路阀,回流罐出料控制调节阀 FV1005 及旁路阀、导淋阀,HCl 流量计 FIQ1007 旁路阀,HCl 精馏塔去事故洗涤的阀门,设备、管路上所有放空阀、排净阀、取样阀。

B. 应开阀门:HCl 精馏塔 T0102 进料切断阀,HCl 精馏塔冷凝器 E0103 的 HCl 出料切断阀,HCl 精馏塔顶压力调节阀 PV1008 的前、后切断阀,分离罐 V0110 液位计根阀,回流罐出料控制调节阀 FV1005 前、后切断阀,HCl 精馏塔液位计根阀、压差计根阀、物料管路上压力表根阀,HCl 精馏塔 T0102 安全阀前、后切断阀。

⑤ DCS 人员打开 HCl 精馏塔冷凝器 E0103 冷媒进料调节阀,将 F22 冷媒引入 HCl 精馏塔冷凝器 E0103,确认冷媒供应正常,即关冷媒调节阀 LV1007,再根据实际生产需要进行调节。

**2. 开车步骤**

① 在氟化岗位投料前 1～2 h,向水洗塔内送水,当水洗塔釜 T0105 的水液位达 80%左右时,开水洗循环泵 P0104A/B 将水送至 2#膜吸塔 T0104B 经 1#膜吸塔 T0104A 至盐酸贮槽 V0111,此时水洗塔釜 T0105 塔釜水位下降,应继续补水。当盐酸贮槽 V0111 的水位达到 60%左右,水洗塔釜 T0105 塔釜水位保持 80%左右时可停止加新鲜水。通知酸碱系统,将稀碱洗液经碱给料泵 P0111 送至本系统的碱洗塔 T0106 塔釜,至 80%左右的液位。

② 在氟化岗位投料开始后,立即打开盐酸贮槽 V0111 底部出口阀、盐酸泵 P0103A/B 进口阀及分别通往 1#、2#膜吸塔 T0104A/B 上的管道阀门,关上盐酸泵出口至罐装管道上的阀门,启动盐酸泵,让水在 1#、2#膜吸塔 T0104A/B 中完成上述工作之后,立即打开

水洗塔釜出口、水洗循环泵进口及水洗循环泵出口至水洗塔顶管道上的阀门，关水洗循环泵出口至 2＃膜吸塔 T0104B 管道上的阀门，启动水洗循环泵，让水在水洗塔→水循环泵进出口→水洗塔之间大循环。

③ 完成上述工作后，立即打开碱洗塔 T0106 塔釜出口，碱洗循环泵进口及泵出口至碱洗塔进口管道上的阀门，关该循环泵出口至废水处理管道上的阀门，使碱洗液在碱洗塔→碱液循环泵→碱洗塔之间大循环。

④ 当盐酸贮槽 V0111 液位达到 80％左右，并经取样分析副产盐酸中 HCl 含量达到规定的要求时，打开盐酸泵出口至罐装管道上阀门，并通过调节阀、将副产盐酸缓缓送去罐装，同时开启新鲜水补充的调节阀和水循环泵至 2＃膜吸塔 T0104B 管道上的出口阀和调节阀，将水补进 1＃、2＃膜吸塔 T0104A/B，调节其水量，使进水量和产出的副产盐酸量保持平衡。水洗塔、盐酸贮槽的液位保持基本稳定。

⑤ 运行一段时间后，通过对碱洗液的取样分析，如发现碱性液的 pH 值已降到规定指标以下时，可通过碱洗循环至废水处理的管道上的出口阀和调节阀，将部分废碱液送去污水处理，同时通知配碱岗位打开碱给料泵，将新鲜碱液送至碱性塔釜，通过新鲜碱洗的进料和废碱液的出料调节阀的调节，使碱洗塔的液位保持基本稳定。

⑥ 当反应器 R0101 开车后，HCl 处理系统准备接收前系统的物料。

⑦ 当反应器 R0101 反应系统压力上升至 1.2 MPa 时，巡回人员确认现场 HCl 精馏塔 T0102 进料切断阀断开，然后由 DCS 人员手动打开回流塔冷凝器 E0102 出口调节阀 PV1006，将物料引入 HCl 精馏塔。

⑧ DCS 人员手动打开 HCl 精馏塔再沸器 E0104 蒸汽调节阀 FV1006。（保持塔釜温度在 35～45 ℃）

⑨ DCS 人员调节进入 HCl 精馏塔再沸器 E0104 的蒸汽量和进入的冷媒量及冷媒液位，使 HCl 塔形成正常的温度分布。

⑩ 当 HCl 精馏塔 T0102 压力升至 1.3 MPa 时，DCS 手动打开 HCl 精馏塔 T0102 塔顶压力调节阀 PV1008，逐渐将 HCl 精馏塔 T0102 压力调到设定值 1.6 MPa 左右；控制塔温度在指标范围内，调节好蒸汽流量和冷媒量。

⑪ 当 HCl 精馏塔 T0102 塔釜液位至 70％时，联系现场人员水洗处理单元准备进料。

**3. 正常操作**

① 待装置负荷加至稳定且手控正常后，DCS 人员将所有调节阀置于自控状态，密切注意控制工艺指标的变化，并及时调节使指标维持在控制范围内。

② 操作员工每小时按巡回检查路线确认本系统的设备、管道、就地指示的温度、压力、液位是否运行正常，有无设备管道阀门等动静密封泄漏，若发现异常应及时报告，并组织处理。

## 4.10.9　水洗中和岗位开车

系统现场示意见图 4-56 和图 4-57，系统中控示意见图 4-58 和图 4-59。

**1. 开车前准备工作**

① 装置的设备、管道、管件等按设计及有关技术规定安装或检修完毕。

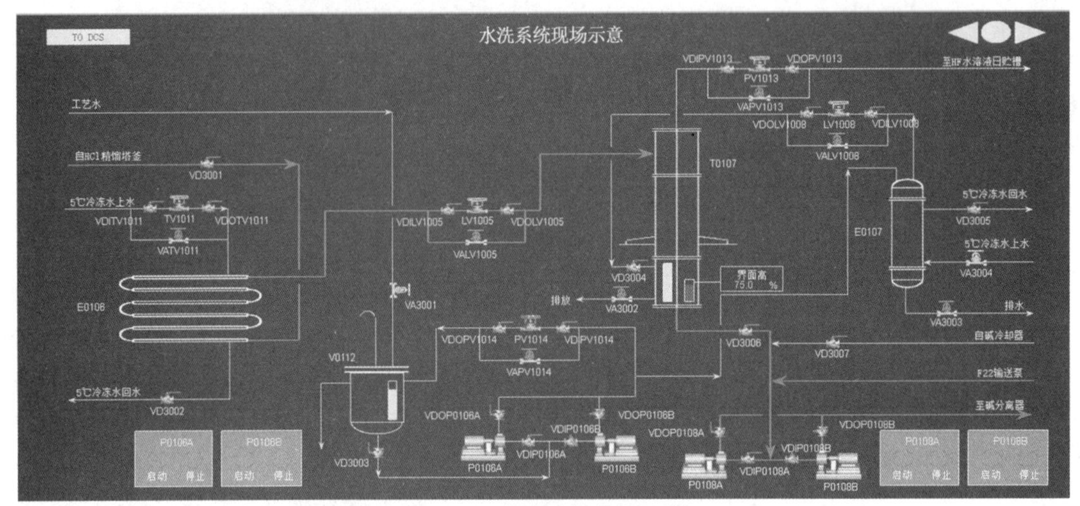


图 4-56　水洗系统现场示意

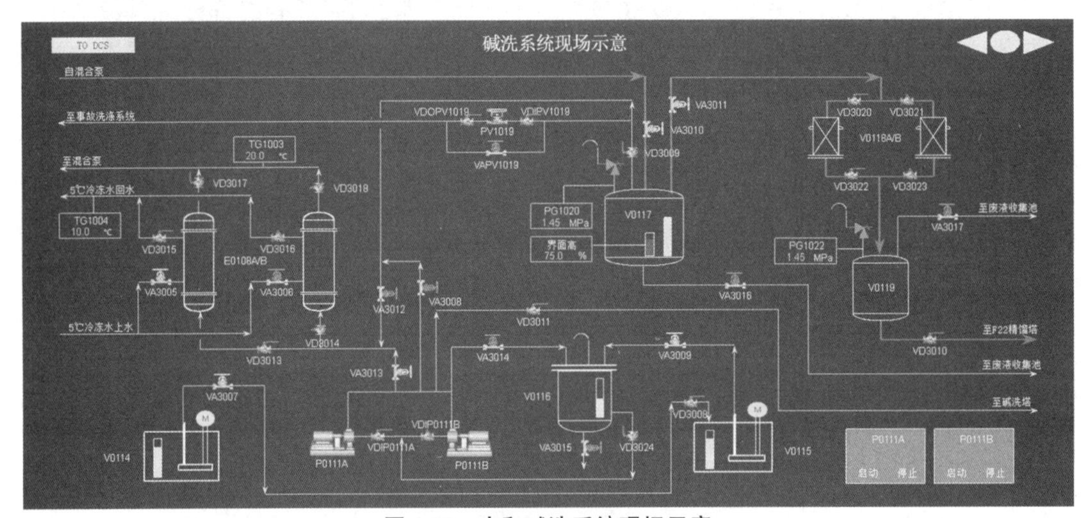


图 4-57　中和碱洗系统现场示意

② 传动设备、容器、管道已经清理吹扫、试漏、试压合格，处于开车待命状态。

③ 仪表安装完毕，报警及联锁的整定值经静态调试已准备好，且已经连校合格处于开车待命阶段。

④ 所有的动力控制系统安装或检修完毕，都处于完好状态。

⑤ 所有的公用工程、安全、环保设施安装或检修完毕，都处于正常工作状态。

⑥ 所有原料及辅助材料的质量、规格及数量符合工艺要求，并备有足够量。

⑦ 分析仪表、化验分析用具已经调节校验合格，处于工作状态，且上岗分析人员已经通过专业培训，已做好各项准备工作。

⑧ 工艺技术规程、岗位操作法、安全规程完整、齐全；装置操作人员已经过理论、现场、安全培训，考试合格，具备上岗条件，并能熟练操作有关电气、仪表设备；依据生产工艺特点，HCl 吸收、水洗中和系统应适当超前 10 min 运行。

⑨ 检查水洗、碱洗系统的设备、阀门、管道、仪表电器处于完好状态；碱配料槽中的碱液

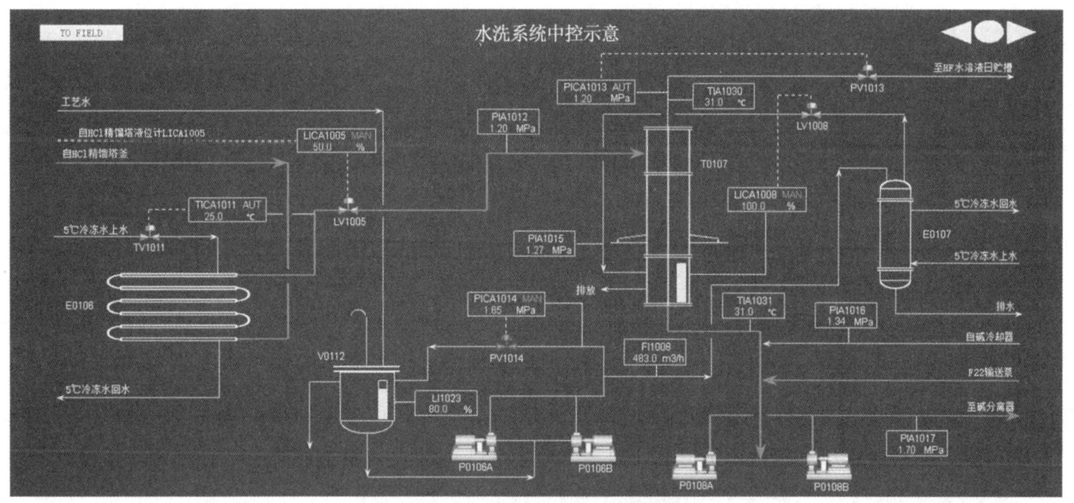


图 4-58　水洗系统中控示意

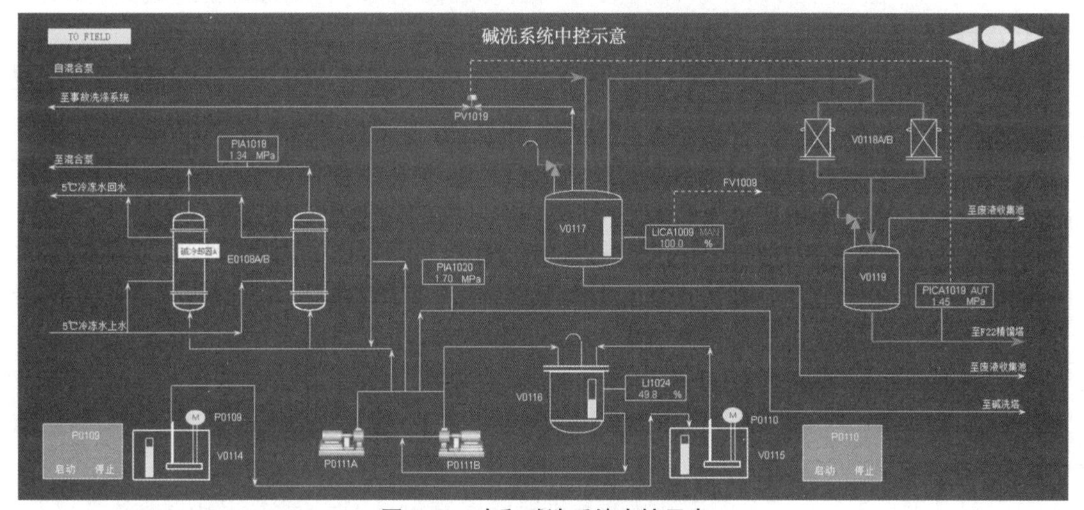


图 4-59　中和碱洗系统中控示意

已配好，浓度分析合格；碱给料槽中已有碱液。

**2. 水洗系统有机物料进料前的操作**

① 打开水槽 V0112 进水阀，直至水槽液位达 80%左右。

② 检查应关、应开阀门：

A. 应关阀门：调节阀 LV1005、LV1008、PV1014、TV1011、PV1013 及其各旁路阀，进水流量计 FI1008 旁路阀，冷却器 E0106 上及管路上所有放空阀、导淋阀、取样阀，给水泵 P0106A/B 进、出口阀。

B. 应开阀门：有水酸塔 T0107 顶部出水阀，有机物进有水酸塔的切断阀，有水酸塔进料调节阀 LV1005 的前、后切断阀，给水泵 P0106 出口至水槽的调节阀 PV1014 的前、后切断阀，有水酸塔进水调节阀 LV1008 的前、后切断阀，进水流量计 FI1008 前、后切断阀，有水酸塔压力调节阀 PV1013 的前、后切断阀，有水酸塔进水流量计 FI1008 前切断阀，给水泵 P0106 出口至有水酸塔的总阀，有水酸塔液位计根阀，水洗管路上所有压力表根阀，冷却器

E0106 冷媒进、出口阀。

③ 打开水槽 V0112 底部出料阀，有水酸塔给水泵 P0106A/B 进口阀，开有水酸塔给水泵 P0106A/B 出口导淋，排净泵内气体后，关闭此阀。

④ 启动有水酸塔给水泵 P0106A/B，待泵出口压力正常后，打开泵出口阀门；DCS 人员打开调节阀 PV1014，调节有水酸塔给水泵 P0106A/B 出口压力至 1.6 MPa，将水送到有水酸塔，使有水酸塔充满水（水洗塔顶出水口有水排出），等待 HCl 精馏塔釜有机物出料至有水酸塔。

**3. 碱系统进料前的循环操作**

① 检查应关、应开阀门：

A. 应关阀门：碱冷却器 E0108A/B 碱液进料切断阀，碱分离器排碱调节阀 PV1019 及旁路阀，碱分离器 V0117 有机相进出料阀，底部排放阀，各检测排放阀，碱给料泵 P0111A/B 出口至碱冷却器 E0108A/B 进口、出口管的阀门（三道），碱给料泵 P0111A/B 出口阀（三道），碱冷却器 E0108A/B 旁路切断阀，管路上放空阀、导淋阀。

B. 应开阀门：碱分离器 V0117 上碱液出料切断阀，管路上压力表根部阀，碱分离器 V0117 安全阀前切断阀，调节阀 PV1019 前、后切断阀。

② 检查确认碱给料泵 P0111A/B 已开始大循环，碱给料槽 V0116 中碱液充足；打开碱给料泵 P0111A/B 至碱冷却器 E0108A/B 进料切断阀前进碱料管上的阀门，碱给料槽 V0116 中碱液通过碱给料泵 P0111A/B，经碱分离器出碱管进入碱分离器 V0117 中，关碱给料泵 P0111A/B 至盐酸贮槽 V0111 的循环阀（二道）。

③ 根据实际需要调节碱给料泵 P0111A/B 行程，从碱分离器最高检测排放阀排气，直至有碱液排出，关检测排放阀；碱分离器充满碱液后，碱给料泵 P0111A/B 行程调节至合适位置，打开排碱调节阀 PV1019，用该调节阀调节碱给料泵 P0111A/B 出口压力约 1.5 MPa。

④ 打开碱给料泵 P0111A/B 至碱冷却器 E0108A/B 进料切断阀后碱管上的阀门，打开碱冷却器 E0108A/B 进料切断阀；关碱给料泵 P0111A/B 至碱冷却器 E0108A/B 切断阀前的碱管上的阀门。

⑤ 打开碱冷却器至混合泵 P0108A/B 进料管的阀门，打开混合泵 P0108A/B 进口阀；待混合泵充满液体，开泵出口导淋阀排气，直至有液相排出，关导淋阀；启动混合泵 P0108A/B，慢慢打开混合泵 P0108A/B 出口阀，控制泵出口压力在 1.4 MPa 左右，打开碱分离器上有机物进料阀，碱在混合泵 P0108A/B、碱分离器 V0117、碱冷却器 E0108A/B 间循环，等待前系统开车后，水洗塔界面达 50%时，打开有水酸塔底部出料阀，则有机相、碱液在混合泵前混合后进入碱洗单元。

**4. 水碱洗开车步骤**

① 检查确认有水酸塔工艺水引入，并循环排放正常；检查碱分离器碱液充满，碱给料泵连续补碱，混合泵运行，碱循环、排放正常。

② 检查冷却器 E0106、E0108，冷媒引进循环，放空阀排气完关闭，冷媒温度、压力正常；检查水洗系统应开、应关阀门正常。水洗系统有机物料进料前应检查应关、应开阀门。

③ 检查碱洗系统应关、应开阀门：

A. 应关阀门：排碱调节阀 PV1019 及旁路阀，碱分离器底部排放阀，倾析器底部出料阀，碱分离器界面检测管切断阀（四道），管路、设备上所有放空阀、导淋阀、取样阀，捕集器物料进、出口阀及旁路阀。

B. 应开阀门：碱分离器上有机物料进料切断阀，出料切断阀，排碱切断阀，排碱调节阀PV1019前、后切断阀，碱分离器、倾析器安全阀前根部阀，所有液位计根阀、压力表根阀。

④ 根据前系统开车情况及班长指令，当HCl精馏塔釜液位到指标范围内60%时，现场打开冷却器E0106进料阀；DCS人员打开调节阀LV1005，有机物进入水洗系统。

⑤ 密切注意HCl精馏塔釜液位及有水酸塔顶出料情况，防止因出料过快而造成有水酸塔跑气。

⑥ DCS人员注意观察水洗塔界面的形成，现场调节阀门，控制水洗塔顶部出水流量速度，使水洗塔界面控制在400～500 mm范围。

⑦ 联系分析班，分析水洗塔顶排出水溶液HF的含量(HF含量控制在9%～13%)。

⑧ 待有水酸塔界面达400 mm时，打开水洗塔底部出料阀，控制混合泵P0108出口压力维持在1.4 MPa，有机相与碱液混合进入碱洗系统；控制碱分离器的压力维持在1.4 MPa，DCS人员注意界面的形成，并现场确认界面在第二、三探头之间，控制好碱液的流量，及时分析废碱浓度(废碱总碱度在0.1～1.0)。

⑨ 当碱分离界面到达第三探头(约65%)，开倾析器V0119，顶部放空阀有液体排出，关闭该阀，联系下游工序，准备开车。

⑩ DCS人员待系统负荷稳定、手控正常后，将所有调节阀置于自控状态，密切注意工艺指标变化并保持在控制范围内；每小时按巡回检查路线一次，查看设备运行是否正常，就地指示温度、压力、流量、液位是否正常，设备、阀门、管道有无泄漏，若发现泄漏及时报告，及时处理。

## 4.10.10 F22精馏岗位开车

精馏系统现场示意见图4-60，精馏系统中控示意见图4-61。

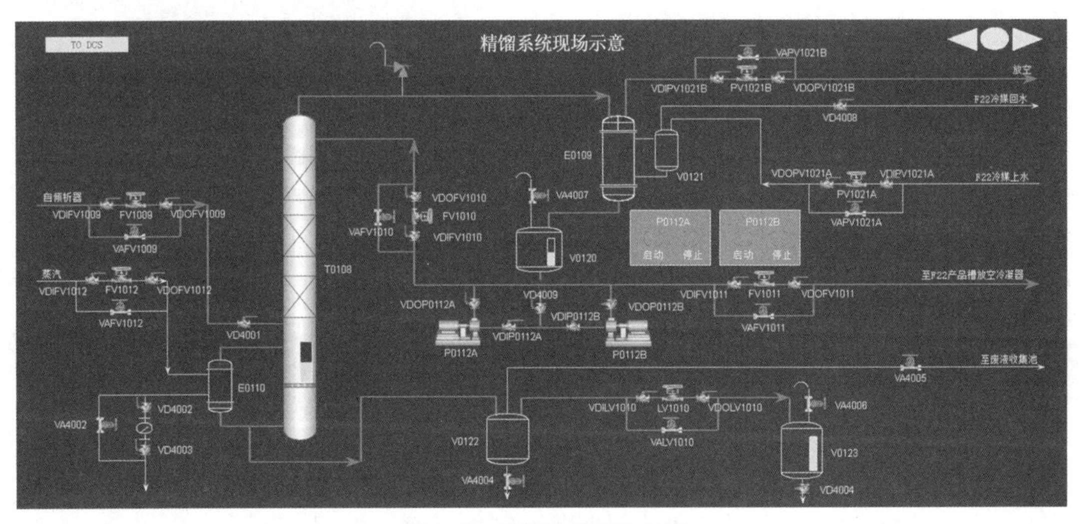


图4-60　精馏系统现场示意

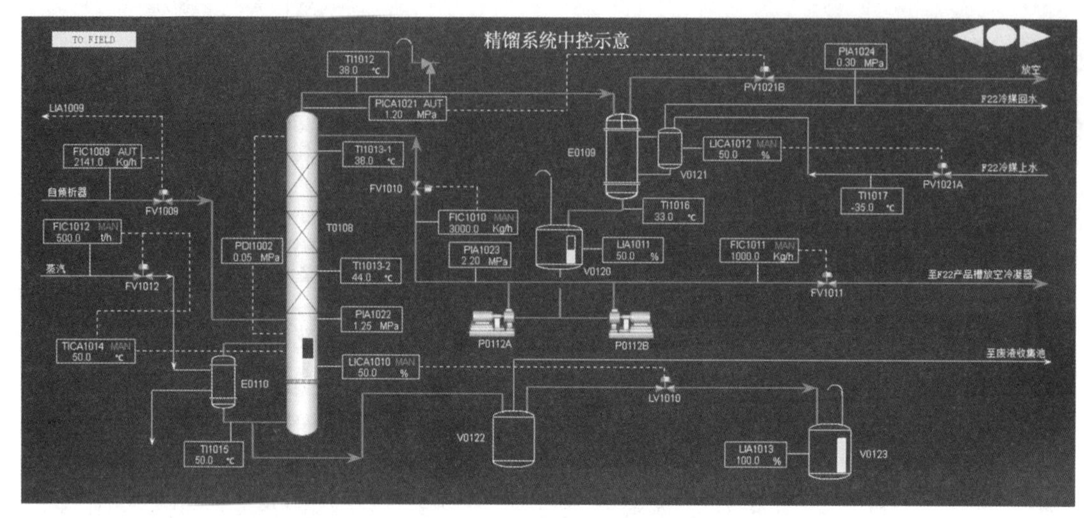


**图 4-61　精馏系统中控示意**

**1. 开车前准备工作**

① 检查所有的设备试压是否合格。

② 检查设备、管线上的检测、控制仪表是否正常。

③ 检查物料管线的各种阀门是否处于正常状态。

④ 检查各种仪表是否处于开车准备状态。

⑤ 检查安全器具和劳保用品是否齐全。

⑥ 检查精馏系统设备、管道、仪表是否处于工作状态。

**2. 精馏系统有机物料进料前的操作**

① 检查并确认本单元所有阀门、设备、仪表系统、公用工程系统处于完好状态。

② 精馏系统已抽真空完毕，0.55 MPa 蒸汽、−35 ℃冷媒已引进，F22 冰机运行正常；F22 产品干燥器 D0102A/B 在干燥系统中处于备用状态。

③ 检查倾析器底部出口至 F22 日储槽 V0126A/B 进口系统，F22 精馏塔 T0108 釜出口系统应开、应关阀门。

④ 0.55 MPa 蒸汽系统应关、应开阀门：

A. 应关阀门：F22 精馏塔再沸器 E0110 壳程放空阀，管路上所有导淋阀。

B. 应开阀门：F22 精馏塔再沸器 E0110 蒸汽进料调节阀 FV1012 前后切断阀，F22 精馏塔再沸器 E0110 疏水器前后切断阀，蒸汽管路上压力表根部阀。打开导淋阀 FV1012、疏水器旁路阀，排净管路上、F22 精馏塔再沸器 E0110 内冷凝水，打开 F22 精馏塔再沸器 E0110 壳程放空阀排净不凝气，排完后关闭以上所有阀门。

⑤ −35 ℃冷媒系统应关、应开阀门：

A. 应关阀门：F22 精馏塔顶冷凝器 E0109 冷媒进料调节阀 PV1021A 及旁路阀、导淋阀，3 ＃F22 分离罐 V0121 冷媒气相出料管上的放空阀，F22 精馏塔冷凝器 E0109 壳程的导淋阀。

B. 应开阀门：F22 精馏塔冷凝器 E0109 冷媒进料调节阀 PV1021A 前、后切断阀，3＃F22 分离罐 V0121 冷媒气相出料管上切断阀、冷媒液相进料切断阀，3＃F22 分离罐 V0121 冷媒液位计根阀，压力表根阀，冷媒管路上温度计根阀。DCS 人员打开冷凝器 E0109 冷媒进料调节阀 PV1021A，冷媒进入 F22 精馏塔冷凝器 E0109，现场打开气相出料管上的放空阀，排除 F22 精馏塔冷凝器 E0109 中不凝气，待 F22 精馏塔冷凝器 E0109 冷媒液位达 30%时，关调节阀及放空阀。

⑥ 物料系统应关、应开阀门：

A. 应关阀门：F22 精馏塔 T0108 进料流量计 FIC1009 旁路阀、导淋阀，进料调节阀 FV1009 及旁路阀、导淋阀，F22 精馏塔 T0108 进料管上排放阀及塔釜进料切断阀，釜液倾析器 V0122 顶部出料调节阀 LV1010 及旁路阀、导淋阀，釜液槽 V0123 底部出料阀，F22 精馏塔釜泵 P0113 进、出口阀门及出口排放阀，釜液倾析器 V0122、釜液槽 V0123 槽顶上放空阀，釜液倾析器 V0122 槽底排放阀，F22 精馏塔再沸器 E0110、F22 精馏塔冷凝器 E0109 管程排放阀；F22 精馏塔回流泵 P0112A/B 出口阀、出口排放阀，回流流量计 FIC1010 旁路阀，出料流量计 FIC1011 旁路阀，出料调节阀 FV1011 及旁路阀，回流调节阀 FV1010 及旁路阀，F22 精馏塔回流槽 V0120 上放空阀，管路上所有导淋阀、取样阀、放空阀。

B. 应开阀门：F22 精馏塔 T0108 进料流量计 FIC1009 前、后切断阀，进料调节阀 FV1009 调节阀前、后切断阀，F22 精馏塔 T0108 底部进料切断阀；F22 精馏塔 T0108 塔釜液位计 LICA1010 根阀，F22 精馏塔 T0108 塔压根部阀；F22 精馏塔釜至釜液倾析器 V0122 出料切断阀，釜液倾析器 V0122 顶部出料调节阀 LV1010 前、后切断阀，釜液槽 V0123 液位计根阀，F22 精馏塔 T0108 塔顶安全阀前根阀；F22 精馏塔冷凝器 E0109 的 F22 产品出料至回流槽 V0120 的切断阀，回流槽 V0120 底部出料切断阀，回流流量计 FIC1010 前、后切断阀，回流调节阀 FV1010 前后切断阀，出料流量计 FIC1011 前、后切断阀，出料调节阀 FV1011 前、后切断阀，回流槽 V0120 液位计根部阀，回流泵 P0112 进口阀，回流至回流槽 V0120 的阀门，管路上所有压力表根部阀。

**3. 精馏系统开车步骤**

① 根据前系统开车情况，当倾析器充满，压力达到指标后，根据班长指令，DCS 人员打开 F22 精馏塔 T0108 进料调节阀 FV1009，有机物进入 F22 精馏塔 T0108。

② 当 F22 塔釜开始有液位时(约 30%)，DCS 人员打开 F22 精馏塔再沸器 E0110 的蒸汽调节阀 FV1012 使塔釜开始升温。

③ 当 F22 精馏塔塔压升至 0.6 MPa 时，DCS 人员打开 F22 精馏塔冷凝器 E0109 的冷媒进料调节阀 PV1021A，冷媒引入开始冷凝回流，根据负荷通过对蒸汽、冷媒进料量进行调节，控制塔釜、塔顶温度、压力在指标范围内。

④ 当 F22 精馏塔回流槽 V0120 液位达到 50%时，打开回流泵待用的 P0112 出口排气阀，直至有液相 F22 排出，关排放阀，启动 F22 精馏塔回流泵 P0112A/B，然后开 F22 精馏塔回流泵 P0112A/B 出口阀，控制泵出口压力 1.45 MPa 左右，泵电流在正常范围。

⑤ DCS 人员打开回流调节阀 FV1010，使 F22 在精馏塔和回流槽保持全回流(若压力升高较快可开 PV1021B，排除不凝气)，控制塔温、塔压在指标范围。

⑥ 待取样分析的 F22 达到优级品指标，DCS 打开出料调节阀 FV1011，现场操作人员打开产品槽放空冷凝器 E0113、F22 日储槽 V0126 进料切断阀，F22 送至产品槽，保持回流槽液位在 50%左右。

⑦ 当釜液倾析器 V0122 釜液充满后，压力达到 1.25 MPa 时，慢慢打开塔釜出料调节阀 LV1010，釜液出料至釜液槽 V0123，调整调节阀 LV1010 开度，控制 F22 塔釜液位在 60%左右。

⑧ 当精馏系统进入正常控制后，系统加至正常负荷，控制稳定后，所有调节阀由手动调至自动状态。

⑨ 当釜液槽液位达 80%时，打开釜液槽 V0123 底部出料阀，F22 精馏塔釜泵 P0113A/B 进口阀，开 F22 精馏塔釜泵 P0113A/B 出口排放阀排气，排气完毕关排放阀，启动 F22 精馏塔釜泵 P0113A/B，打开 F22 精馏塔釜泵 P0113A/B 出口阀将釜液送至回收（该步骤操作间歇进行），待釜液贮槽液位降至 20%，停止回收。

**4. 正常操作**

① 调节阀置于自动后，密切注意并控制液位、温度、压力、流量在指标范围内。

② 每小时按巡回路线检查一次，查看设备运行是否正常，阀门、管道有无泄漏，若发现泄漏及时报告并采取措施处理。

## 4.10.11 成品罐区 F22 收料

贮存系统现场示意见图 4-62，贮存系统中控示意见图 4-63。

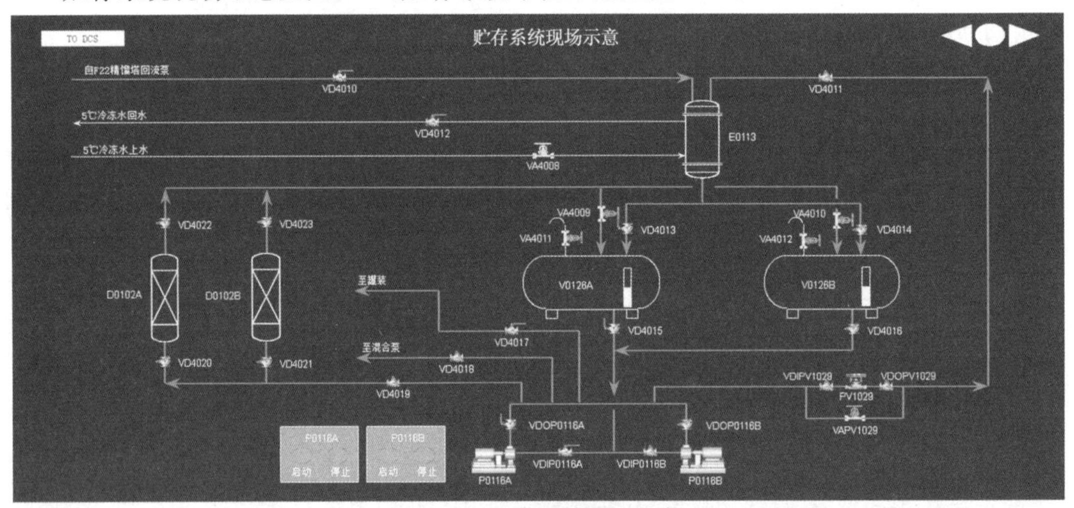


图 4-62 贮存系统现场示意

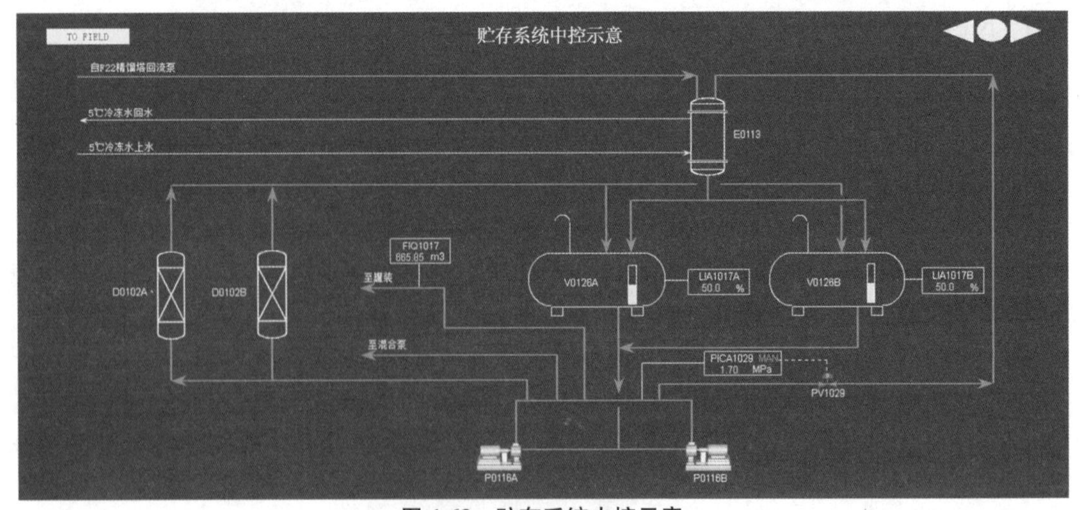


图 4-63 贮存系统中控示意

① 全面检查F22日储槽V0126A/B并确保整个系统处于良好备用状态，确定用F22日储槽V0126A/B接受F22产品。检查应关、应开阀门(以A槽为例)。

A. 应关阀门：F22产品日储槽V0126A/B底部出料阀及出料管上的导淋阀，F22产品输送泵P0116A/B至F22产品日储槽V0126A的回流切断阀，F22产品日储槽V0126A上放空阀、底部排放阀，F22产品日储槽V0126A进料阀。

B. 应开阀门：F22产品日储槽V0126A安全阀前根部阀，压力表根部阀，液位计根部阀，温度计根部阀。待精馏单元运行正常，F22产品分析达标，接班长通知打开F22产品日储槽V0126A进料阀，F22产品日储槽V0126A开始受料。

② 当F22日储槽的液位达85%时，打开备用槽的进料阀，关闭该槽进料阀。

## 4.10.12　R22输送循环冷却

**1. 输送冷却前准备**

① 全面检查并确保F22输送泵及整个系统处于良好备用状态，确定向F22产品日储槽V0126A或F22产品日储槽V0126B输送物料，确定用相对应的泵输送产品。

② 检查应关、应开阀门(以P0116A、V0126A为例)：

A. 应关阀门：P0116泵出口至F22产品干燥器D0102的切断阀，F22输送泵P0116A/B出口至混合泵的切断阀，F22输送泵P0116A/B出口至外管的阀门，旁路阀FIQ1017，回流调节阀PV1029及旁路阀，F22产品日储槽V0126B回流切断阀，F22输送泵P0116A/B出口切断阀，管路上所有排放阀、取样阀。

B. 应开阀门：F22产品日储槽V0126A底部出口阀，F22输送泵P0116A进口阀，调节阀PV1029前、后切断阀，F22产品日储槽V0126A的回流切断阀，F22输送泵P0116A至冷凝回流切断阀，F22输送泵P0116A/B出口至F22产品日储槽V0126A/B回流切断阀FIQ1017前、后切断阀，压力表根阀，安全阀前根阀，液位计根阀。

③ 启动F22产品日储槽V0126A，打开泵出口阀，DCS打开回流调节阀PV1029，使产品在F22输送泵P0116A和F22产品日储槽V0126A之间循环；DCS人员及时调节PV1029调节阀，调整F22输送泵P0116A出口压力至1.25 MPa左右。

④ 根据F22产品日储槽V0126A液位及产品质量，输送F22。读出送料槽中F22体积。待受料方做好准备，并得到准许，打开F22输送泵P0116A/B出口处外管的切断阀，开始输送F22。

⑤ DCS人员及时调节PV1029，保证F22输送泵P0116A/B出口压力，确保P0116输送物料顺利；当F22产品日储槽V0126A液位输送降至10%时，关F22输送泵P0116A/B去外管的切断阀，停止送料，关泵出口阀，停泵。

⑥ 如果需要切换贮槽送料，应先停止送料，停泵，然后切换槽、泵继续送料；待F22产品日储槽V0126A/B送料完，液位稳定后，统计送料F22的体积数。

**2. 正常操作**

① 检查泵电流、压力、温度，不正常则切换泵。

② 检查F22产品日储槽V0126A/B液位，液位达80%则切换进料，液位送至20%时，则根据实际情况进行切换送料或循环冷却。

③ 注意送料速度，不正常马上处理。

④ 调节阀置于自动后，密切注意并控制液位、温度、压力、流量是否在指标范围内。

⑤ 每小时按巡回路线检查一次，查看设备运行是否正常，阀门、管道有无泄漏，若发现泄漏及时报告并采取措施处理。

## 4.10.13 TFE 合成

合成现场示意见图 4-64，合成中控示意见图 4-65。

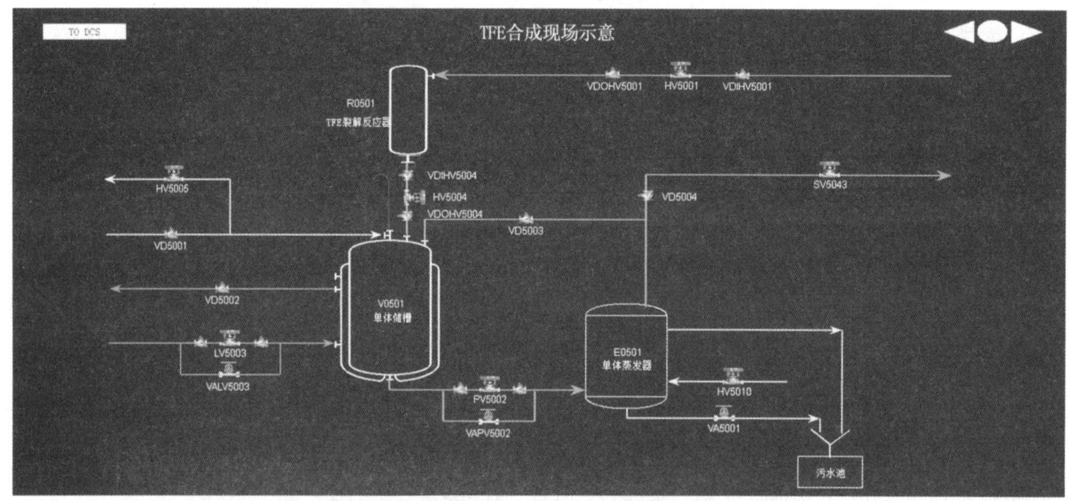


图 4-64　TFE 合成现场示意

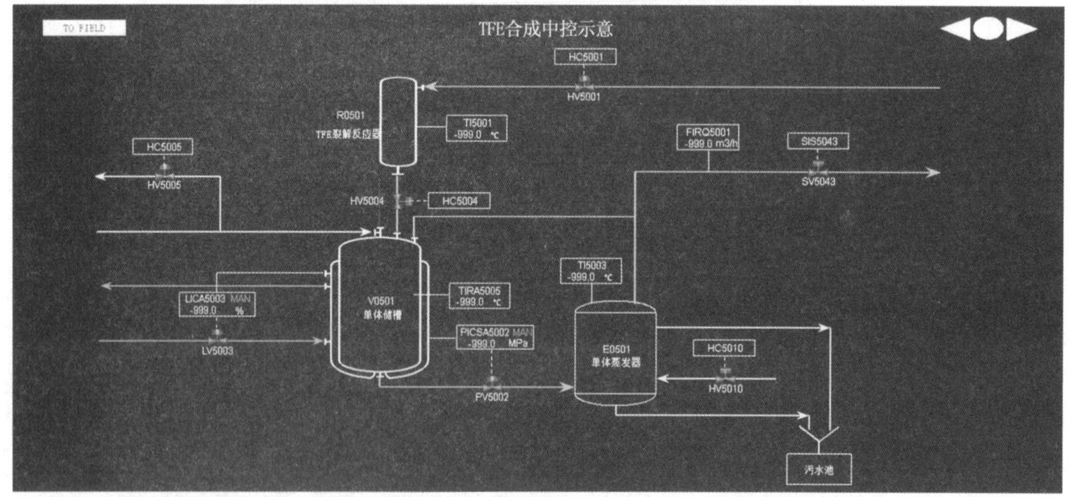


图 4-65　TFE 合成中控示意

## 4.10.14 TFE 聚合

聚合现场示意见图 4-66，聚合中控示意见图 4-67。

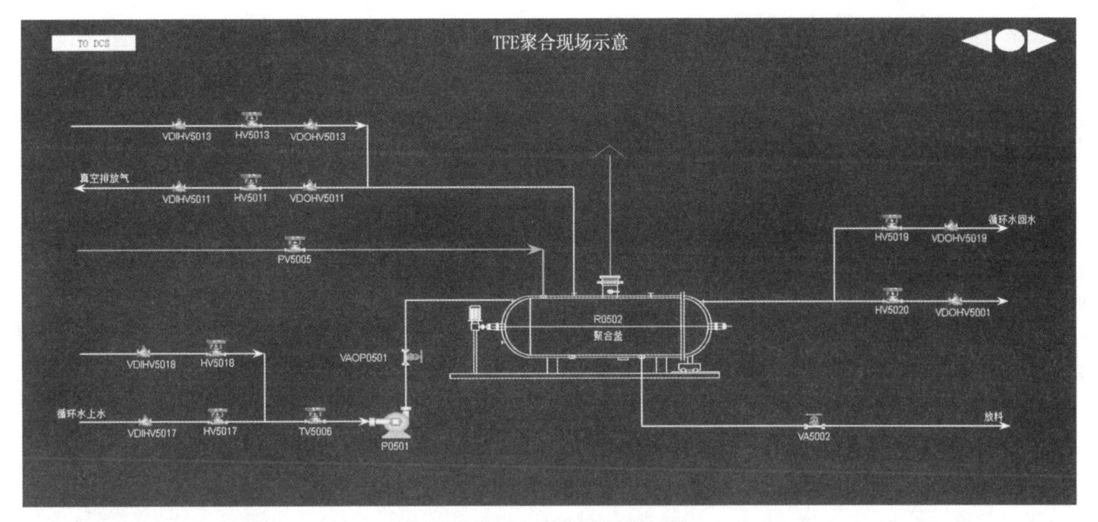


图 4-66　TFE 聚合现场示意

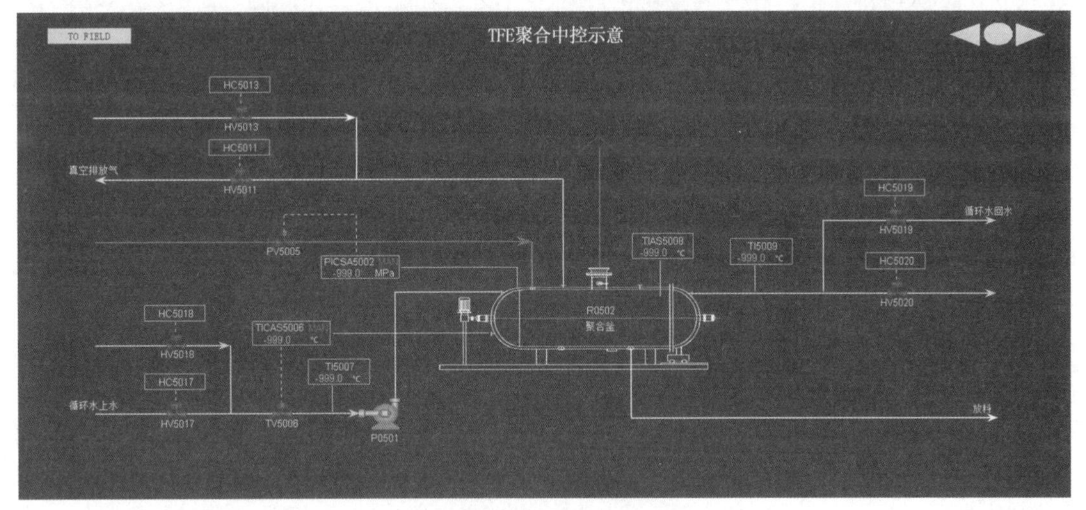


图 4-67　TFE 聚合中控示意

## 4.10.15　正常停车程序

**1. 反应岗位停车**

① 联系调度，本装置准备临时停车保压或准备停车检修。

② 现场操作人员将氯仿给料泵 P0101A/B、HF 给料泵 P0102A/B 行程降至负荷的 40%左右。

③ 罐区及反应巡回人员配合关闭反应器 R0101 的 HF 进料切断阀，同时停 HF 给料泵 P0102A/B，关闭 HF 给料泵 P0102A/B 出口切断阀。

④ 罐区及反应巡回人员配合，关闭反应器 R0101 的氯仿进料切断阀、氯仿给料泵 P0101A/B 出口至 1#套管加热器 E0101 的切断阀，若 HF 给料泵 P0102A/B 进出口需要反冲洗，则进行氯仿给料泵 P0101A/B 至氯仿日储槽 V0101A/B 大循环。同时 DCS 人员关1#套管

加热器 E0101 蒸汽调节阀、氯仿进料调节阀，现场操作人员关氯仿加热蒸汽调节阀前切断阀。

⑤ DCS 人员关闭反应器 R0101 蒸汽调节阀，现场操作人员关调节阀前切断阀；DCS 慢慢关闭回流塔冷凝器 E0102 的冷媒进料调节阀，待 1＃F22 分离罐 V0108 的冷媒无液位后，关回流塔冷凝器 E0102 冷媒进口调节阀(若停车时间长，现场关闭冷媒调节阀后切断阀)，现场操作人员关回流塔冷凝器 E0102 的冷媒切断阀、气相切断阀。

⑥ 若临时停车或前系统不检修，则反应器 R0101 向后系统泄压，压力保持在 1.0～1.3 MPa 保压；若停车检修，则将反应器 R0101、反应器回流塔 T0101 向后系统泄压至零。

⑦ 根据停车长短的需要，联系水洗岗位，切断水洗塔进料阀、碱分离器上至碱冷却器的碱液出口阀、F22 精馏塔产品出料阀；停车后将必要的设备隔离，根据检修要求进行泄压、置换、清洗，合格后交出检修。

**2. HCl 分离吸收及尾气处理岗位停车**

① 按临时停车程序将反应系统和 HCl 精馏塔置于临时停车状态。

② 关 HCl 精馏塔冷凝器 E0103 冷媒调节阀 LV1007 及后切断阀，停止 HCl 精馏塔冷凝器 E0103 冷媒供给，关 HCl 精馏塔冷凝器 E0103 冷媒出口管切断阀，然后逐渐关闭 HCl 精馏塔再沸器 E0104 蒸汽调节阀 FV1006。

③ 通过去盐酸吸收近路阀将 HCl 精馏塔 T0102 压力泄至 1.2 MPa，保持塔釜的温度及液位。

④ 确保 HCl 系统压力不低于后系统压力；根据检修要求，隔离有关设备、管道，并按检修通知单的要求做好安全交出措施。若检修部位不能和系统有效隔离，就必须将系统置换干净，关闭反应系统到 HCl 精馏塔的切断阀，HCl 精馏塔 T0102 塔釜液位向后系统排完后，关 HCl 精馏塔 T0102 底部出料切断阀。

⑤ 打开 HCl 系统去盐酸吸收的近路阀，向盐酸吸收泄压，最后向事故洗涤泄压至零；在 HCl 精馏塔釜出料导淋处接氮气，用氮气吹扫置换 HCl 系统。

⑥ HCl 系统向事故洗涤系统吹扫，并打开 HCl 精馏塔回流管上排放阀，检查 HCl 精馏塔是否被置换干净；若检查确认 HCl 精馏塔已被置换干净，停止吹扫，HCl 精馏塔泄压至零，交出检修。

**3. 水洗、中和岗位停车**

① 根据班长指令及前系统的停车情况，将碱分离器的界面压到 1～2 探头。

② 关闭碱分离器 V0117 到凝聚器 V0118 的阀门。

③ 控制好碱分离器的压力在 1.4～1.8 MPa。

④ 待 HCl 精馏塔液位降至 20％左右，关 HCl 塔釜出料调节阀 LV1005、前后切断阀，有水酸塔有机物进料切断阀。

⑤ 待水洗塔界面降低到 20％以下，关闭水洗塔底部出料阀，停止向后系统输送物料；及时停混合泵和碱给料泵，关闭混合泵进、出口阀，排净混合泵中物料，并用水冲洗干净。

⑥ 将有水酸塔用清水置换至中性，排净塔内余液，交出检修；根据检修需要，将碱分离器中的物料排至装置废液池，并用清水清洗干净，交出检修。

**4. F22 精馏岗位停车**

① 上、下单元，关 F22 精馏塔 T0108 塔进、出料阀门，关产品槽放空冷凝器 E0113 进料阀门。

② 慢慢减少 F22 精馏塔 T0108 塔蒸汽、冷煤量，使 F22 精馏塔 T0108 塔釜温度保持约 50 ℃。

③ 将 F22 精馏塔 T0108 塔釜液位调节阀 LV1010 置于手动状态，将塔釜液全部排至釜液倾析器 V0122、釜液槽 V0123 中，待 F22 精馏塔 T0108 塔压力下降后关 F22 精馏塔再沸器 E0110 至釜液倾析器 V0122 切断阀。

④ 待 F22 精馏塔冷凝器 E0109 冷媒无液位后，关 F22 精馏塔冷凝器 E0109 冷媒进料调节阀及现场后切断阀(若冰机停机后，关 3＃F22 分离罐 V0121 冷媒气相出口管上切断阀)。

⑤ 关 F22 精馏塔冷凝器 E0109 蒸汽调节阀，排净冷凝水；精馏塔系统根据检修需要将系统中的物料回收，泄压至零。

## 4.10.16　事故处理一览

**1. 反应器回流塔 T0101 压力超高**

事故原因：回流塔冷凝器 E0102 冷媒进料量太小。

事故现象：① 回流塔压力升高。

② 回流塔温度升高。

处理方法：增加回流塔冷凝器 E0102 冷媒进料调节阀开度，增加冷媒量。

**2. 反应器回流塔 T0101 出料温度太低**

事故原因：反应温度太低。

事故现象：回流塔出料温度低。

处理方法：增加反应器 R0101 蒸汽进料量。

**3. HCl 精馏塔 T0102 精馏段温度偏高**

事故原因：塔蒸汽量太大。

事故现象：① HCl 塔精馏段温度偏高。

② HCl 塔精馏段压力偏高。

处理方法：减少 HCl 精馏塔再沸器 E0104 蒸汽量。

**4. 有水酸塔界面高**

事故原因：HCl 精馏塔塔釜出料突然增大。

事故现象：① 有水酸塔界面升高。

② 有水酸塔顶压力升高。

处理方法：控制 HCl 精馏塔塔釜出料速度。

**5. F22 塔压力偏高**

事故原因：F22 精馏塔塔釜温度高。

事故现象：① 精馏塔塔釜温度上升。

② 精馏塔压力升高。

处理方法：减少 F22 精馏塔再沸器蒸汽进料量。

## 4.10.17　思考题

① 简述 TFE 合成仿真实训的 R22 合成的流程与步骤。

② 简述 R22 精馏的生产流程与操作方法。

③ 水洗中和的目的是什么？在实际应用中有没有更新技术？

④ R22 合成过程应注意哪些事项？

⑤ HCl 回收系统正常生产应注意哪些事项？

⑥ TFE 合成正常操作的注意事项有哪些？

⑦ R22 精馏塔的塔顶、底的产品有哪些？

# 参考文献

[1] 王建成，陈振，陈艳丽. 化工原理实验[M]. 北京：科学出版社，2016.
[2] 李玲，叶长燊. 化工原理实验[M]. 北京：经济科学出版社，2012.
[3] 秦正龙. 化工原理中常用工程方法研究[J]. 大学教育，2017(5)：20-21，24.
[4] 章茹，秦伍根，钟卓尔. 过程工程原理实验[M]. 北京：化学工业出版社，2019.
[5] 沈王庆，李国琴，黄文恒. 化工基础实验[M]. 成都：西南交通大学出版社，2019.
[6] 周爱东. 化工专业基础实验[M]. 北京：高等教育出版社，2018.
[7] 高峰，顾静芳，陈桂娥. 现代化工仿真实习指导[M]. 北京：化学工业出版社，2019.
[8] 赵霞，杨勇，郭睿. 碳酸二甲酯-碳酸二乙酯二元体系汽液平衡数据的测定与关联[J]. 化学工程，2008，36(8)：44-46，61.

## 附录 1　乙醇水溶液常见参数(附表 1-1～附表 1-3)

附表 1-1　乙醇-水混合物的热焓量

| 液相中乙醇重量百分数 $a$/% | 泡点温度 $T$/℃ | 露点温度 $t$/℃ | 溶液的汽化潜热 $\gamma_{溶}$/(kJ/kg) | 蒸汽的热焓量 $I$/(kJ/kg) | 溶液的热焓量 $i$/(kJ/kg) |
|---|---|---|---|---|---|
| 0 | 100 | 100 | 2 253.0 | 2 671.0 | 418.0 |
| 5 | 94.9 | 99.4 | 2 182.0 | 2 605.8 | 423.8 |
| 10 | 91.3 | 98.8 | 2 110.9 | 2 536.4 | 425.5 |
| 15 | 89.0 | 98.2 | 2 039.8 | 2 462.4 | 422.6 |
| 20 | 87.0 | 97.6 | 1 968.8 | 2 388.9 | 420.1 |
| 25 | 85.7 | 97.0 | 1 899.8 | 2 319.5 | 419.7 |
| 30 | 84.7 | 96.0 | 1 830.8 | 2 246.8 | 416.0 |
| 35 | 83.8 | 95.3 | 1 759.8 | 2 166.1 | 406.3 |
| 40 | 83.1 | 94.0 | 1 688.7 | 2 083.7 | 395.0 |
| 45 | 82.5 | 93.2 | 1 621.8 | 2 003.5 | 381.7 |
| 50 | 81.9 | 91.9 | 1 550.8 | 1 919.5 | 368.7 |
| 55 | 81.4 | 90.6 | 1 481.8 | 1 838.0 | 356.2 |
| 60 | 81.0 | 89.0 | 1 412.8 | 1 755.2 | 342.4 |
| 65 | 80.6 | 87.0 | 1 343.9 | 1 666.2 | 322.3 |
| 70 | 80.2 | 85.1 | 1 274.9 | 1 580.9 | 306.0 |
| 75 | 79.8 | 82.8 | 1 208.0 | 1 492.8 | 283.8 |
| 80 | 79.5 | 80.8 | 1 141.1 | 1 400.7 | 259.6 |
| 85 | 79.0 | 79.6 | 1 070.1 | 1 319 | 249.5 |

续表

| 液相中乙醇重量百分数 $a$/% | 泡点温度 $T$/℃ | 露点温度 $t$/℃ | 溶液的汽化潜热 $\gamma_{溶}$/(kJ/kg) | 蒸汽的热焓量 $I$/(kJ/kg) | 溶液的热焓量 $i$/(kJ/kg) |
|---|---|---|---|---|---|
| 90 | 78.5 | 78.7 | 994.8 | 1 231.9 | 237.1 |
| 95 | 78.2 | 78.2 | 923.8 | 1 146.2 | 222.4 |
| 100 | 78.3 | 78.3 | 852.7 | 1 062.4 | 209.4 |

**附表 1-2　乙醇-水溶液的比热 $C_p$**

| 乙醇重量/% | $C_p$/[kJ(kg·℃)] | | | | |
|---|---|---|---|---|---|
| | 0 ℃ | 30 ℃ | 50 ℃ | 70 ℃ | 90 ℃ |
| 3.98 | 4.31 | 4.22 | 4.26 | 4.26 | 4.26 |
| 8.01 | 4.39 | 4.26 | 4.26 | 4.26 | 4.31 |
| 16.21 | 4.35 | 4.31 | 4.31 | 4.31 | 4.31 |
| 24.61 | 4.18 | 4.26 | 4.39 | 4.47 | 4.56 |
| 33.30 | 3.93 | 4.10 | 4.18 | 4.35 | 4.43 |
| 42.43 | 3.64 | 3.85 | 4.01 | 4.22 | 4.39 |
| 52.08 | 3.34 | 3.59 | 3.85 | 4.10 | 4.35 |
| 92.39 | 3.13 | 3.34 | 3.68 | 3.93 | 4.26 |
| 73.48 | 2.80 | 3.09 | 3.22 | 3.64 | 4.06 |
| 85.66 | 2.55 | 2.80 | 2.93 | 3.34 | 3.76 |
| 100.0 | 2.26 | 2.51 | 2.72 | 2.97 | 3.26 |

**附表 1-3　乙醇-水溶液的密度(10～70 ℃)**

| 质量分数/% | 密度/(kg/m$^3$) | | | | | | |
|---|---|---|---|---|---|---|---|
| | 10 ℃ | 20 ℃ | 30 ℃ | 40 ℃ | 50 ℃ | 60 ℃ | 70 ℃ |
| 8.01 | 990 | 980 | 980 | 970 | 970 | 960 | 960 |
| 16.21 | 980 | 970 | 960 | 960 | 950 | 940 | 920 |
| 24.61 | 970 | 960 | 950 | 940 | 930 | 930 | 910 |
| 33.30 | 950 | 950 | 930 | 920 | 910 | 900 | 890 |
| 42.43 | 940 | 930 | 910 | 900 | 890 | 880 | 870 |
| 52.09 | 910 | 910 | 880 | 870 | 870 | 860 | 850 |
| 62.39 | 890 | 880 | 860 | 860 | 880 | 830 | 820 |
| 73.48 | 870 | 860 | 830 | 830 | 820 | 810 | 800 |
| 85.66 | 840 | 830 | 810 | 800 | 790 | 780 | 770 |
| 100.00 | 800 | 790 | 780 | 770 | 760 | 750 | 750 |

# 附录 2　若干组二元混合系的汽液平衡组成(附表 2-1～附表 2-5)

**附表 2-1　乙醇-水溶液汽液平衡数据(常压)**

| 液体组成 | | 蒸汽组成 | | 液体组成 | | 蒸汽组成 | |
|---|---|---|---|---|---|---|---|
| 质量/% | 分子/% | 质量/% | 分子/% | 质量/% | 分子/% | 质量/% | 分子/% |
| 0.01 | 0.004 | 0.13 | 0.053 | 20.00 | 8.92 | 65.0 | 42.09 |
| 0.03 | 0.011 7 | 0.39 | 0.153 | 24.00 | 11.00 | 68.0 | 45.41 |
| 0.04 | 0.157 | 0.52 | 0.204 | 29.00 | 13.77 | 70.8 | 48.67 |
| 0.05 | 0.019 6 | 0.65 | 0.255 | 34.00 | 16.77 | 72.9 | 51.27 |
| 0.06 | 0.023 5 | 0.78 | 0.307 | 39.00 | 20.00 | 74.3 | 53.06 |
| 0.07 | 0.027 4 | 0.91 | 0.358 | 45.00 | 24.25 | 75.9 | 55.19 |
| 0.08 | 0.031 3 | 1.04 | 0.410 | 52.00 | 29.80 | 77.5 | 57.39 |
| 0.09 | 0.352 | 1.17 | 0.461 | 57.00 | 34.16 | 78.7 | 59.10 |
| 0.10 | 0.04 | 1.3 | 0.51 | 63.00 | 40.00 | 80.3 | 61.45 |
| 0.15 | 0.055 | 1.95 | 0.77 | 67.00 | 44.27 | 81.3 | 62.96 |
| 0.20 | 0.08 | 2.6 | 1.03 | 71.00 | 48.92 | 82.4 | 64.68 |
| 0.30 | 0.12 | 3.8 | 1.57 | 75.00 | 54.00 | 83.8 | 66.92 |
| 0.40 | 0.16 | 4.9 | 1.98 | 78.00 | 58.11 | 84.9 | 68.74 |
| 0.50 | 0.19 | 6.1 | 2.48 | 81.00 | 62.52 | 86.3 | 71.11 |
| 0.60 | 0.23 | 7.1 | 2.90 | 84.00 | 67.27 | 87.7 | 73.61 |
| 0.70 | 0.27 | 8.1 | 3.33 | 86.00 | 70.63 | 88.9 | 75.82 |
| 0.80 | 0.31 | 9.0 | 3.725 | 88.00 | 74.15 | 90.1 | 78.06 |
| 0.90 | 0.35 | 9.9 | 4.12 | 90.00 | 75.99 | 91.3 | 80.41 |
| 1.00 | 0.39 | 10.75 | 4.51 | 91.00 | 77.88 | 92.0 | 81.83 |
| 2.00 | 0.79 | 19.7 | 8.76 | 92.00 | 79.82 | 92.7 | 83.25 |
| 3.00 | 1.19 | 27.2 | 12.75 | 93.00 | 83.87 | 93.4 | 84.70 |
| 4.00 | 1.61 | 33.3 | 16.34 | 94.00 | 85.97 | 94.2 | 86.40 |
| 7.00 | 2.86 | 44.6 | 23.96 | 95.00 | 88.15 | 95.05 | 88.25 |
| 10.00 | 4.16 | 52.2 | 29.92 | 95.57 | 89.41 | 95.57 | 89.41 |
| 13.00 | 5.51 | 57.4 | 34.51 | | | | |
| 16.00 | 6.86 | 61.1 | 38.06 | | | | |

**附表 2-2　乙醇-正丙醇平衡数据(摩尔分率)**

| 序号 | 1 | 2 | 3 | 4 | 5 | 6 | 7 | 8 | 9 | 10 | 11 |
|---|---|---|---|---|---|---|---|---|---|---|---|
| $t$/℃ | 97.16 | 93.85 | 92.66 | 91.60 | 88.32 | 86.25 | 84.98 | 84.13 | 83.06 | 80.59 | 78.38 |
| $x$ | 0 | 0.126 | 0.188 | 0.210 | 0.358 | 0.461 | 0.546 | 0.600 | 0.663 | 0.844 | 1.0 |
| $y$ | 0 | 0.240 | 0.318 | 0.339 | 0.550 | 0.650 | 0.711 | 0.760 | 0.799 | 0.914 | 1.0 |

附表 2-3 碳酸二甲酯-碳酸二乙酯汽液平衡数据中的碳酸二甲酯摩尔分率(100 kPa)

| 温度/℃ | 液体组成/% | 蒸汽组成/% | 温度/℃ | 液体组成/% | 蒸汽组成/% |
|---|---|---|---|---|---|
| 363.3 | 1.000 0 | 1.000 0 | 378.2 | 0.529 5 | 0.778 8 |
| 364.0 | 0.977 6 | 0.997 7 | 379.6 | 0.495 2 | 0.751 3 |
| 365.1 | 0.936 5 | 0.987 0 | 382.6 | 0.417 0 | 0.677 2 |
| 366.4 | 0.889 7 | 0.972 4 | 3840 | 0.382 0 | 0.632 6 |
| 367.5 | 0.854 6 | 0.962 4 | 385.6 | 0.342 9 | 0.588 3 |
| 368.7 | 0.812 8 | 0.943 2 | 387.5 | 0.295 8 | 0.529 7 |
| 369.9 | 0.776 1 | 0.923 7 | 389.7 | 0.237 1 | 0.435 2 |
| 370.5 | 0.756 8 | 0.917 5 | 391.6 | 0.188 7 | 0.359 4 |
| 372.3 | 0.698 4 | 0.886 3 | 394.4 | 0.116 8 | 0.232 4 |
| 373.4 | 0.666 4 | 0.873 7 | 396.0 | 0.077 6 | 0.153 0 |
| 374.6 | 0.635 6 | 0.853 1 | 397.2 | 0.047 7 | 0.098 1 |
| 375.8 | 0.598 1 | 0.827 0 | 398.9 | 0.000 0 | 0.000 0 |

附表 2-4 乙酸乙酯共沸物的组成与沸点

| 沸点/℃ | 占比/% | | |
|---|---|---|---|
| | 乙酸乙酯 | 乙醇 | 水 |
| 70.2 | 82.6 | 8.4 | 9.0 |
| 70.4 | 91.9 | | 8.1 |
| 71.8 | 69.0 | 31.0 | |

附表 2-5 水-乙醇-正己烷液-液平衡数据(25 ℃)

| 水相中的摩尔分数/% | | | 油相中的摩尔分数/% | | |
|---|---|---|---|---|---|
| 水 | 乙醇 | 正己烷 | 水 | 乙醇 | 正己烷 |
| 69.423 | 30.111 | 0.466 | 0.474 | 1.297 | 98.230 |
| 40.227 | 56.157 | 3.616 | 0.921 | 6.482 | 92.597 |
| 26.643 | 64.612 | 8.745 | 1.336 | 12.540 | 86.124 |
| 19.803 | 65.678 | 14.517 | 2.539 | 20.515 | 76.946 |
| 13.284 | 61.759 | 22.957 | 3.959 | 30.339 | 65.702 |
| 12.879 | 58.444 | 28.676 | 4.940 | 35.808 | 59.253 |
| 11.732 | 56.258 | 32.010 | 5.908 | 38.983 | 55.109 |
| 11.271 | 55.091 | 33.639 | 6.529 | 40.849 | 52.622 |

# 附录 3　不同温度下水和乙醇的折光率(附表 3-1)

附表 3-1　不同温度下水和乙醇的折光率

| t/℃ | 纯水折光率 | 99.8%乙醇折光率 | t/℃ | 纯水折光率 | 99.8%乙醇折光率 |
|---|---|---|---|---|---|
| 14 | 1.333 48 | | 34 | 1.331 36 | 1.354 74 |
| 15 | 1.333 41 | | 36 | 1.331 07 | 1.353 90 |
| 16 | 1.333 33 | 1.362 10 | 38 | 1.330 79 | 1.353 06 |
| 18 | 1.333 17 | 1.361 29 | 40 | 1.330 51 | 1.352 22 |
| 20 | 1.332 99 | 1.360 48 | 42 | 1.330 23 | 1.351 38 |
| 22 | 1.332 81 | 1.359 67 | 44 | 1.329 92 | 1.350 54 |
| 24 | 1.332 62 | 1.358 85 | 46 | 1.329 59 | 1.349 69 |
| 26 | 1.332 41 | 1.358 03 | 48 | 1.329 27 | 1.348 85 |
| 28 | 1.332 19 | 1.357 21 | 50 | 1.328 94 | 1.348 00 |
| 30 | 1.331 92 | 1.356 39 | 52 | 1.328 60 | 1.347 15 |
| 32 | 1.331 64 | 1.355 57 | 54 | 1.328 27 | 1.346 29 |

# 附录 4　不同浓度下的乙醇-正丙醇折光率(附表 4-1)

附表 4-1　不同浓度下的乙醇-正丙醇折光率

| 序号 | 1 | 2 | 3 | 4 | 5 | 6 | 7 | 8 | 9 |
|---|---|---|---|---|---|---|---|---|---|
| 摩尔分数 x/% | 0 | 0.048 1 | 0.120 9 | 0.189 2 | 0.260 8 | 0.332 9 | 0.400 8 | 0.452 4 | 0.524 3 |
| 40 ℃折光率 | 1.380 3 | 1.379 8 | 1.378 8 | 1.377 1 | 1.375 8 | 1.374 0 | 1.372 9 | 1.371 8 | 1.369 7 |
| 序号 | 10 | 11 | 12 | 13 | 14 | 15 | 16 | 17 | 18 |
| 摩尔分数 x/% | 0.586 4 | 0.649 9 | 0.710 3 | 0.763 0 | 0.811 5 | 0.867 3 | 0.930 1 | 0.968 3 | 1.0 |
| 40 ℃折光率 | 1.368 5 | 1.367 1 | 1.365 3 | 1.364 0 | 1.363 1 | 1.360 8 | 1.359 8 | 1.358 1 | 1.357 1 |